普通高等学校"十四五"规划计算机类专业特色教材

U0183666

Java Web 开发技术

刘雄华　主　编

宋文哲　孙仕轶　副主编

华中科技大学出版社
中国·武汉

内 容 介 绍

本书主要介绍了 Java Web 的基础理论以及 Java Web 在项目中的应用。按照理论与应用相结合的原则，由浅入深，全面地讲解了 Java Web 的相关内容，具体包括面向对象、Servlet 与 JDBC、Servlet 项目开发、MyBatis、Servlet+MyBatis 项目开发、SSM 项目开发、Servlet 补充知识等内容。

为了方便读者的学习，我们在书中提供了完整的源代码。学习本书时，建议读者多动手实践书中的代码实例。

图书在版编目（CIP）数据

Java Web 开发技术/刘雄华主编.—武汉:华中科技大学出版社，2022.3

ISBN 978-7-5680-8052-1

Ⅰ.①J… Ⅱ.①刘… Ⅲ.①JAVA 语言—程序设计 Ⅳ.①TP312.8

中国版本图书馆 CIP 数据核字（2022）第 032620 号

Java Web 开发技术　　　　　　　　　　　　　　　　　　　　　刘雄华　主编
Java Web Kaifa Jishu

策划编辑：范　莹
责任编辑：陈元玉
封面设计：原色设计
责任监印：周治超
出版发行：华中科技大学出版社（中国·武汉）　　　　电话：(027)81321913
　　　　　武汉市东湖新技术开发区华工科技园　　　　邮编：430223
录　　排：武汉金睿泰广告有限公司
印　　刷：武汉开心印印刷有限公司
开　　本：787mm × 1092mm　1/16
印　　张：19.75
字　　数：488 千字
版　　次：2022 年 3 月第 1 版第 1 次印刷
定　　价：49.80 元

前　言

Java Web 开发是 Java EE 技术中的一个重要组成部分，是基于 Java Web 框架技术开发的 Web 项目应用，是 IT 软件业界和软件复用研究领域的流行技术。

本书以"航空管理系统"为例，介绍 Servlet+JDBC、Servlet+MyBatis（SM）框架的应用，搭建 Spring MVC+Spring+MyBatis（SSM）应用框架，通过层层技术"升级"，让读者熟练掌握在 SSM 框架上进行项目开发的技巧。

通过本书的学习，读者可以学会如何使用 Java Web 技术来实现一个"航空管理系统"后台系统的开发。本书使用从易到难 3 种技术完成该系统的开发：首先运用 Servlet+JDBC 技术完成"航空管理系统"后台的功能；再运用 Servlet+MyBatis（SM）框架技术完成"航空管理系统"后台的功能；最后通过 SSM 框架技术实现结构合理、性能优异、代码健壮的"航空管理系统"后台的功能。读者在了解不同的技术实现系统功能的过程中，完成对相关知识的学习和运用，理解框架原理，熟练掌握应用技巧，为今后的工作奠定扎实的技术基础。

本书主要包含以下内容。

第 1 章：面向对象。主要介绍了面向对象的概念、面向对象的方法论、Spring 框架的基本概念、Spring 产生 Bean 的几种方式及实例、面向切面编程（AOP）、Spring AOP 实现的几种方式及实例等。学习完本章的内容后，读者可以对面向对象、Spring 依赖注入和 AOP 的知识有所了解，也为学习后面的章节打下基础。

第 2 章：Servlet 与 JDBC。本章主要讲解了 Servlet 与 JDBC 的基础知识，Tomcat、JDK 及 Eclipse 的安装与配置，Servlet 实例，Servlet 生命周期，Servlet 过滤器，Servlet Http 请求，Servlet Http 响应，Servlet Http 状态码，Servlet 调用方式，JDBC 数据库连接。

第 3 章：Servlet 项目开发。本书的第一个项目是使用 Servlet+JDBC 来实现"航空管理系统"后台的功能。学习本章的意义在于，让读者在理解"航空管理系统"项目需求的同时，掌握 Servlet+JDBC 分层开发 Web 项目的知识，对学习后面章节使用框架技术实现项目做好知识储备，本项目前端使用 jQuery AJAX 实现。

第 4 章：MyBatis。MyBatis 框架技术主要包括 MyBatis 的核心对象和核心配置文件、SQL 映射文件等概念，以及如何在项目中搭建 MyBatis 框架开发环境、使用 MyBatis 完成增删改查操作、熟练使用动态 SQL 等实用技能。

第 5 章：Servlet+MyBatis 项目开发。通过构建一个 Servlet+MyBatis 架构来实现"航空管理系统"后台的功能，对前面章节所学的知识进行检查、巩固和提高，同时也掌握了使用 Servlet+MyBatis 开发 Web 项目的知识，本项目前端使用 jQuery AJAX 实现。

第 6 章：SSM 项目开发。Spring MVC 框架技术包括基于注解的控制器、视图解析器、数据绑定、静态资源的处理等。通过本章的学习，我们将逐步熟悉 Spring MVC 框架的请求处理流程以及体系结构，掌握 Spring MVC 的配置、JSON 数据的处理、请求拦截器以及 Spring MVC+Spring+MyBatis 的框架集成。本章使用 Maven 作为项目管理工具。学习完本章的内容，读者将能够开发基于 MVC 设计模式、高复用、高扩展、松耦合的 Web 应用。

第 7 章：Servlet 补充知识。本章主要介绍了 JSP 基础知识、Servlet 文件上传、Servlet 网页重定向、Servlet 调试等内容。学习完本章的内容，读者将能够了解 JSP 的基础知识，也会对 Java Web 整体知识结构有一定了解。

贯穿全书的案例是"航空管理系统"，读者可运用各章描述的技能实现或优化该案例的功能。全书学习结束后，能完整地构建该系统，获取项目开发经验。

本书由武汉工商学院计算机与自动化学院 Java Web 教研团队组织编写，参与编写的有刘雄华、宋文哲、孙仕轶等老师。由于时间仓促，书中不足或疏漏之处在所难免，殷切希望广大读者批评指正!

学习本书时，建议读者多动手实践书中的项目实例，这样才能加深对所学知识和项目中代码的理解。为了方便你学习，我们将书中项目的源代码（包括所有材料）上传到 http://www.20-80.cn/bookResources/JavaWeb_book，你可以自行下载查看。

编 者

2022 年 1 月

目　　录

第1章　面向对象

学习目标:

- Java 面向对象;
- Spring IOC 的产生和管理对象;
- 面向切面编程。

本章重点介绍 Java 面向对象的相关知识, 同时介绍了 Spring 的主要组成, 包括控制反转(inversion of control, IOC)和面向切面编程(aspect orient programming, AOP)。

1.1　Java 面向对象

1.1.1　什么是面向对象

面向对象是一种思想, 它不仅适用于面向对象的编程语言, 更适用于所有的自然语言。它来源于生活, 更贴近于生活, 是我们每个人在不经意间都会用到的一种思想。

生活中我们遇到的一切事物皆为对象; 对象如此之多, 因此我们需要使用很多概念对对象进行分类, 这些概念实际上就是类。比如, 生活中我们经常能碰见几只小动物, 从面向对象的角度来看, 每只小动物就是一个对象, 如果要是把这些对象归纳起来, 我们就可以使用 "动物" 这个类将这些对象统一起来!

1.1.2　设计模式

设计模式这个术语最初并不是出现在软件设计中, 而是被用于建筑领域的设计中。软件设计模式(software design pattern), 又称设计模式, 是一套被反复使用的、多数人知晓的、经过分类编目的、代码设计经验的总结。它描述了在软件设计过程中的一些不断重复发生的问题, 以及该问题的解决方案。也就是说, 它是解决特定问题的一系列套路, 是前辈们的代码设计经验的总结, 具有一定的普遍性, 可以反复使用。其目的是提高代码的可重用性、代码的可读性和代码的可靠性。

设计模式的本质是面向对象设计原则的实际运用，是对类的封装性、继承性、多态性以及类的关联关系和组合关系的充分理解。后续要介绍的 Spring 框架则是创建型设计模式的集大成者。

1.1.3 使用对象来讲故事

面向对象这种思想绝不是为了玩弄文字游戏，而是为了深层次解决抽象问题所引入的。下面我们讲几个小故事吧！

李明使用烤箱烤面包，李雷使用平底锅煎蛋，李华使用蒸笼蒸馒头。然而到这里，故事并没有结束，人的需求是会不断增长的，我们发现不同的人会使用不同的炊具制作不同的食物。如何避免陷入无尽的奔忙呢？唯有抓住事物的主轴，才能化繁为简，万物归一，真正从具体事物中将思想解放出来。

现在我们换一种思路，在现实生活中，故事是由很多相互联系的个体相互作用所产生的。因此，故事的主体应该是每个对象。然而，对象间的关系纷繁复杂，为了理清关系，我们可以先逐个分析每个对象的属性，然后分析每个对象之间的关系。首先，我们知道以上故事中的对象有李明、烤箱、面包、李雷、平底锅、煎蛋、李华、蒸笼、馒头。每个对象都有一个属性即名字。其中李明使用烤箱，而烤箱制作了面包，因此李明与烤箱、烤箱与面包有着关联关系。同理，李雷与平底锅、平底锅与煎蛋也有关联关系，李华与蒸笼、蒸笼与馒头也有关联关系。为了清晰地表达对象间复杂的网络关系，我们可以用直观的图形来表示，如图 1-1 所示。

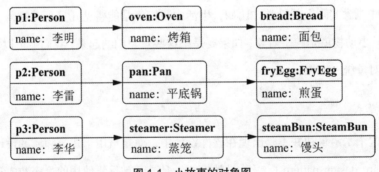

图 1-1　小故事的对象图

分析清楚每个对象及其关系后，就可以考虑对象与对象在故事中产生的动作。李明使用烤箱烹饪，烤箱制作出了面包；李雷使用平底锅烹饪，平底锅制作出了煎蛋；李华使用蒸笼烹饪，蒸笼制作出了馒头。而无论是平底锅、烤箱还是蒸笼，都属于厨房的炊具。最终用例图如图 1-2所示。

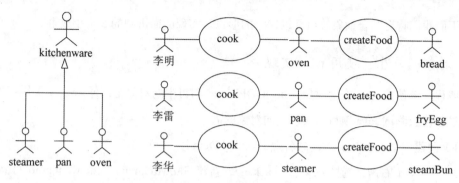

图 1-2 小故事的用例图

在梳理清楚所有的对象属性及其关系后，就可以将各个实例对象抽象为对应的类。煎蛋、面包与馒头都属于食物，它们可以抽象出食物类，烤箱、平底锅与蒸笼都属于炊具，因此它们可以抽象出炊具类。李明、李雷、李华都属于人，他们可以抽象出人类，如图 1-3 所示。

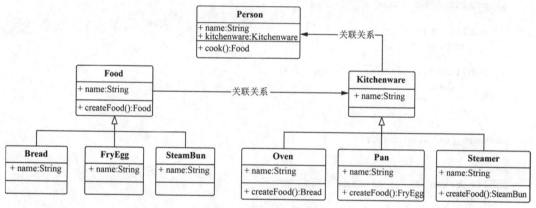

图 1-3 小故事的类图

在经历了一系列的分析之后，我们发现原本无穷无尽的故事，最后变成一个故事，也就是人使用炊具制作了食物。当完成这一步抽象的时候，才真正解决了问题。接下来，所有的故事都跟人、炊具、食物 3 个对象有关，只需要根据具体的场景切换对应的对象进行组合，就可以实现所有相似的故事。也就是说，这个抽象的故事不仅支持前面提到的 3 个小故事，也支持后续相似的故事，比如张三也使用烤箱制作面包或者李明使用新炊具制作新食物等。这个抽象的故事，就具有普适性的特点。

然而，实际生活是很复杂的，为了能够以最简单的故事去展现面向对象思想的核心，在这里需要对该抽象故事做一些限定。在此需要限定一个炊具只能制作出一种食物，以减少食物与炊具交叉带来的复杂场景。

所以我们最终将这个抽象故事定为——人使用炊具制作了食物，且一个炊具只能制作出一种食物。炊具与食物的对应关系为：烤箱只能制作面包；平底锅只能制作煎蛋；蒸笼只能制作馒头。下面我们将会结合抽象故事并以代码的形式，实现前面讲到的 3 个小故事。

1.1.4 对象的产生：使用 new 实现

一般程序都使用 new 产生对象，JavaOOPDemo 项目中的对象全部使用 new 关键字产生。以下通过创建及测试 Java 项目来实现面向对象的需求。

（1）创建一个 Java Project，命名为 JavaOOPDemo。

（2）在 src 下右击，选择 new → package，新建 edu.wtbu.main、edu.wtbu.pojo 两个包。

（3）在 edu.wtbu.pojo 包下创建 Food、Bread、FryEgg、SteamBun、Kitchenware、Oven、Pan、Steamer、Person 几个类，代码如下：

```
package edu.wtbu.pojo;

public class Food {
    public String name;

    public String getName() {
        return name;
    }
    public void setName(String name) {
        this.name = name;
    }
}

package edu.wtbu.pojo;

//面包
public class Bread extends Food{
    public Bread() {
        this.name = "面包";
    }
}
package edu.wtbu.pojo;

//煎蛋
public class FryEgg extends Food{
    public FryEgg() {
        this.name = "煎蛋";
    }
}
package edu.wtbu.pojo;

//馒头
public class SteamBun extends Food {
    public SteamBun() {
        this.name = "馒头";
    }
}
package edu.wtbu.pojo;
```

```java
//炊具
public class Kitchenware {
    public String name;

    public String getName() {
        return name;
    }

    public void setName(String name) {
        this.name = name;
    }

    public Food createFood() {
        return new Food();
    }
}
package edu.wtbu.pojo;

//烤箱
public class Oven extends Kitchenware {
    public Oven() {
        this.name = "烤箱";
    }

    public Food createFood() {
        //制作出面包
        return new Bread();
    }
}
package edu.wtbu.pojo;

public class Pan extends Kitchenware{
    public Pan() {
        this.name = "平底锅";
    }

    public Food createFood() {
        //制作出煎蛋
        return new FryEgg();
    }
}
package edu.wtbu.pojo;

public class Steamer extends Kitchenware{
    public Steamer() {
        this.name = "蒸笼";
    }

    public Food createFood() {
        //制作出馒头
        return new SteamBun();
    }
}

package edu.wtbu.pojo;
public class Person {
```

```java
public String name;
public Kitchenware kitchenware;

public Person(String name) {
    this.name = name;
}

public String getName() {
    return name;
}

public void setName(String name) {
    this.name = name;
}

public Kitchenware getKitchenware() {
    return kitchenware;
}

public void setKitchenware(Kitchenware kitchenware) {
    this.kitchenware = kitchenware;
}

public Food cook() {
    Food food = this.kitchenware.createFood();
    System.out.println(this.name + "使用"+this.kitchenware.getName() +
        "制作了" + food.getName());
    return food;
}
}
```

（4）在 edu.wtbu.main 包下创建 Test 类，该类包含主函数，代码如下：

```java
package edu.wtbu.main;

import edu.wtbu.pojo.Food;
import edu.wtbu.pojo.Oven;
import edu.wtbu.pojo.Pan;
import edu.wtbu.pojo.Person;
import edu.wtbu.pojo.Steamer;

public class Test {

    public static void main(String[] args) {
        Person p1 = new Person("李明");
        p1.setKitchenware(new Oven());
        Food bread = p1.cook();
        Person p2 = new Person("李雷");
        p2.setKitchenware(new Pan());
        Food fryEgg = p2.cook();
        Person p3 = new Person("李华");
        p3.setKitchenware(new Steamer());
        Food steamBun = p3.cook();
    }
}
```

（5）右击项目，选择 Run As → Java Application，可以看到控制台的打印结果，如图 1-4 所示。

图 1-4　控制台的打印结果 1

1.2　Spring IOC 的产生和管理对象

Spring 框架是一种轻量级解决方案，是一个潜在的用于构建企业级应用的一站式服务框架。Spring 的主要功能是控制反转（inversion of control，IOC）和面向切面编程（aspect orient programming，AOP）。其中，IOC 容器用于实例化、组装和管理对象，AOP 旨在通过横切关注点的分离来提高模块化。

1.2.1　Spring IOC 的简单应用

1. Spring IOC/DI 与 bean

控制反转也称依赖注入（dependency injection，DI）。在此过程中，对象通过构造函数参数或工厂方法参数或者实例化后设置属性这 3 种方式来定义该对象的依赖项（对象中依赖的其他对象）。IOC 容器在实例化对象时负责注入哪些依赖项，此过程与对象自己管理并设置依赖项的过程相反，依赖项实例化的控制权交给了 Spring IOC 容器，因此称为控制反转。

在 Spring 中，构成应用程序主干并由 Spring IOC 容器管理的对象称为 bean。bean 是由 Spring IOC 容器实例化、组装和管理的对象。

2. Spring 实例化 bean 的方式

1）构造函数实例化 bean

当通过构造函数方法创建 bean 时，所有的普通类都可以被 Spring 使用并相互兼容。也就是说，这些类不需要实现任何特定的接口，也不需要以特定的方式进行编码，只需要默认的构造函数。实例化时，只要简单地指定 bean 类就可以实现。

以下通过创建及测试 Java 项目来逐步实现构造函数实例化 bean 的功能。

（1）创建一个 Java Project，命名为 SpringIOCDemo。

（2）在 src 下右键选择 new→package，新建几个包，分别为 edu.wtbu.main、edu.wtbu.service、 edu.wtbu.service.impl、lib。

（3）从 http://www.20-80.cn/bookResources/JavaWeb_book 中下载依赖的 jar 包，并复制到 lib 下。

依赖的 jar 包主要包括 commons-logging-1.2.jar、spring-beans-5.0.0.RELEASE.jar、spring-context-5.0.0.RELEASE.jar、spring-core-5.0.0.RELEASE.jar、spring-expression-5.0.0.RELEASE.jar。

（4）添加 jar 包依赖到项目中。

①右击项目，选择 Properties，并在弹出的窗口中选择 "Java Build Path"，如图 1-5 所示。

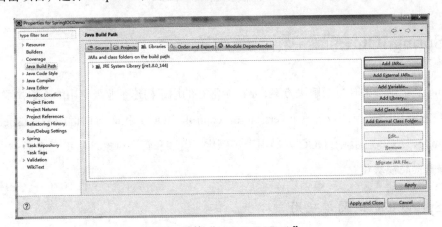

图 1-5　选择 "Java Build Path"

②点击 "Add JARs" 按钮，在弹出的 "JAR Selection" 窗口中选择 src/lib 目录下的所有 jar 包，点击 "OK" 按钮，如图 1-6 所示。

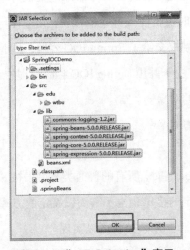

图 1-6　"JAR Selection" 窗口

③在 "Properties for SpringIOCDemo" 窗口点击 "Apply and Close" 按钮即可为项目引入 jar。

（5）在 edu.wtbu.service 包下创建 ArithmeticService 接口，代码如下：

```
package edu.wtbu.service;
public interface ArithmeticService {
    int add(int number1,int number2);
}
```

（6）在 edu.wtbu.service.impl 包下创建 ArithmeticServiceImpl 类，其继承自 ArithmeticService
接口，代码如下：

```
package edu.wtbu.service.impl;
import edu.wtbu.service.ArithmeticService;
public class ArithmeticServiceImpl implements ArithmeticService {
    @Override
    public int add(int number1,int number2) {
        return number1+number2;
    }
}
```

（7）在 src 目录下创建配置文件 beans.xml，代码如下：

```
<?xml version = "1.0" encoding = "UTF-8"?>
<beans xmlns = "http://www.springframework.org/schema/beans"
    xmlns:xsi = "http://www.w3.org/2001/XMLSchema-instance"
    xsi:schemaLocation = "http://www.springframework.org/schema/beans
        http://www.springframework.org/schema/beans/spring-beans.xsd">
    <bean id = "arithmeticService" class = "edu.wtbu.service.impl.ArithmeticServiceImpl"/>
</beans>
```

（8）在 edu.wtbu.main 包下创建 Test 类，该类包含主函数，代码如下：

```
package edu.wtbu.main;
import org.springframework.context.ApplicationContext;
import org.springframework.context.support.ClassPathXmlApplicationContext;
import edu.wtbu.service.ArithmeticService;
public class Test {
    public static void main(String[] args) {
        ApplicationContext context =
            new ClassPathXmlApplicationContext("beans.xml");
        ArithmeticService arithmeticService =
            (ArithmeticService) context.getBean("arithmeticService");
        int result = arithmeticService.add(3,5);
        System.out.println(result);
    }
}
```

（9）右击项目，选择 Run As → Java Application，可以看到控制台打印出函数执行的计算
结果，如图 1-7 所示。

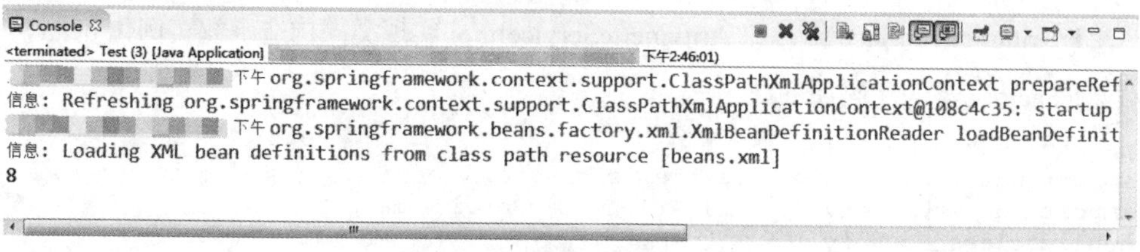

图 1-7　控制台打印出函数执行的计算结果

2）通过静态工厂方法实例化 bean

在定义通过静态工厂方法实例化 bean 时，使用 class 属性指定包含该静态工厂方法的类，并使用 factory-method 的属性指定静态工厂方法。

以下为静态工厂方法实例化 bean 的代码，创建项目并实现的过程类似 1）中列举的例子，代码主要包括。

（1）ArithmeticService 接口和 ArithmeticServiceImpl 实现类同构造函数实例化 bean 中的代码。

（2）在 src 目录下创建 edu.wtbu.pojo 包，并创建 Factory 类作为工厂类来实例化对象，代码如下：

```
package edu.wtbu.pojo;
import edu.wtbu.service.ArithmeticService;
import edu.wtbu.service.impl.ArithmeticServiceImpl;
public class Factory {
    public static ArithmeticService createInstance() {
        return new ArithmeticServiceImpl();
    }
}
```

（3）配置文件 beans.xml，代码如下：

```
<?xml version = "1.0" encoding = "UTF-8"?>
<beans xmlns = "http://www.springframework.org/schema/beans"
    xmlns:xsi = "http://www.w3.org/2001/XMLSchema-instance"
    xsi:schemaLocation = "http://www.springframework.org/schema/beans
        http://www.springframework.org/schema/beans/spring-beans.xsd">
    <bean id = "arithmeticService" class = "edu.wtbu.pojo.Factory"
        factory-method = "createInstance"/>
</beans>
```

（4）包含主函数的 Test 类，代码同构造函数实例化 bean 的）中的代码，测试执行及效果同构造函数实例化 bean。

3）实例工厂方法实例化 bean

与通过静态工厂方法进行实例化类似，实例工厂方法实例化的实质是从工厂类 bean 中调用其非静态方法来创建新 bean。

实例工厂方法生成 bean 的代码由以下几部分构成，创建及测试过程同构造函数实例化 bean。

（1）ArithmeticService 接口和 ArithmeticServiceImpl 实现类同构造函数实例化 bean。

（2）Factory 类的代码如下：

```
package edu.wtbu.pojo;
import edu.wtbu.service.ArithmeticService;
import edu.wtbu.service.impl.ArithmeticServiceImpl;
public class Factory {
    public ArithmeticService createInstance() {
        return new ArithmeticServiceImpl();
```

```
    }
}
```

（3）配置文件 beans.xml，代码如下：

```xml
<?xml version = "1.0" encoding = "UTF-8"?>
<beans xmlns = "http://www.springframework.org/schema/beans"
    xmlns:xsi = "http://www.w3.org/2001/XMLSchema-instance"
    xsi:schemaLocation = "http://www.springframework.org/schema/beans
        http://www.springframework.org/schema/beans/spring-beans.xsd">
    <bean id = "factory" class = "edu.wtbu.pojo.Factory"/>
    <bean id = "arithmeticService" factory-bean = "factory" factory-method="createInstance"/>
</beans>
```

（4）包含主函数的 Test 类的代码同构造函数实例化 bean 中的代码，且测试执行及效果同构造函数实例化 bean。

3. Spring 依赖注入方式

1）基于构造函数的依赖注入

基于构造函数的依赖注入（dependency injection，DI）是由容器调用带有许多参数的构造器来完成的，每个参数表示一个依赖项。如果 bean 定义的构造函数参数中不存在潜在的歧义，那么构造函数参数在 bean 中定义的顺序就是实例化 bean 时将这些参数提供给适当的构造函数的顺序。

如果使用指定索引，还可以解决构造函数有两个相同类型参数时的模糊性。当然，还可以使用构造函数参数名来消除值的歧义。

以下是使用构造函数注入依赖类的代码实例。

（1）新建一个名为 SpringIOCDemo 的 Java 项目。在 src 目录下新建几个包，分别为 edu.wtbu.main、edu.wtbu.pojo、lib。在 lib 包中添加依赖 jar（同第 1.2.1 节中用到的 jar）并引入项目。

（2）在 edu.wtbu.pojo 包下新建两个实体类 City 和 Country，其中 City 类中包含 Country 这个依赖项，具体代码如下：

```java
package edu.wtbu.pojo;
public class Country {
    private String countryCode;
    private String countryName;
    public Country() {
    }
    //构造函数
    public Country(String countryCode,String countryName) {
        super();
        this.countryCode = countryCode;
        this.countryName = countryName;
    }
    public String getCountryCode() {
```

```java
        return countryCode;
    }
    public void setCountryCode(String countryCode) {
        this.countryCode = countryCode;
    }
    public String getCountryName() {
        return countryName;
    }
    public void setCountryName(String countryName) {
        this.countryName = countryName;
    }
    @Override
    public String toString() {
        return "Country [countryCode = " + countryCode + ",countryName="
            + countryName + "]";
    }
}

package edu.wtbu.pojo;
public class City {
    private String cityCode;
    private String cityName;
    private Country country;
    public City() {
    }
    public City(String cityCode,String cityName,Country country) {
        super();
        this.cityCode = cityCode;
        this.cityName = cityName;
        this.country = country;
    }
    public String getCityCode() {
        return cityCode;
    }
    public void setCityCode(String cityCode) {
        this.cityCode = cityCode;
    }
    public String getCityName() {
        return cityName;
    }
    public void setCityName(String cityName) {
        this.cityName = cityName;
    }
    public Country getCountry() {
        return country;
    }
    public void setCountry(Country country) {
        this.country = country;
    }
    @Override
    public String toString() {
        return "City [cityCode=" + cityCode + ",cityName=" + cityName +
            ",country=" + country.toString() + "]";
    }
}
```

（3）在 src 目录下创建配置文件 beans.xml，代码如下：

```xml
<?xml version = "1.0" encoding = "UTF-8"?>
<beans xmlns = "http://www.springframework.org/schema/beans"
    xmlns:xsi = "http://www.w3.org/2001/XMLSchema-instance"
    xsi:schemaLocation = "http://www.springframework.org/schema/beans
http://www.springframework.org/schema/beans/spring-beans.xsd">
    <bean id = "country" class = "edu.wtbu.pojo.Country">
        <constructor-arg type = "java.lang.String" value = "China"/>
        <constructor-arg type = "java.lang.String" value = "中国"/>
    </bean>
    <bean id = "city" class = "edu.wtbu.pojo.City">
        <constructor-arg type = "java.lang.String" value = "Wuhan"/>
        <constructor-arg type = "java.lang.String" value = "武汉"/>
        <constructor-arg ref = "country"/>
    </bean>
</beans>
```

（4）在 edu.wtbu.main 包中创建 Test 类，该类包含主函数，代码如下：

```java
package edu.wtbu.main;
import org.springframework.context.ApplicationContext;
import org.springframework.context.support.ClassPathXmlApplicationContext;
import edu.wtbu.pojo.City;
public class Test {
    public static void main(String[] args) {
        ApplicationContext context = new
ClassPathXmlApplicationContext("beans.xml");
        City city =(City) context.getBean("city");
        System.out.println(city.toString());
    }
}
```

（5）编译运行后，控制台的打印结果如图 1-8 所示。

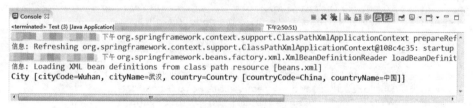

图 1-8　控制台的打印结果 2

2）基于 setter 方法的依赖注入

基于 setter 的依赖注入（DI）是由容器在调用无参数构造函数或无参数静态工厂方法来实例化 bean 之后调用 bean 上的 setter 方法来完成的。

使用 setter 方法注入依赖类的代码实例大部分与构造函数实例化 bean 中的项目代码一致，只有 beans.xml 需要修改，其代码如下：

```xml
<?xml version = "1.0" encoding = "UTF-8"?>
<beans xmlns = "http://www.springframework.org/schema/beans"
```

```
xmlns:xsi = "http://www.w3.org/2001/XMLSchema-instance"
xsi:schemaLocation = "http://www.springframework.org/schema/beans
    http://www.springframework.org/schema/beans/spring-beans.xsd">
<bean id = "country" class = "edu.wtbu.pojo.Country">
    <property name = "countryCode" value = "China"/>
    <property name = "countryName" value = "中国"/>
</bean>

<bean id = "city" class = "edu.wtbu.pojo.City">
    <property name = "cityCode" value = "Wuhan"/>
    <property name = "cityName" value = "武汉"/>
    <property name ="country" ref = "country"/>
</bean>
</beans>
```

1.2.2　Spring 实现面向对象

以下通过创建及测试 Java 项目来用 Spring 实现面向对象的需求。

（1）创建一个名为 SpringOOPDemo 的 Java 项目。

（2）在 src 目录下右击，选择 new → package，新建几个包，分别为 edu.wtbu.main、edu.wtbu.pojo、lib。在 lib 中添加依赖 jar（同第 1.2.1 节中用到的 jar）并引入项目。

（3）在 edu.wtbu.pojo 包下先创建 Food、Bread、FryEggs、SteamBun，其代码同第 1.1.4 节中几个类的代码。

（4）在 src 目录下创建配置文件 beans.xml，代码如下：

```
<?xml version = "1.0" encoding = "UTF-8"?>
<beans xmlns = "http://www.springframework.org/schema/beans"
    xmlns:xsi = "http://www.w3.org/2001/XMLSchema-instance"
    xsi:schemaLocation = "http://www.springframework.org/schema/beans
        http://www.springframework.org/schema/beans/spring-beans.xsd">
<bean id = "oven" class = "edu.wtbu.pojo.Oven"/>
<bean id = "pan" class = "edu.wtbu.pojo.Pan"/>
<bean id = "steamer" class = "edu.wtbu.pojo.Steamer"/>

<bean id ="food" class = "edu.wtbu.pojo.Food"/>
<bean id = "bread" class = "edu.wtbu.pojo.Bread"/>
<bean id = "fryEgg" class = "edu.wtbu.pojo.FryEgg"/>
<bean id = "steamBun" class = "edu.wtbu.pojo.SteamBun"/>

<bean id = "p1" class = "edu.wtbu.pojo.Person">
    <property name = "name" value = "李明"></property>
    <property name = "kitchenware" ref = "oven"></property>
</bean>
<bean id = "p2" class = "edu.wtbu.pojo.Person">
    <property name = "name" value = "李雷"></property>
    <property name = "kitchenware" ref = "pan"></property>
</bean>
<bean id = "p3" class = "edu.wtbu.pojo.Person">
    <property name = "name" value = "李华"></property>
    <property name = "kitchenware" ref = "steamer"></property>
```

```
    </bean>
  </beans>
```

（5）在 edu.wtbu.pojo 包下再依次创建 Kitchenware、Oven、Pan、Steamer、Person 几个类，代码如下：

```
package edu.wtbu.pojo;

import org.springframework.context.ApplicationContext;
import org.springframework.context.support.ClassPathXmlApplicationContext;
//炊具
public class Kitchenware {
    public String name;

    public String getName() {
        return name;
    }

    public void setName(String name) {
        this.name = name;
    }

    public Food createFood() {
        ApplicationContext applicationContext =
            new ClassPathXmlApplicationContext("beans.xml");
        return applicationContext.getBean("food",Food.class);
    }
}
package edu.wtbu.pojo;

import org.springframework.context.ApplicationContext;
import org.springframework.context.support.ClassPathXmlApplicationContext;

//烤箱
public class Oven extends Kitchenware {
    public Oven() {
        this.name = "烤箱";
    }

    public Food createFood() {
        //制作出面包
        ApplicationContext applicationContext =
            new ClassPathXmlApplicationContext("beans.xml");
        return applicationContext.getBean("bread",Bread.class);
    }
}
package edu.wtbu.pojo;

import org.springframework.context.ApplicationContext;
import org.springframework.context.support.ClassPathXmlApplicationContext;

public class Pan extends Kitchenware{
    public Pan() {
        this.name = "平底锅";
```

```
    }
    public Food createFood() {
        //制作出煎蛋
        ApplicationContext applicationContext =
            new ClassPathXmlApplicationContext("beans.xml");
        return applicationContext.getBean("fryEgg",FryEgg.class);
    }
}
package edu.wtbu.pojo;

import org.springframework.context.ApplicationContext;
import org.springframework.context.support.ClassPathXmlApplicationContext;

public class Steamer extends Kitchenware{
    public Steamer() {
        this.name = "蒸笼";
    }

    public Food createFood() {
        //制作出馒头
        ApplicationContext applicationContext =
            new ClassPathXmlApplicationContext("beans.xml");
        return applicationContext.getBean("steamBun",SteamBun.class);
    }
}
package edu.wtbu.pojo;

public class Person {
    public String name;
    public Kitchenware kitchenware;

    public String getName() {
        return name;
    }

    public void setName(String name) {
        this.name = name;
    }

    public Kitchenware getKitchenware() {
        return kitchenware;
    }

    public void setKitchenware(Kitchenware kitchenware) {
        this.kitchenware = kitchenware;
    }

    public Food cook() {
        Food food = this.kitchenware.createFood();
        System.out.println(this.name + "使用" + this.kitchenware.getName() +
            "制作了"+food.getName());
        return food;
    }
}
```

（6）在 edu.wtbu.main 包下创建 Test 类，该类包含主函数，代码如下：

```java
package edu.wtbu.main;

import org.springframework.context.ApplicationContext;
import org.springframework.context.support.ClassPathXmlApplicationContext;
import edu.wtbu.pojo.Food;
import edu.wtbu.pojo.Person;

public class Test {

    public static void main(String[] args) {
        //初始化spring容器，加载配置文件
        ApplicationContext applicationContext =
            new ClassPathXmlApplicationContext("beans.xml");
        Person p1 = (Person)applicationContext.getBean("p1");
        Food bread = p1.cook();

        Person p2 = (Person)applicationContext.getBean("p2");
        Food fryEgg = p2.cook();

        Person p3 = (Person)applicationContext.getBean("p3");
        Food steamBun = p3.cook();
    }
}
```

（7）右击项目，选择 Run As→Java Application，可以看到控制台打印出函数执行的计算结果，如图 1-9 所示。

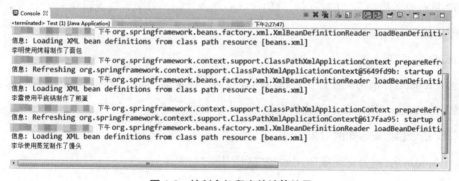

图 1-9　控制台打印出的计算结果

1.3　面向切面编程

1.3.1　认识面向切面编程

1. 面向切面编程介绍

面向切面编程（aspect orient programming，AOP）旨在通过允许横切关注点的分离，提高模块化。简单来说，它只是一个拦截器，用于拦一些过程，例如，当一个方法执行时，AOP 可

以劫持这个执行的方法，在该方法执行之前或之后添加额外的功能。

2. AOP 横切关注点

AOP 横切关注点注解图如图 1-10 所示。

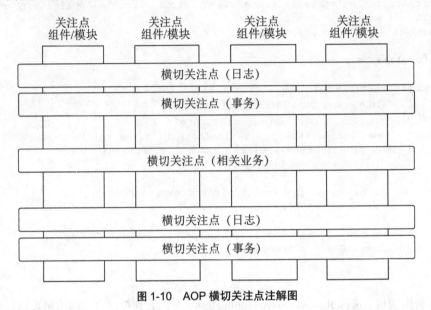

图 1-10　AOP 横切关注点注解图

3. AOP 的优点

AOP 具有业务模块简洁的特点，只包含核心业务代码，每个事物逻辑在一个位置，代码不分散，便于维护和升级。

4. AOP 术语

切面（aspect）：横切关注点（跨越应用程序多个模块的功能）被模块化的特殊对象。

通知（advice）：切面必须完成的工作。

目标（target）：被通知的对象。

代理（proxy）：向目标对象应用通知之后创建的对象。

连接点（joinpoint）：程序执行的某个特定位置。

切点（pointcut）：每个类都拥有多个连接点。

1.3.2　Spring AOP 的实现方式

1. 基于代理的 AOP

动态代理是基于反射设计的。Spring AOP 采用了两种混合的实现方式：JDK 动态代理和 CGLib 动态代理，如图 1-11 所示。

- JDK 动态代理：Spring AOP 的首选方法。每当目标对象实现一个接口时，就会使用 JDK

动态代理。目标对象必须实现接口。

- CGLib 动态代理：如果目标对象没有实现接口，则可以使用 CGLib 动态代理。

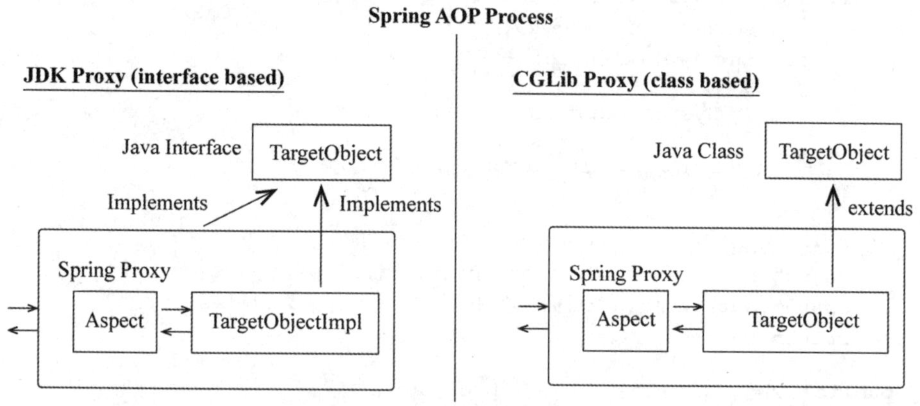

Spring AOP Process

JDK Proxy (interface based)　　　　**CGLib Proxy (class based)**

图 1-11　JDK 动态代理和 CGLib 动态代理

1）基于 JDK 动态代理的 AOP 实例

（1）创建一个名为 SpringAOPDemo 的 Java 项目。在 src 下新建几个包，分别为 edu.wtbu.main、edu.wtbu.proxy、edu.wtbu.service、edu.wtbu.service.impl。

（2）在 edu.wtbu.service 包下创建 ArithmeticService 接口，代码如下：

```java
package edu.wtbu.service;
public interface ArithmeticService {
    int add(int number1,int number2);
}
```

（3）在 edu.wtbu.service.impl 包下创建 ArithmeticServiceImpl 类，其继承自 ArithmeticService 接口，代码如下：

```java
package edu.wtbu.service.impl;
import edu.wtbu.service.ArithmeticService;
public class ArithmeticServiceImpl implements ArithmeticService {
    @Override
    public int add(int number1,int number2) {
        return number1+number2;
    }
}
```

（4）在 edu.wtbu.proxy 下创建 JDK 动态代理类，类名为 JDKDynamicProxy，代码如下：

```java
package edu.wtbu.proxy;
import java.lang.reflect.InvocationHandler;
import java.lang.reflect.Method;
import java.lang.reflect.Proxy;
public class JDKDynamicProxy implements InvocationHandler {
    //被代理的目标对象
    private Object proxyObj;
    @Override
    public Object invoke(Object proxy,Method method,Object[] args)
        throws Throwable {
```

```
        //TODO Auto-generated method stub
        System.out.print("执行目标对象之前,");
        int length = args.length;
        if(args != null && length >0) {
            System.out.print("参数为：");
            for(int i=0;i<length;i++) {
                if(i>0) {
                    System.out.print(",");
                }
                System.out.print(args[i].toString());
            }
        }
        System.out.println("!");
        Object result=method.invoke(proxyObj,args);
        System.out.println("目标对象调用完毕，返回结果为:"+result);
        return result;
    }
    public Object newProxy(Object proxyObj){
        this.proxyObj = proxyObj;
        //返回一个代理对象
        Object pObject =
            Proxy.newProxyInstance(proxyObj.getClass().getClassLoader(),
            proxyObj.getClass().getInterfaces(),
            this);
        return pObject;
    }
}
```

（5）在 edu.wtbu.main 包下创建 Test 类，该类包含主函数，代码如下：

```
package edu.wtbu.main;
import edu.wtbu.proxy.JDKDynamicProxy;
import edu.wtbu.service.ArithmeticService;
import edu.wtbu.service.impl.ArithmeticServiceImpl;
public class Test {
    public static void main(String[] args) {
        ArithmeticService arithmeticServiceImpl = new ArithmeticServiceImpl();
        JDKDynamicProxy jdkDynamicProxyTarget = new JDKDynamicProxy();
        ArithmeticService arithmeticService =(ArithmeticService)
            jdkDynamicProxyTarget.newProxy(arithmeticServiceImpl);
        int result = arithmeticService.add(3,5);
        System.out.println(result);
    }
}
```

（6）编译运行项目，控制台的打印结果如图 1-12 所示。

图 1-12 控制台的打印结果 3

2）基于 CGLib 代理的 AOP 实例

（1）创建一个名为 SpringAOPDemo 的 Java 项目。在 src 目录下新建几个包，分别为 edu.wtbu. main、edu.wtbu.proxy、edu.wtbu.service、edu.wtbu.service.impl、lib。

（2）从 http://www.20-80.cn/bookResources/JavaWeb_book 中下载 cglib-nodep-2.1_3.jar，并复制到 lib 下，再引进项目中。

（3）创建 ArithmeticService 接口和 ArithmeticServiceImpl 实现类，代码同构造函数实例化 bean 中的代码。

（4）在 edu.wtbu.proxy 下创建 CGLib 动态代理类，类名为 CGLIBProxy，代码如下：

```java
package edu.wtbu.proxy;
import java.lang.reflect.Method;
import net.sf.cglib.proxy.Enhancer;
import net.sf.cglib.proxy.MethodInterceptor;
import net.sf.cglib.proxy.MethodProxy;
public class CGLIBProxy implements MethodInterceptor {
    private Object targetObject;        //被代理的目标对象
    public Object createProxyInstance(Object targetObject) {
        this.targetObject = targetObject;
        Enhancer enhancer = new Enhancer();
        //设置代理目标
        enhancer.setSuperclass(targetObject.getClass());
        //设置回调
        enhancer.setCallback(this);
        return enhancer.create();
    }
    /**
     * 在代理实例上处理方法调用并返回结果
     * @param proxyObject：代理类
     * @param method：被代理的方法
     * @param params：该方法的参数数组
     * @param methodProxy
     */
    @Override
    public Object intercept(Object proxyObject,Method method,Object[] params,
        MethodProxy methodProxy) throws Throwable {
        System.out.print("执行目标对象之前,");
        int length = params.length;
        if(params != null && length >0) {
            System.out.print("参数为: ");
            for(int i=0;i<length;i++) {
                if(i>0) {
                    System.out.print(",");
                }
                System.out.print(params[i].toString());
            }
        }
        System.out.println("!");
        Object result=method.invoke(targetObject,params);
        System.out.println("目标对象调用完毕，返回结果为:"+result);
```

```
        return result;
    }
}
```

（5）在 edu.wtbu.main 包下创建 Test 类，该类包含主函数，代码如下：

```
package edu.wtbu.main;
import edu.wtbu.proxy.CGLIBProxy;
import edu.wtbu.service.ArithmeticService;
import edu.wtbu.service.impl.ArithmeticServiceImpl;
public class Test {
    public static void main(String[] args) {
        ArithmeticService arithmeticServiceImpl = new ArithmeticServiceImpl();
        CGLIBProxy cglibProxy = new CGLIBProxy();
        ArithmeticService arithmeticService =(ArithmeticService)
            cglibProxy.createProxyInstance(arithmeticServiceImpl);
        int result = arithmeticService.add(3,5);
        System.out.println(result);
    }
}
```

（6）编译运行后，测试控制台的打印结果同构造函数实例化 bean。

2. @AspectJ 注解驱动的切面

AspectJ 是一个采用 Java 实现的 AOP 框架，它能够对代码进行编译（一般在编译期进行），让代码具有 AspectJ 的 AOP 功能，AspectJ 是目前实现 AOP 框架中最成熟、功能最丰富的语言。ApectJ 主要采用编译期静态织入的方式。在这个期间使用 AspectJ 的 ajc 编译器（类似 javac）将 aspect 类源码编译成 class 字节码后，在 java 目标类编译时织入，即先编译 aspect 类，再编译目标类，如图 1-13 所示。

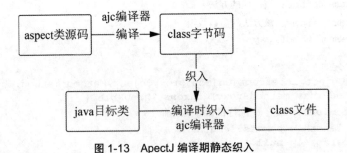

图 1-13　ApectJ 编译期静态织入

1）@AspectJ 支持

为了在 Spring 配置中使用@AspectJ，需要启用 Spring 支持，以根据@AspectJ 切面配置 Spring AOP，并配置自动代理。自动代理意味着 Spring 会根据自动代理为 bean 生成代理来拦截方法的调用，并确保根据需要执行拦截。

可以使用 XML 或 Java 样式配置启用@AspectJ 支持。在任何情况下，都要确保 AspectJ 的

aspectjweaver.jar 第三方库位于应用程序的类路径中（1.8 版本或更高版本）。

2）开启@AspectJ 支持

使用@Configuration 支持@AspectJ 的时候，需要添加@EnableAspectJAutoProxy 注解，就像以下代码这样来开启 AOP 代理。

```
@Configuration@EnableAspectJAutoProxypublic class AppConfig {}
```

3）声明一个切面

在启用了@AspectJ 支持的情况下，在应用程序上下文中定义的任何 bean 都具有@AspectJ 方面的类（具有@Aspect 注释），Spring 会自动检测并用于配置 Spring AOP。

使用 XML 配置的方式定义一个切面：

```
<aop:aspect/>
```

使用注解的方式定义一个切面：

```
@Aspectpublic class MyAspect {}
```

像其他类一样，切面（使用@Aspect 注解的类）包含属性和方法，也包含切入点、通知和介绍声明。

AspectJ 描述符说明如表 1-1 所示。

表 1-1　AspectJ 描述符说明

AspectJ 描述符	说明
arg()	限制连接点匹配参数为指定类型的执行方法
@args()	限制连接点匹配参数由指定注解标注的执行方法
execution()	用于匹配是连接点的执行方法
this()	限制连接点匹配的 AOP 代理的 bean 引用为指定类型的类
target	限制连接点匹配的目标对象为指定类型的类
@target()	限制连接点匹配特定的执行对象，这些对象对应的类要具有指定类型的注解
within()	限制连接点匹配指定的类型
@within()	限制连接点匹配指定注解所标注的类型
@annotation	限定匹配带有指定注解的连接点

@AspectJ 注解驱动的切面实例如下。

（1）创建一个名为 SpringAOPDemo 的 Java 项目。在 src 目录下新建几个包，分别为 edu.wtbu.main、edu.wtbu.aspect、edu.wtbu.service、edu.wtbu.service.impl、lib。

（2）从 http://www.20-80.cn/bookResources/JavaWeb_book 中下载依赖的 jar 包，复制到 lib 下并引入项目中。其中依赖的 jar 包主要包括以下几个。

①aspectjweaver-1.9.5.jar。

②commons-logging-1.2.jar。

③spring-aop-5.0.0.RELEASE.jar。

④spring-beans-5.0.0.RELEASE.jar。

⑤spring-context-5.0.0.RELEASE.jar。

⑥spring-core-5.0.0.RELEASE.jar。

⑦spring-expression-5.0.0.RELEASE.jar。

（3）创建 ArithmeticService 接口和 ArithmeticServiceImpl 实现类，代码同第 1.3.2 节中实例的代码。

（4）在 edu.wtbu.aspect 下创建切面类，名为 AspectService，代码如下：

```
package edu.wtbu.aspect;
import org.aspectj.lang.JoinPoint;
import org.aspectj.lang.annotation.AfterReturning;
import org.aspectj.lang.annotation.Aspect;
import org.aspectj.lang.annotation.Before;
import org.aspectj.lang.annotation.Pointcut;
@Aspect
public class AspectService {
    /*
     *定义一个方法，用于声明切点表达式，该方法一般没有方法体
     *@Pointcut 用来声明切点表达式
     *通知直接使用定义的方法名即可引入当前的切点表达式
     */
    @Pointcut("execution(
        * edu.wtbu.service.impl.ArithmeticServiceImpl.*(..))")
    public void pointcutDeclaration() {}

    //前置通知,方法执行之前执行
    @Before("pointcutDeclaration()")
    public void beforeMethod(JoinPoint jp) {
        String methodName = jp.getSignature().getName();
        Object[] args = jp.getArgs();
        System.out.print("执行目标对象"+methodName+"之前,");
        int length = args.length;
        if(args != null && length >0) {
            System.out.print("参数为: ");
            for(int i=0;i<length;i++) {
                if(i>0) {
                    System.out.print(",");
                }
                System.out.print(args[i].toString());
            }
        }
        System.out.println("!");
    }
```

```
//返回通知, 方法正常执行完毕之后执行
@AfterReturning(value="pointcutDeclaration()",returning="result")
public void afterReturningMethod(JoinPoint jp,Object result) {
    String methodName = jp.getSignature().getName();
    System.out.println("执行目标对象" + methodName + "之后, 返回结果为: "
    + result.toString());
    }
}
```

（5）在 src 目录下创建配置文件 beans.xml，代码如下：

```xml
<?xml version = "1.0" encoding = "UTF-8" ?>
<beans xmlns = "http://www.springframework.org/schema/beans"
    xmlns:xsi = "http://www.w3.org/2001/XMLSchema-instance"
    xmlns:aop = "http://www.springframework.org/schema/aop"
    xsi:schemaLocation = "http://www.springframework.org/schema/beans
        http://www.springframework.org/schema/beans/spring-beans.xsd
        http://www.springframework.org/schema/aop
        http://www.springframework.org/schema/aop/spring-aop-4.3.xsd">
    <aop:aspectj-autoproxy/>
    <bean id = "arithmeticService"
    Class = "edu.wtbu.service.impl.ArithmeticServiceImpl"></bean>
    <bean id = "aspectService" class = "edu.wtbu.aspect.AspectService"></bean>
</beans>
```

（6）在 edu.wtbu.main 包下创建 Test 类，该类包含主函数，代码如下：

```java
package edu.wtbu.main;
import org.springframework.context.ApplicationContext;
import org.springframework.context.support.ClassPathXmlApplicationContext;
import edu.wtbu.service.ArithmeticService;
public class Test {
    public static void main(String[] args) {
        ApplicationContext context =
            new ClassPathXmlApplicationContext("beans.xml");
        ArithmeticService arithmeticService =
            (ArithmeticService) context.getBean("arithmeticService");
        int result = arithmeticService.add(3,5);
        System.out.println(result);
    }
}
```

（7）编译运行项目，控制台打印结果如图 1-14 所示。

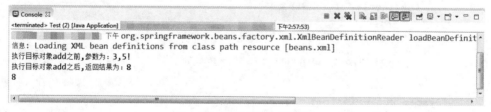

图 1-14 控制台的打印结果 4

3. 基于 XML 的配置实现 AOP

基于 XML 的配置实现 AOP，主要是将切面类通过 bean 实例化，并利用 AOP 标签配置切面，再设置对应的切点。从而在调用切点对应的函数时，会触发定义的切面函数来执行相应的

逻辑。

基于 XML 的配置实现 AOP 的实例如下。

（1）创建一个名为 SpringAOPDemo 的 Java 项目。在 src 目录下新建几个包，分别为 edu.wtbu. main、edu.wtbu.aspect、edu.wtbu.service、edu.wtbu.service.impl、lib。

（2）从 2080 官网 http://www.20-80.cn/bookResources/JavaWeb_book 下载依赖的.jar 包，复制到 lib 下并引入项目中。其中依赖的 jar 包主要包括以下几个。

①aspectjweaver-1.9.5.jar。

②commons-logging-1.2.jar。

③spring-aop-5.0.0.RELEASE.jar。

④spring-beans-5.0.0.RELEASE.jar。

⑤spring-context-5.0.0.RELEASE.jar。

⑥spring-core-5.0.0.RELEASE.jar。

⑦spring-expression-5.0.0.RELEASE.jar。

（3）创建 ArithmeticService 接口和 ArithmeticServiceImpl 实现类，代码同第 1.3.2 节中实例的代码。

（4）在 edu.wtbu.aspect 下创建名为 AspectService 的切面类，代码如下：

```java
package edu.wtbu.aspect;
import org.aspectj.lang.JoinPoint;
public class AspectService {
    //前置通知，方法执行之前执行
    public void beforeMethod(JoinPoint jp) {
        String methodName = jp.getSignature().getName();
        Object[] args = jp.getArgs();
        System.out.print("执行目标对象"+methodName+"之前,");
        int length = args.length;
        if(args != null && length >0) {
            System.out.print("参数为: ");
            for(int i=0;i<length;i++) {
                if(i>0) {
                    System.out.print(",");
                }
                System.out.print(args[i].toString());
            }
        }
        System.out.println("!");
    }
    //返回通知，方法正常执行完毕之后执行
    public void afterReturningMethod(JoinPoint jp,Object result) {
        String methodName = jp.getSignature().getName();
        System.out.println("执行目标对象"+methodName+"之后，返回结果为:
        "+result.toString());
    }
```

```
}
```

（5）在 src 目录下创建配置文件 beans.xml，代码如下：

```xml
<?xml version = "1.0" encoding = "UTF-8" ?>
<beans xmlns = "http://www.springframework.org/schema/beans"
    xmlns:xsi = "http://www.w3.org/2001/XMLSchema-instance"
    xmlns:aop = "http://www.springframework.org/schema/aop"
    xsi:schemaLocation = "http://www.springframework.org/schema/beans
        http://www.springframework.org/schema/beans/spring-beans.xsd
        http://www.springframework.org/schema/aop
        http://www.springframework.org/schema/aop/spring-aop-4.3.xsd">
    <bean id = "arithmeticService"
        class = "edu.wtbu.service.impl.ArithmeticServiceImpl"></bean>
    <bean id = "aspectService" class="edu.wtbu.aspect.AspectService"></bean>
    <!--配置 aop-->
    <aop:config>
        <!--配置日志切面-->
        <aop:aspect id="aspectAop" ref="aspectService">
            <!--定制切入点，可采用正则表达式，含义是对 browse 方法进行拦截-->
            <aop:pointcut id = "aspectPointcut" expression =
                "execution(* edu.wtbu.service.impl.ArithmeticServiceImpl.*(..))"/>
            <!--将日志通知类中的 myAroundAdvice 方法指定为环绕通知-->
            <aop:before method = "beforeMethod" pointcut-ref = "aspectPointcut"/>
            <aop:after-returning method = "afterReturningMethod" returning =
                "result" pointcut-ref = "aspectPointcut"/>
        </aop:aspect>
    </aop:config>
</beans>
```

（6）在 edu.wtbu.main 包下创建 Test 类，代码同第 1.3.2 节中的代码，编译运行后的日志效果相同。

【附件一】

为了方便你的学习，我们将该章中的相关附件上传到以下所示的二维码，你可以自行扫码查看。

第 2 章　Servlet 与 JDBC

学习目标：

- JDK、Tomcat、Eclipse 的环境配置；
- Servlet 简介、Servlet 生命周期、Servlet 过滤器、Servlet Http 请求、Servlet Http 响应、Servlet Http 状态码、Servlet 调用方式；
- JBDC 数据库连接。

本章重点介绍项目开发中必须用到的核心工具，包括 JDK、Tomcat、Eclipse、Servlet、JDBC 等。

2.1　JDK、Tomcat、Eclipse 的环境配置

2.1.1　JDK 环境配置

1. 安装与配置

（1）配置 JDK 的环境变量。

读者可从 http://www.20-80.cn/bookResources/JavaWeb_book 下载 JDK。

（2）默认安装。

（3）安装完毕后，配置环境变量。

（4）打开控制面板→系统和安全→系统→高级系统设置→高级→环境变量，打开"编辑系统变量"窗口，在"变量名"后的文本框中输入"JAVA_HOME"、"变量值"后的文本框中输入 JDK 的安装路径，最后在 Path 中添加即可完成，如图 2-1 所示。

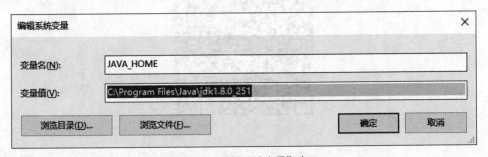

图 2-1　"编辑系统变量"窗口

将"JAVA_HOME"变量加入系统变量的 Path 中，直接在后面添加"%JAVA_HOME%\bin"，如图 2-2 与图 2-3 所示。

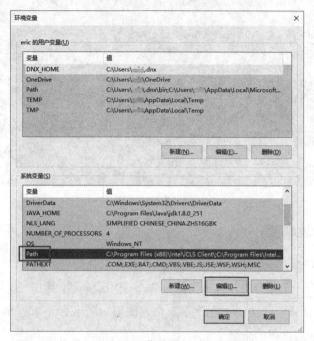

图 2-2　将"JAVA_HOME"变量加入系统变量的 Path 中

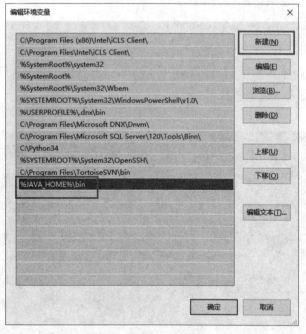

图 2-3　添加"%JAVA_HOME%\bin"完成

（5）在 CMD 命令下输入"java -version"命令，出现如图 2-4 所示的页面，表示安装成功。

图 2-4　安装成功页面

2.1.2　Tomcat 环境配置

1. Tomcat 介绍

Tomcat 服务器是一个免费的开放源代码的 Web 应用服务器，属于轻量级应用服务器，在中小型系统和并发访问用户不是很多的情况下被普遍使用，是开发和调试 JSP 程序的首选。

2. 安装 Tomcat 服务器的步骤

（1）JDK 运行成功后，安装 Tomcat。

（2）读者可从 http://www.20-80.cn/bookResources/JavaWeb_book 下载。

（3）下载并解压文件。

（4）找到 Tomcat 安装目录下 bin 目录中的 startup.bat 文件，双击运行，就会出现如图 2-5 所示的页面，说明 Tomcat 已经运行。

图 2-5　Tomcat 的运行页面

（6）打开浏览器，在地址栏中输入"localhost:8080"并回车，如果看到 Tomcat 官方页面，说明 Tomcat 已配置成功，如图 2-6 所示。

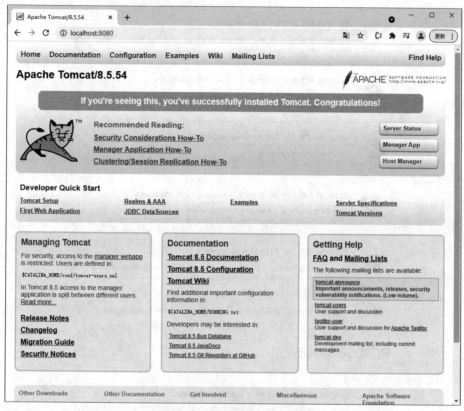

图 2-6　Tomcat 成功安装页面

2.1.3　Eclipse 环境配置

1. Eclipse 介绍

Eclipse 是一个开放源代码的、基于 Java 的可扩展开发平台。就其本身而言，Eclipse 只是一个框架和一组服务，用于通过插件组件构建开发环境。Eclipse 附带了一个标准的插件集，包括 Java 开发工具包（Java development kit，JDK）。

2. 安装与配置

（1）读者可从 http://www.20-80.cn/bookResources/JavaWeb_book 下载 Eclipse 文件。

（2）下载完成后打开文件，点击第二项"Eclipse IDE for Enterprise Java Developers"，如图 2-7 所示。

（3）选择文件安装位置，点击"INSTALL"按钮后等待安装完成，如图 2-8 所示。

图 2-7 选择 "Eclipse IDE for Enterprise Java Developers"

图 2-8 选择文件安装位置

（4）安装期间若弹出对话框，直接点击"Accept"按钮即可，如图 2-9 所示。

稍后会弹出第二个对话框，勾选框住的内容，点击"Accept selected"按钮，如图 2-10 所示。

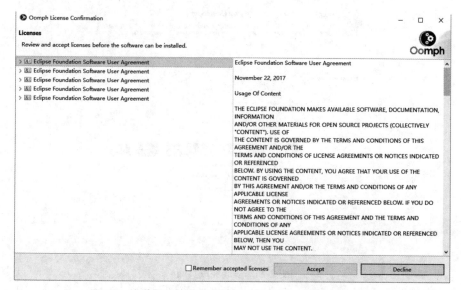

图 2-9　安装期间若弹出对话框，直接点击"Accept"按钮

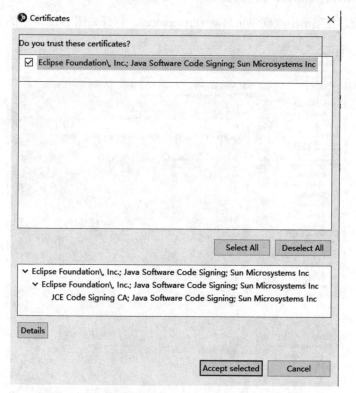

图 2-10　勾选框住的内容，点击"Accept selected"按钮

（5）点击"LAUNCH"按钮，安装完成，如图 2-11 所示。

图 2-11　安装完成页面

（6）检查 JDK 在 Eclipse 中的配置。

打开 Eclipse，在菜单中找到 Window→Preferences，打开如图 2-12 所示的页面。

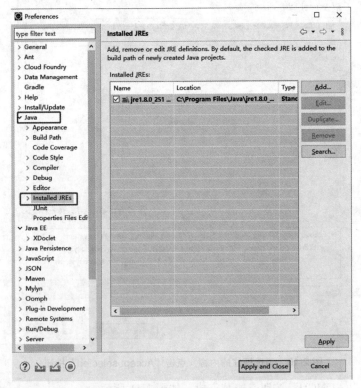

图 2-12　检查 JDK 在 Eclipse 中的配置

（7）检查 Tomcat 在 Eclipse 中的配置，如图 2-13 到图 2-16 所示。

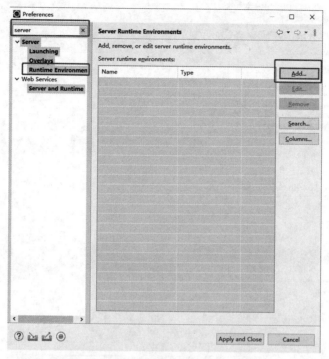

图 2-13　检查 Tomcat 在 Eclipse 中的配置 1

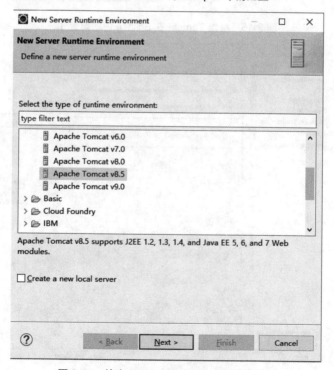

图 2-14　检查 Tomcat 在 Eclipse 中的配置 2

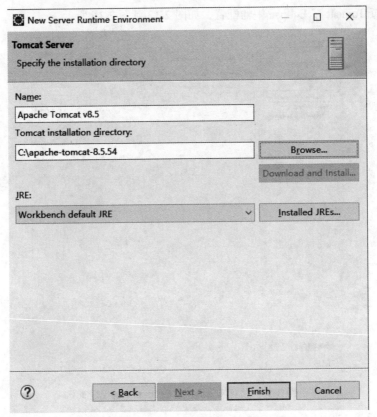

图 2-15　检查 Tomcat 在 Eclipse 中的配置 3

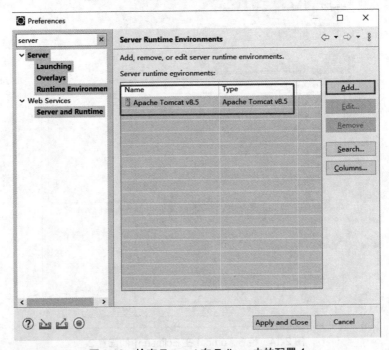

图 2-16　检查 Tomcat 在 Eclipse 中的配置 4

2.1.4　创建第一个 Java Web 项目

自己动手编写一个简单的 Web 项目，以便更直观地了解基本运作方式。

（1）在 Eclipse 工具中创建一个名为 ServletDemo 的动态 Web 项目，如图 2-17 与图 2-18 所示。

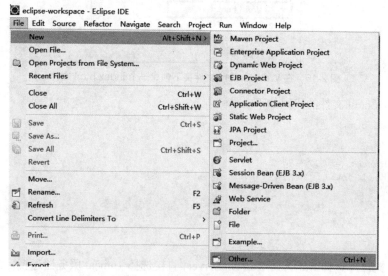

图 2-17　创建动态 Web 项目 1

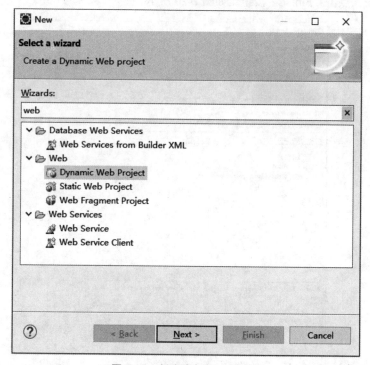

图 2-18　创建动态 Web 项目 2

（2）在项目目录的 WebContent 文件夹下创建一个 index.html 文件，如图 2-19 所示。

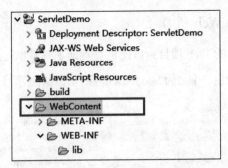

图 2-19　在 WebContent 文件夹下创建一个 index.html 文件

（3）index.html 文件的代码如下：

```
<!DOCTYPE html>
<html>
<head>
<meta charset = "UTF-8">
<title>Hello</title>
</head>
<body>
    Hello world!
</body>
</html>
```

（4）右击项目，选择 Run As→Run On Server，直接选择 Tomcat 服务器运行，再选择 Choose an existing server，点击 "Finish" 按钮，如图 2-20 所示。

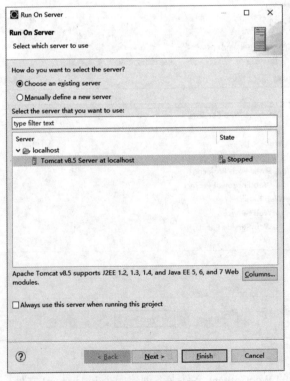

图 2-20　执行服务器

（5）在浏览器中输入 http://localhost:8080/ServletDemo/index.html，最后网页上的呈现效果如图 2-21 所示。

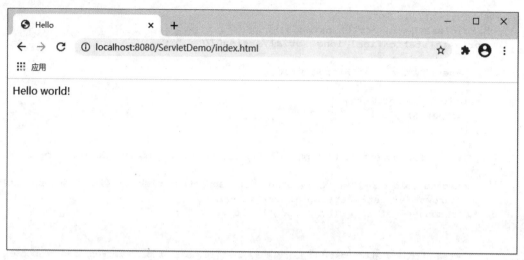

图 2-21　网页呈现效果

注意：Servlet 项目下的 HTML 文件必须放在 WebContent 文件夹里，且默认文件名为 index.html，如果需要重新编辑文件名，则在页面的 URL 最后添加相应文件名作为后缀。

2.2　Servlet 简介

Java Servlet 是运行在 Web 服务器或应用服务器上的程序，以在 Web 上提供请求和响应任务。Servlet 是作为来自 Web 浏览器或其他 HTTP 客户端的请求和 HTTP 服务器上的数据库或应用程序之间的中间层。当有请求发送到服务器时，服务器将请求信息发送给 Servlet，并让 Servlet 建立起服务器返回给客户端。

2.2.1　Hello World 实例编写

（1）在第 2.1.4 节创建的项目中，在 Java Resources 的 src 目录下创建一个 edu.wtbu.servlet 包，在该包路径下创建一个名为 HelloServlet.java 文件。

（2）Servlet 文件创建完成后，对该文件进行如下编码：

```
package edu.wtbu.servlet;
import java.io.IOException;
import javax.servlet.ServletException;
import javax.servlet.annotation.WebServlet;
import javax.servlet.http.HttpServlet;
import javax.servlet.http.HttpServletRequest;
```

```java
import javax.servlet.http.HttpServletResponse;
/**
 * Servlet implementation class HelloServlet
 */
@WebServlet("/hello")
public class HelloServlet extends HttpServlet {
    private static final long serialVersionUID = 1L;
    /**
     * @see HttpServlet#HttpServlet()
     */
    public HelloServlet() {
        super();
    }
    /**
     * @see HttpServlet#doGet(HttpServletRequest request,HttpServletResponse response)
     */
    protected void doGet(HttpServletRequest request,HttpServletResponse response)
        throws ServletException,IOException {
        response.getWriter().append("Hello World");
    }
    /**
     * @see HttpServlet#doPost(HttpServletRequest request,HttpServletResponse response)
     */
    protected void doPost(HttpServletRequest request,HttpServletResponse response)
        throws ServletException,IOException {
        doGet(request, response);
    }
}
```

2.2.2 编译运行

右击项目，选择 Run As→Run On Server→Choose an existing server，点击 "Finish" 按钮。

在浏览器地址栏中输入 http://localhost:8080/ServletDemo/hello，如图 2-22 所示。

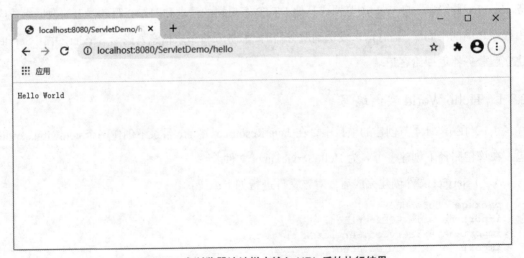

图 2-22　在浏览器地址栏中输入 URL 后的执行结果

2.3　Servlet 生命周期

2.3.1　概念

1. 简介

Servlet 生命周期可被定义为从创建直到毁灭的整个过程。

2. 过程描述

以下是 Servlet 遵循的过程。

（1）Servlet 通过调用 init()方法进行初始化。

（2）Servlet 调用 service()方法来处理客户端的请求。

（3）Servlet 通过调用 destroy()方法结束。

（4）Servlet 是由 JVM 的垃圾回收器进行垃圾回收的。

2.3.2　方法

1. init()方法

init()方法被设计成只调用一次。它在第一次创建 Servlet 时被调用，在后续每次用户请求时不再调用。因此，它只用于一次性初始化。

当用户调用 Servlet 时，就会创建 Servlet 实例，init()方法简单地创建或加载一些数据，这些数据会被用于 Servlet 的整个生命周期。

Init()方法的定义如下：

```
public void init() throws ServletException {
    }
```

2. service()方法

service()方法是执行实际任务的主要方法。Servlet 容器调用 service()方法处理来自客户端的请求，并将格式化的响应写回给客户端。

服务器每次接收到 Servlet 请求时，服务器会产生一个新的线程并调用服务。service()方法会检查 HTTP 请求类型（GET、POST 等），并在适当的时候调用 doGet()、doPost()等方法。

下面是 service()方法的代码：

```
public void service(HttpServletRequest request,HttpServletResponse response)
    throws ServletException,IOException{
    }
```

3. doGet()方法

doGet()方法用来处理页面表单提交的 GET 请求，或者处理来自 URL 的正常请求和来自未指定 METHOD 的 HTML 表单。

下面是 doGet()方法的代码：

```
public void service(HttpServletRequest request,HttpServletResponse response)
    throws ServletException,IOException{
    }
```

4. doPost()方法

doPost()方法来自于一个特别指定了 method 为 POST 的 HTML 表单，它由 doPost()方法处理。

下面是该方法的特征：

```
public void doPost(HttpServletRequest request,HttpServletResponse response)
    throws ServletException,IOException{
    }
```

5. destroy()方法

destroy()方法只会被调用一次，在 Servlet 生命周期结束时被调用。destroy()方法只在所有线程的 service()方法执行完成或者超时后执行。

destroy()方法可以让 Servlet 关闭数据库连接、停止后台线程、将 Cookie 列表或点击计数器写入磁盘，并执行其他类似的清理活动。

在调用 destroy()方法之后，Servlet 对象被标记为垃圾回收。destroy()方法定义的代码如下：

```
public void destroy() {
    }
```

2.3.3   架构图

一个典型的 Servlet 生命周期方案包含以下几步。

（1）第一个到达服务器的 HTTP 请求被委派到 Servlet 容器。

（2）Servlet 容器在调用 service()方法之前加载 Servlet。

（3）Servlet 容器处理由多个线程产生的多个请求，每个线程执行一个单一的 Servlet 实例的 service()方法，如图 2-23 所示。

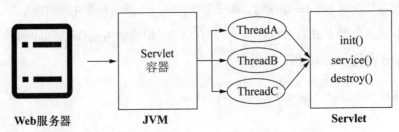

图 2-23   Servlet 生命周期结构图

2.3.4　生命周期函数演示实例

在第 2.2.1 节的 HelloServlet.java 文件中增加 init()方法和 destory()方法，代码如下：

```java
package edu.wtbu.servlet;
import java.io.IOException;
import javax.servlet.ServletException;
import javax.servlet.annotation.WebServlet;
import javax.servlet.http.HttpServlet;
import javax.servlet.http.HttpServletRequest;
import javax.servlet.http.HttpServletResponse;
@WebServlet("/hello")
public class HelloServlet extends HttpServlet {
    private static final long serialVersionUID = 1L;
    public HelloServlet() {
        super();
    }
    public void init() throws ServletException {
    super.init();
    System.out.println("HelloServlet:init");
    }
    public void destroy() {
        super.destroy();
        System.out.println("HelloServlet:destroy");
    }
    protected void doGet(HttpServletRequest request,HttpServletResponse response)
        throws ServletException,IOException {
        System.out.println("HelloServlet:doGet");
    }
    protected void doPost(HttpServletRequest request,HttpServletResponse response)
        throws ServletException, IOException {
        System.out.println("HelloServlet:doPost");
    }
}
```

启动 Tomcat 服务器后，输入 http://localhost:8080/ServletDemo/hello，观察控制台，会发现打印出 init()方法和 doGet()方法的内容，证明调用了 init()方法和 deGet()方法，如图 2-24 所示。

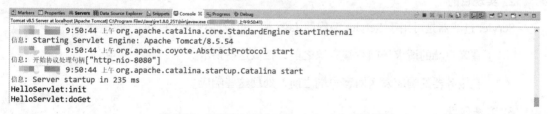

图 2-24　打印出 init()方法和 doGet()方法的结果

刷新页面一次，发现只打印出 deGet()方法的内容，说明这次只调用了 doGet()方法，如图 2-25 所示。

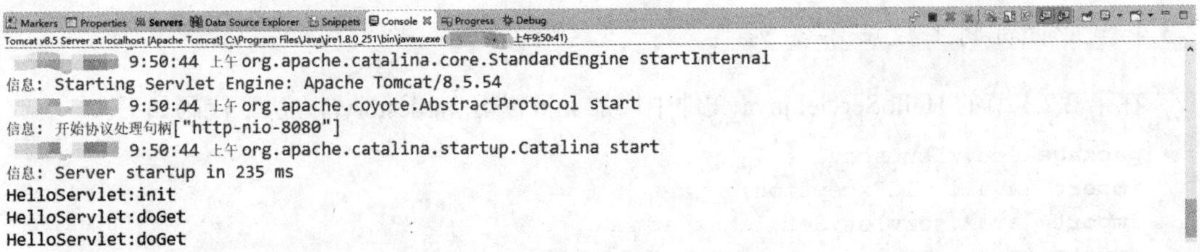

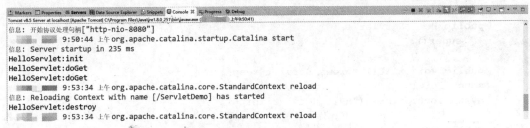

图 2-25　打印出 deGet()方法的结果

当运行 Tomcat 服务器时，编辑 Servlet 类代码，按"Ctrl+S"快捷键保存，控制台会打印出
destory()方法，如图 2-26 所示。

图 2-26　打印出 destory()方法的结果

2.4　Servlet 过滤器

2.4.1　简介

1. 概念

过滤器可以动态地拦截请求和响应，以变换或使用包含在请求和响应中的信息。

可以将一个或多个 Servlet 过滤器附加到一个 Servlet 或一组 Servlet 中。Servlet 过滤器也可
以附加到 JSP 文件或 HTML 页面。调用 Servlet 前会运行所有附加在 Servlet 的过滤器。

2. 实现目的

Servlet 过滤器是可用于 Servlet 编程的 Java 类，可以实现以下目的。

（1）在客户端的请求访问后端资源之前，拦截这些请求。

（2）在服务器的响应发送回客户端之前，处理这些响应。

3. 方法列表

过滤器是一个实现了 javax.servlet.Filter 接口的 Java 类。javax.servlet.Filter 接口定义了三个
方法，如表 2-1 所示。

表 2-1　javax.servlet.Filter 接口定义的 3 个方法

方法	说明
public void doFilter(ServletRequest, ServletResponse,FilterChain)	该方法完成实际的过滤操作，当客户端请求方法与过滤器设置匹配的 URL 时，Servlet 容器将先调用过滤器的 doFilter()方法。FilterChain 用户访问后续过滤器
public void init(FilterConfig filterConfig)	启动 Web 应用程序时，Web 服务器将创建 Filter 的实例对象，并调用其 init()方法，读取 web.xml 配置，完成对象的初始化功能，从而为后续的用户请求做好拦截工作（filter 对象只会创建一次，init()方法也只会执行一次）。开发人员通过 init()方法的参数，可获得代表当前 filter 配置信息的 FilterConfig 对象
public void destroy()	Servlet 容器在销毁过滤器实例前调用该方法，在该方法中释放 Servlet 过滤器占用的资源

2.4.2　页面过滤器实例

1. 介绍

页面过滤器会检查请求的响应对象，转发给下一个资源（其他过滤器、Servlet、HTML 页面等）或者中止请求并向客户端返回一个响应。页面过滤器会提供处理响应对象的机会。

2. 页面过滤器实例

通过配置拦截 HTML 文件。在 src 目录下新建 edu.wtbu.filter 目录，创建 HTMLFilter.java 文件，代码如下：

```
package edu.wtbu.filter;
import java.io.IOException;
import javax.servlet.Filter;
import javax.servlet.FilterChain;
import javax.servlet.FilterConfig;
import javax.servlet.ServletException;
import javax.servlet.ServletRequest;
import javax.servlet.ServletResponse;
import javax.servlet.annotation.WebFilter;

@WebFilter("/htmlFilter")
public class HTMLFilter implements Filter {
    public HTMLFilter() {
    }
    public void destroy() {
    }
    public void doFilter(ServletRequest request,ServletResponse response,
    FilterChain chain)
        throws IOException,ServletException {
    System.out.println("进入 doFilter 过滤器");
    chain.doFilter(request,response);
    }
    public void init(FilterConfig fConfig) throws ServletException {
```

```
    }
}
```

在项目的 WebContent/WEB-INF 目录下创建 web.xml 文件。<url-pattern>*.html</url-pattern>以便过滤器拦截所有访问 HTML 文件的请求。

web.xml 文件的代码如下：

```xml
<?xml version="1.0" encoding="UTF-8" ?>
<web-app xmlns:xsi="http://www.w3.org/2001/XMLSchema-instance"
    xmlns="http://xmlns.jcp.org/xml/ns/javaee"
    xsi:schemaLocation="http://xmlns.jcp.org/xml/ns/javaee
    http://xmlns.jcp.org/xml/ns/javaee/web-app_3_1.xsd" id="WebApp_ID"
version="3.1">
    <filter>
        <filter-name>HTMLFilter</filter-name>
        <filter-class>edu.wtbu.filter.HTMLFilter</filter-class>
    </filter>
    <filter-mapping>
        <filter-name>HTMLFilter</filter-name>
<url-pattern>*.html</url-pattern>
    </filter-mapping>
</web-app>
```

在浏览器中输入 http://localhost:8080/ServletDemo/index.html，控制台因为浏览器访问过 HTML 文件，所以打印出 HTMLFilter.java 文件的 doFilter()方法，如图 2-27 所示。

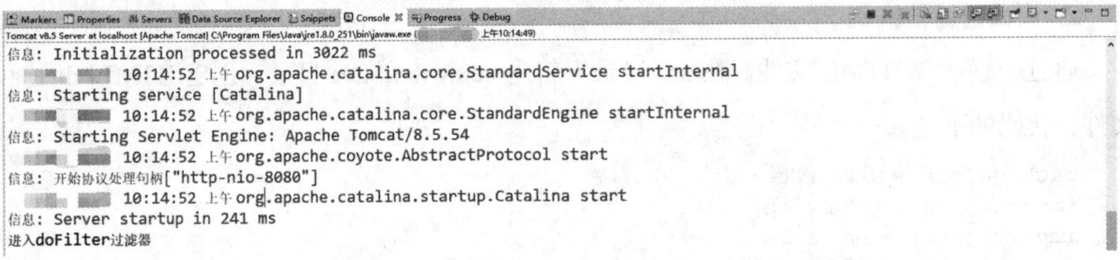

图 2-27　打印出 HTMLFilter.java 文件的 doFilter()方法的效果

2.4.3　字符过滤器实例

1. 介绍

运用字符过滤器可以将一些字符替换掉，比如页面不能正常显示中文字符，需要进行过滤并正常显示。

2. 字符过滤器实例

下面使用字符过滤器让页面能正常显示中文。

在 src 目录下新建 edu.wtbu.filter 目录，创建 CharSetFilter.java 文件，在 doFilter()方法中改写以下代码：

```java
package edu.wtbu.filter;

import java.io.IOException;
import javax.servlet.Filter;
```

```java
import javax.servlet.FilterChain;
import javax.servlet.FilterConfig;
import javax.servlet.ServletException;
import javax.servlet.ServletRequest;
import javax.servlet.ServletResponse;
import javax.servlet.annotation.WebFilter;

@WebFilter("/CharSetFilter")
public class CharSetFilter implements Filter {
    public CharSetFilter() {

    }
    public void destroy() {

    }
    public void doFilter(ServletRequest request,ServletResponse response,
        FilterChain chain) throws IOException,ServletException {
        request.setCharacterEncoding("UTF-8");
        response.setContentType("text/html;charset=UTF-8");
        chain.doFilter(request,response);
    }
    public void init(FilterConfig fConfig) throws ServletException {

    }
}
```

使用过滤器设置中文编码，修改 web.xml 文件，代码如下：

```xml
<?xml version="1.0" encoding="UTF-8" ?>
<web-app xmlns:xsi="http://www.w3.org/2001/XMLSchema-instance"
    xmlns="http://xmlns.jcp.org/xml/ns/javaee"
    xsi:schemaLocation="http://xmlns.jcp.org/xml/ns/javaee
    http://xmlns.jcp.org/xml/ns/javaee/web-app_3_1.xsd" id="WebApp_ID"
version="3.1">

    <filter>
    <filter-name>EncodingServlet</filter-name>
    <filter-class>edu.wtbu.filter.CharSetFilter</filter-class>
    </filter>
    <filter-mapping>
    <filter-name>EncodingServlet</filter-name>
    <url-pattern>/*</url-pattern>
    </filter-mapping>
</web-app>
```

在 src 目录下新建 edu.wtbu.servlet 目录，创建一个 HelloServlet.java 文件，代码如下：

```java
package edu.wtbu.servlet;

import java.io.IOException;
import javax.servlet.ServletException;
import javax.servlet.annotation.WebServlet;
import javax.servlet.http.HttpServlet;
import javax.servlet.http.HttpServletRequest;
import javax.servlet.http.HttpServletResponse;

@WebServlet("/hello")
public class HelloServlet extends HttpServlet {
    private static final long serialVersionUID = 1L;
    public HelloServlet() {
        super();
```

```
    }
    protected void doGet(HttpServletRequest request,HttpServletResponse
response)
        throws ServletException,IOException {
        response.getWriter().append("你好，世界");
    }
    protected void doPost(HttpServletRequest request,HttpServletResponse
response)
        throws ServletException,IOException {
        doGet(request, response);
    }
}
```

这里，如果直接启动 Tomcat 服务器而不编写过滤器相关代码，页面不会正常显示中文。在浏览器输入 http://localhost:8080/ServletDemo/hello，如图 2-28 所示。

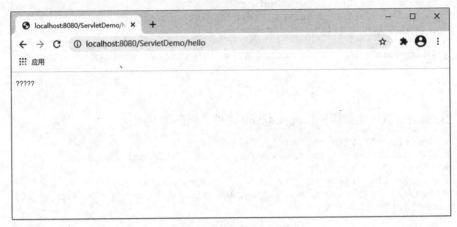

图 2-28　页面不正常显示中文

只有编写好过滤器 Filter 文件并在 web.xml 文件中配置好相关代码，页面才会正常显示中文，如图 2-29 所示。

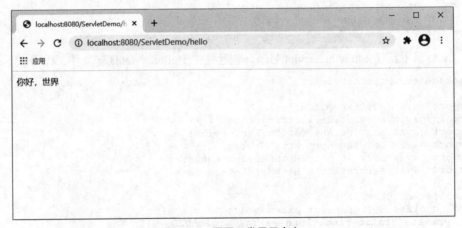

图 2-29　页面正常显示中文

2.5　Servlet Http 请求

2.5.1　浏览器请求头信息

当客户端（浏览器）向服务器发送请求时，会由 request 来发送，request 对象提供了设置 HTTP 请求报头的方法，如表 2-2 所示。

表 2-2　浏览器请求头信息表

头信息	说明
Accept	这个头信息用于指定浏览器或其他客户端可以处理的 MIME 类型。image/png 或 image/jpeg 是最常见的两种可能值
Accept-Charset	这个头信息用于指定浏览器可以显示信息的字符集，例如 ISO-8859-1
Accept-Encoding	这个头信息用于指定浏览器如何处理编码类型。gzip 或 compress 是最常见的两种可能值
Accept-Language	这个头信息用于指定客户端的首选语言，这种情况下，Servlet 会产生多种语言的结果。例如，en、en-us、ru 等
Authorization	这个头信息用于客户端在访问受密码保护的网页时识别自己的身份
Connection	这个头信息指示客户端是否可以处理持久 HTTP 连接。持久连接允许客户端或其他浏览器通过单个请求来检索多个文件。值 Keep-Alive 意味着使用了持续连接
Content-Length	这个头信息只适用于 POST 请求，并给出 POST 数据的大小（以字节为单位）
Cookie	这个头信息把之前发送到浏览器的 Cookies 返回到服务器
Host	这个头信息用于指定原始的 URL 中的主机和端口
If-Modified-Since	这个头信息表示只有当页面在指定的日期后已更改时，客户端才要的页面。如果没有新的结果可以使用,服务器就会发送一个 304 代码,表示 NotModified 头信息
If-Unmodified-Since	这个头信息是 If-Modified-Since 的对立面，用于指定只有当文档早于指定日期时，操作才会成功
Referer	这个头信息指示所指向的 Web 页面的 URL。例如，如果你在网页 1，点击一个连接到网页 2，当浏览器请求网页 2 时，网页 1 的 URL 就会包含在 Referer 头信息中
User-Agent	这个头信息用于识别发出请求的浏览器或其他客户端，并可以向不同类型的浏览器返回不同的内容

2.5.2　Request 函数

Request 函数提供了一些用来获取客户信息的方法，如表 2-3 所示。

表 2-3　Request 函数获取客户信息的方法

方法	说明
Cookie[] getCookies()	返回一个数组，包含客户端发送该请求的所有的 Cookie 对象
Enumeration getAttributeNames()	返回一个枚举，包含提供给该请求可用的属性名称
Enumeration getHeaderNames()	返回一个枚举，包含该请求中包含的所有头名
Enumeration getParameterNames()	返回一个 String 对象的枚举，包含该请求中包含的参数的名称
HttpSession getSession()	返回与该请求关联的当前 session 会话，如果请求没有 session 会话，则创建一个
HttpSession getSession(boolean create)	返回与该请求关联的当前 HttpSession，如果没有当前会话，且创建是真的，则返回一个新的 session 会话
Locale getLocale()	基于 Accept-Language 头，返回客户端接收内容的首选的区域设置
Object getAttribute(String name)	以对象形式返回已命名属性的值，如果没有给定名称的属性存在，则返回 null
ServletInputStream getInputStream()	使用 ServletInputStream，以二进制数据的形式检索请求的主体
String getAuthType()	返回用于保护 Servlet 的身份验证方案的名称，例如，"BASIC"或"SSL"，如果 JSP 没有受到保护，则返回 null
String getCharacterEncoding()	返回请求主体中使用的字符编码的名称
String getContentType()	返回请求主体的 MIME 类型，如果不知道类型，则返回 null
String getContextPath()	返回指示请求上下文的请求 URI 部分
String getHeader(String name)	以字符串形式返回指定的请求头的值
String getMethod()	返回请求的 HTTP 方法的名称，例如，GET、POST 或 PUT
String getParameter(String name)	以字符串形式返回请求参数的值，如果参数不存在，则返回 null
String getPathInfo()	当请求发出时，返回与客户端发送的 URL 相关的任何额外的路径信息
String getProtocol()	返回请求协议的名称和版本
String getQueryString()	返回包含在路径后的请求 URL 中的查询字符串
String getRemoteAddr()	返回发送请求的客户端的互联网协议（IP）地址
String getRemoteHost()	返回发送请求的客户端的完全限定名称
String getRemoteUser()	如果用户已通过身份验证，则返回发出请求的登录用户；如果用户未通过身份验证，则返回 null
String getRequestURI()	从协议名称到 HTTP 请求的第一行的查询字符串中，返回该请求的 URL 的一部分
String getRequestedSessionId()	返回由客户端指定的 session 会话 ID
String getServletPath()	返回调用 JSP 请求的 URL 的一部分
String[] getParameterValues(String name)	返回一个字符串对象的数组，包含所有给定的请求参数的值，如果参数不存在，则返回 null

方法	说明
boolean isSecure()	返回一个布尔值，指示请求是否使用安全通道，如 HTTPS
int getIntHeader(String name)	返回指定请求头的值为一个 int 值
int getServerPort()	返回接收到这个请求的端口号
int getParameterMap()	将参数封装成 Map 类型

2.5.3　Request 请求实例

在第 2.3.4 节的 HelloServlet 类中修改 doGet()方法的逻辑，代码如下：

```
package edu.wtbu.servlet;
import java.io.IOException;
import javax.servlet.ServletException;
import javax.servlet.annotation.WebServlet;
import javax.servlet.http.HttpServlet;
import javax.servlet.http.HttpServletRequest;
import javax.servlet.http.HttpServletResponse;
@WebServlet("/hello")
public class HelloServlet extends HttpServlet {
    private static final long serialVersionUID = 1L;
    public HelloServlet() {
        super();
    }
    protected void doGet(HttpServletRequest request,HttpServletResponse response)
        throws ServletException,IOException {
        String name = request.getParameter("name");
        String url = request.getParameter("url");
        response.getWriter().append("doPost:name="+name+",url="+url);
    }
    protected void doPost(HttpServletRequest request,HttpServletResponse response)
        throws ServletException, IOException {
        doGet(request, response);
    }
}
```

在页面的 URL 地址后加上 "?name=2080&url=www.20-80.cn"，完整 URL 为：http://localhost:8080/ServletDemo/hello?name=2080&url=www.20-80.cn，可以在浏览器中看到 "name" 和 "url" 的值，如图 2-30 所示。

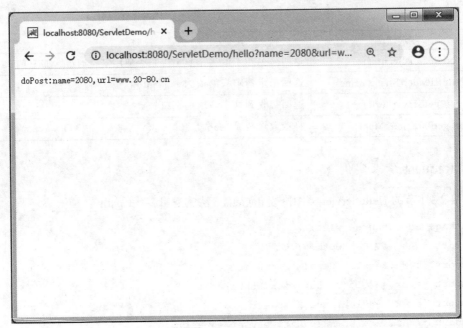

图 2-30　在浏览器中看到"name"和"url"的值

2.6　Servlet Http 响应

2.6.1　浏览器响应头信息

当服务器响应由客户端（浏览器）发送的请求时，会由 response 来处理，response 对象提供了设置 HTTP 响应报头的方法，如表 2-4 所示。

表 2-4　浏览器响应头信息及说明

头信息	说明
Allow	这个头信息用于指定服务器支持的请求方法（GET、POST 等）
Cache-Control	这个头信息用于指定响应文档在何种情况下可以安全地缓存。可能的值有 Public、Private 或 no-cache 等。Public 意味着文档是可缓存的，Private 意味着文档是单个用户私用文档且只能存储在私有（非共享）缓存中，no-cache 意味着文档不应被缓存
Connection	这个头信息用于指示浏览器是否使用持久 HTTP 连接。值 close 指示浏览器不使用持久 HTTP 连接，值 keep-alive 意味着使用持久连接
Content-Disposition	这个头信息可以让你请求浏览器要求用户以给定名称的文件将响应保存到磁盘
Content-Encoding	在传输过程中，这个头信息用于指定页面的编码方式
Content-Language	这个头信息表示文档编写所使用的语言，例如，en、en-us、ru 等

续表

头信息	说明
Content-Length	这个头信息用于指示响应中的字节数。只有当浏览器使用持久（keep-alive）HTTP 连接时才需要这些信息
Content-Type	这个头信息提供了响应文档的 MIME（Multipurpose Internet MailExtension）类型
Expires	这个头信息用于指定内容过期的时间，在这之后内容不再被缓存
Last-Modified	这个头信息用于指示文档的最后修改时间。然后，客户端可以缓存文件，并在以后的请求中通过 If-Modified-Since 请求头信息提供一个日期
Location	这个头信息应被包含在所有的带有状态码的响应中。在 300 s 内，会通知浏览器文档的地址。浏览器会自动重新连接到这个位置，并获取新的文档
Refresh	这个头信息用于指定浏览器应该如何尽快请求更新的页面。你可以指定页面刷新的秒数
Retry-After	这个头信息可以与 503（Service Unavailable 服务不可用）响应配合使用，会告诉客户端多久就可以重复它的请求
Set-Cookie	这个头信息用于指定一个与页面关联的 cookie

2.6.2　Response 函数

Response 函数提供了一些用于重定向网页、配置缓冲区等方法，如表 2-5 所示。

表 2-5　Response 函数的方法及说明

方法	说明
String encodeRedirectURL(String url)	为 sendRedirect 方法中使用的指定的 URL 进行编码，如果编码不是必需的，则返回 URL 未改变
String encodeURL(String url)	对包含 session 会话 ID 的指定 URL 进行编码，如果编码不是必需的，则返回 URL 未改变
boolean containsHeader(String name)	返回一个布尔值，指示是否已经设置已命名的响应报头
boolean isCommitted()	返回一个布尔值，指示响应是否已经提交
void addCookie(Cookie cookie)	将指定的 cookie 添加到响应
void addDateHeader(String name,long date)	添加一个带有给定名称和日期值的响应报头
void addHeader(String name,String value)	添加一个带有给定名称和值的响应报头
void addIntHeader(String name,int value)	添加一个带有给定名称和整数值的响应报头
void flushBuffer()	强制任何在缓冲区中的内容被写入客户端
void reset()	清除缓冲区中存在的任何数据，包括状态码和头
void resetBuffer()	清除响应中基础缓冲区的内容，不清除状态码和头

方法	说明
void sendError(int sc)	使用指定的状态码发送错误响应到客户端，并清除缓冲区
void sendError(int sc,String msg)	使用指定的状态发送错误响应到客户端
void sendRedirect(String location)	使用指定的重定向位置 URL 发送临时重定向响应到客户端
void setBufferSize(int size)	为响应主体设置首选的缓冲区大小
void setCharacterEncoding(String charset)	设置被发送到客户端的响应的字符编码（MIME 字符集），例如，UTF-8
void setContentLength(int len)	设置在 HTTP Servlet 响应中的内容主体的长度，还设置 HTTP Content-Length 头
void setContentType(String type)	如果响应还未被提交，则设置被发送到客户端的响应的内容类型
void setDateHeader(String name,long date)	设置一个带有给定名称和日期值的响应报头
void setHeader(String name,String value)	设置一个带有给定名称和值的响应报头
void setIntHeader(String name,int value)	设置一个带有给定名称和整数值的响应报头
void setLocale(Locale loc)	如果响应还未被提交，则设置响应的区域
void setStatus(int sc)	为该响应设置状态码

2.6.3　Response 响应实例

在第 2.3.4 节的 HelloServlet 类中修改 doGet()方法的逻辑，代码如下：

```java
package edu.wtbu.servlet;
import java.io.IOException;
import javax.servlet.ServletException;
import javax.servlet.annotation.WebServlet;
import javax.servlet.http.HttpServlet;
import javax.servlet.http.HttpServletRequest;
import javax.servlet.http.HttpServletResponse;
@WebServlet("/hello")
public class HelloServlet extends HttpServlet {
    private static final long serialVersionUID = 1L;
    public HelloServlet() {
        super();
    }
    protected void doGet(HttpServletRequest request,HttpServletResponse response)
        throws ServletException,IOException {
        String name = request.getParameter("name");
        String url = request.getParameter("url");
        String msg = "{\"flag\":\"success\",\"data\":{\"name\":\"" + name +
            "\",\"url\":\"" + url + "\"}]";
        response.getWriter().append(msg);
    }
    protected void doPost(HttpServletRequest request,HttpServletResponse response)
```

```
    throws ServletException,IOException {
        doGet(request,response);
    }
}
```

在浏览器中输入 http://localhost:8080/ServletDemo/hello?name=2080&url=www.20-80.cn 后的页面显示效果如图 2-31 所示。

图 2-31　页面显示效果 1

2.6.4　Response 的 JSON 序列化

可以通过 JSON 序列化将对象转换为字符串,以方便数据传输,序列化方法如下。

(1)在第 2.3.4 节实例的 WebContent/WEB-INF/lib 文件夹下添加一个 fastjson-1.2.66.jar 包。读者可从 2080 官网 http://www.20-80.cn/bookResources/JavaWeb_book 下载。

(2)在第 2.3.4 节实例的 src 目录下创建 edu.wtbu.pojo 包,再在这个包中创建 Result.java 文件,代码如下:

```
package edu.wtbu.pojo;
public class Result {
    String flag;
    Object data;
    public Result() {
    }
    public Result(String flag,Object data) {
        this.flag = flag;
        this.data = data;
    }
    public String getFlag() {
```

```java
        return flag;
    }
    public void setFlag(String flag) {
        this.flag = flag;
    }
    public Object getData() {
    return data;
    }
    public void setData(Object data) {
        this.data = data;
    }
}
```

在第 2.3.4 节的 HelloServlet 类中修改 doGet()方法的逻辑，代码如下：

```java
package edu.wtbu.servlet;
import java.io.IOException;
import java.util.HashMap;
import javax.servlet.ServletException;
import javax.servlet.annotation.WebServlet;
import javax.servlet.http.HttpServlet;
import javax.servlet.http.HttpServletRequest;
import javax.servlet.http.HttpServletResponse;
import com.alibaba.fastjson.JSON;
import edu.wtbu.pojo.Result;
@WebServlet("/hello")
public class HelloServlet extends HttpServlet {
    private static final long serialVersionUID = 1L;
    public HelloServlet() {
        super();
    }
    protected void doGet(HttpServletRequest request,HttpServletResponse response)
        throws ServletException,IOException {
        String name = request.getParameter("name");
        String url = request.getParameter("url");
        HashMap<String,Object> map = new HashMap<String,Object>();
        map.put("name",name);
        map.put("url",url);
        Result result = new Result("success",map);
        String msg = JSON.toJSONString(result);
        response.getWriter().append(msg);
    }
    protected void doPost(HttpServletRequest request,HttpServletResponse response)
        throws ServletException, IOException {
        doGet(request,response);
    }
}
```

在浏览器中输入 http://localhost:8080/ServletDemo/hello?name=2080&url=www.20-80.cn 后的页面显示效果如图 2-32 所示。

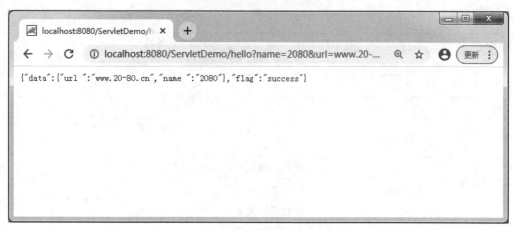

图 2-32　页面显示效果 2

2.7　Servlet Http 状态码

2.7.1　HTTP 状态码

　　HTTP 状态码（HTTP status code）是用表示网页服务器超文本传输协议响应状态的 3 位数字代码。常见的 HTTP 状态码如下。

　　（1）200：请求成功。

　　（2）301：资源（网页等）被永久转移到其他 URL。

　　（3）404：请求的资源（网页等）不存在。

　　（4）500：内部服务器错误。

2.7.2　状态码及对应信息表

　　以下是 Web 服务器返回的 HTTP 状态码及其相关信息，如表 2-6 所示。

表 2-6　HTTP 状态码及其相关信息

代码	消息	说明
100	Continue	只有请求的一部分已经被服务器接收，但只要它没有被拒绝，客户端应继续该请求
101	Switching Protocols	服务器切换协议
200	OK	请求成功
201	Created	该请求是完整的，并创建一个新的资源
202	Accepted	该请求被接受处理，但是该处理是不完整的
300	Multiple Choices	链接列表。用户可以选择一个链接进入该位置最多五个地址

代码	消息	说明
301	Moved Permanently	所请求的页面已经转移到一个新的 URL
302	Found	所请求的页面已经临时转移到一个新的 URL
303	See Other	所请求的页面可以在另一个不同的 URL 下被找到
306	Unused	在以前的版本中使用该代码。现在已不再使用它，但代码仍被保留
307	Temporary Redirect	所请求的页面已经临时转移到一个新的 URL
400	Bad Request	服务器不理解请求
401	Unauthorized	所请求的页面需要用户名和密码
402	Payment Required	你还不能使用该代码
403	Forbidden	禁止访问所请求的页面
404	Not Found	服务器无法找到所请求的页面
405	Method Not Allowed	在请求中指定的方法是不允许的
406	Not Acceptable	服务器只生成一个不被客户端接受的响应
407	Proxy Authentication Required	在请求送达之前，你必须使用代理服务器的验证
408	Request Timeout	请求需要的时间比服务器能够等待的时间长，超时
409	Conflict	请求因为冲突无法完成
410	Gone	所请求的页面不再可用
411	Length Required	"Content-Length"未定义。服务器无法处理客户端发送的不带 Content-Length 的请求信息
412	Precondition Failed	请求中给出的先决条件被服务器评估为 false
413	Request Entity Too Large	服务器不接受该请求，因为请求实体过大
414	Request-url Too Long	服务器不接受该请求，因为 URL 太长。当转换"post"请求为带有长的查询信息的"get"请求时发生
415	Unsupported Media Type	服务器不接受该请求，因为媒体类型不被支持
500	Internal Server Error	未完成的请求。服务器遇到了一种意外情况
501	Not Implemented	未完成的请求。服务器不支持所需的功能
502	Bad Gateway	未完成的请求。服务器从上游服务器收到无效响应
503	Service Unavailable	未完成的请求。服务器暂时超载或死机
504	Gateway Timeout	网关超时
505	HTTP Version Not Supported	服务器不支持"HTTP 协议"版本

2.7.3 设置状态码的方法

在 Servlet 程序中设置 HTTP 状态码的方法如表 2-7 所示。

表 2-7　设置 HTTP 状态码的方法及说明

方法	说明
public void setStatus (int statusCode)	该方法用于设置一个任意的状态码。setStatus 方法接受一个 int（状态码）作为参数。如果你的响应包含一个特殊的状态码和文档，请确保在使用 PrintWriter 实际返回任何内容之前调用 setStatus
public void sendRedirect (String url)	该方法生成一个 302 响应，连同一个带有新文档 URL 的 Location 头
public void sendError(int code,String message)	该方法用于发送一个状态码（通常为 404），连同一个在 HTML 文档内部自动格式化并发送到客户端的短消息

2.7.4　状态码实例

以第 2.5.3 节为例，按 "F12" 键进入开发者工具，会看到此网页的状态码，如图 2-33 所示。

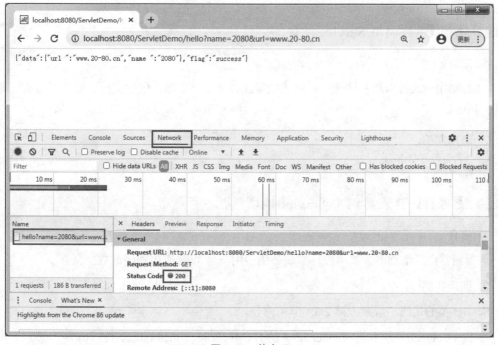

图 2-33　状态码

2.8　Servlet 调用方式

2.8.1　GET 与 POST 的调用方式

1. GET 方法

GET 方法向页面请求发送已编码的用户信息。页面和已编码的信息中间用?字符分隔，如下所示：

```
http://www.test.com/hello?key1=value1&key2=value2
```

GET 方法是默认的从浏览器向 Web 服务器传递信息的方法，它会产生一个很长的字符串，出现在浏览器的地址栏中。向服务器传递的是密码或其他的敏感信息，使用 GET 方法可能导致信息泄露，比较危险。GET 方法请求字符串中最多只能有 1024 个字符。Servlet 使用 doGet()方法处理这种类型的请求。

2. POST 方法

向后台程序传递信息的比较可靠的方法是 POST 方法。POST 方法打包信息的方式与 GET 方法基本相同，但是 POST 方法不是把信息作为 URL 中?字符后的文本字符串进行发送，有效防止了敏感信息的泄露。消息以标准输出的形式传到后台程序，可以解析和使用这些标准输出。Servlet 使用 doPost()方法处理这种类型的请求。

2.8.2　使用 URL 调用 Servlet 接口

1. 简介

URL 调用方式可以用一种统一的格式来描述各种信息资源，包括文件、服务器的地址和目录等。

2. 调用实例

请参见第 2.5.3 节的实例。

2.8.3　使用 HTTP 表单调用 Servlet 接口

1. 简介

表单通常由一个到多个表单控件组成，用于用户与 Web 应用程序的数据交互。

2. 调用实例

Servlet 类的代码，请参考第 2.6.4 节的内容。

在 WebContent 目录下新建 index.html 的 HTML 页面，"method" 属性的值为 "GET"，代码如下：

```html
<!DOCTYPE html>
<html>
<head>
        <meta http-equiv="Content-Type" content="text/html; charset=UTF-8">
        <title>HTTP 表单</title>
</head>
<body>
    <form action="./hello" method="GET">
    站名：<input type="text" name="name"/><br/>
    网址：<input type="text" name="url"/><br/>
```

```
        <input type="submit" value="GET 提交"/>
        </form>
    </body>
</html>
```

在浏览器中输入 http://localhost:8080/ServletDemo/index.html 后的页面显示效果如图 2-34 所示。

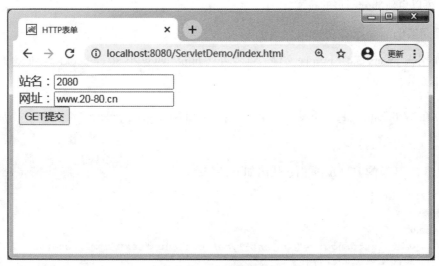

图 2-34　页面显示效果 3

点击 "GET 提交" 按钮，页面会显示所输入的字段，如图 2-35 所示。

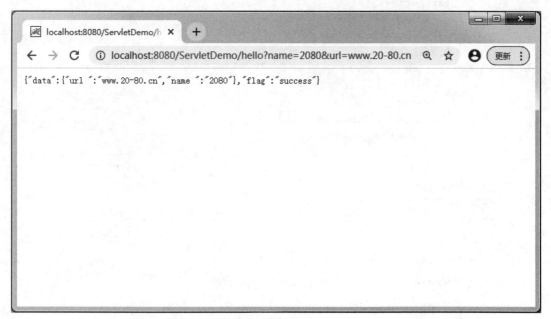

图 2-35　页面显示效果 4

2.8.4 使用 AJAX 调用 Servlet 接口

1. AJAX 简介

AJAX（asynchronous JavaScript and XML）是一种创建交互式网页应用的网页开发技术，通过后台和服务器少量的数据交互后，AJAX 可让网页实现异步更新。在不用重新加载页面的情况下，可以更新部分网页的技术。

2. 调用实例

（1）引入 jquery-3.4.1.min.js 文件。读者可从 http://www.20-80.cn/bookResources/JavaWeb_book 下载。

（2）在 WebContent 目录下新建一个名为 js 的文件夹，并将 jquery-3.4.1.min.js 添加到 js 文件夹中。

修改第 2.8.3 节的 HTML 页面，代码如下：

```html
<!DOCTYPE html>
<html>
    <head>
        <meta http-equiv="Content-Type" content="text/html; charset=UTF-8">
        <title>Ajax</title>
        <script src="./js/jquery-3.4.1.min.js"></script>
        <script>
            var param={};
            param.name='2080';
            param.url='www.20-80.cn';
            $.ajax({
                type: "POST",
                url: "./hello",
                data: param,
                success: function(json){
                    alert(json);
                }
            });
        </script>
    </head>
    <body>
    </body>
</html>
```

Servlet 类的代码请参考第 2.6.4 节中的 Servlet 类的代码。

页面显示字段如图 2-36 所示。

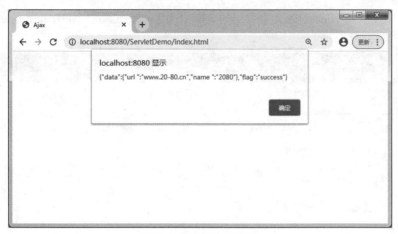

图 2-36　页面显示字段

2.8.5　使用 Postman 调用 Servlet 接口

1. 简介

Postman 是一款功能强大的网页调试与发送网页 HTTP 请求的 Chrome 插件，由于 2018 年初 Chrome 停止对 Chrome 应用程序的支持，所以 Postman 插件可能无法正常使用了。读者可以下载它的应用程序进行使用。下载网址为：http://www.20-80.cn/bookResources/JavaWeb_book。

Postman 不仅可以调试简单的 HTML、CSS、JS 脚本代码，也可以发送几乎所有类型的 HTTP 请求。

2. 调用实例

（1）打开 Postman 软件，页面如图 2-37 所示。

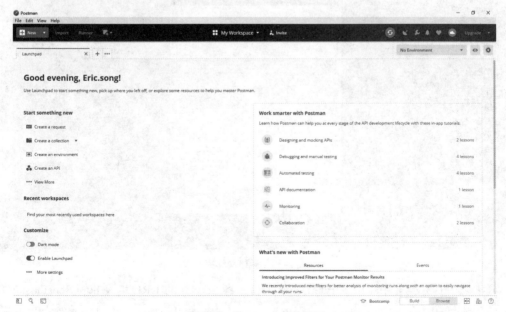

图 2-37　Postman 软件页面

（2）点击左上角 File→New，在弹出的页面中选择"Request"，如图 2-38 所示。

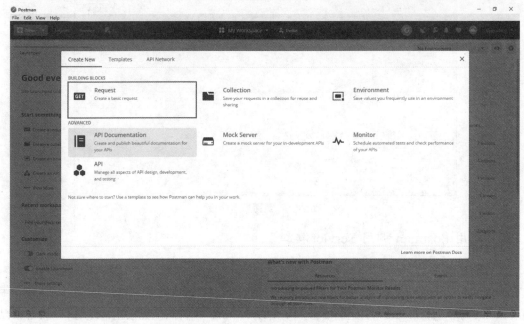

图 2-38　选择"Request"

（3）输入请求名称，再新建或选择一个文件夹，点击"Save"按钮，如图 2-39 所示。

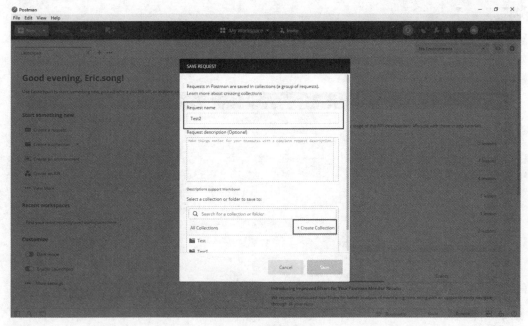

图 2-39　新建文件夹

（4）运行第 2.8.4 节中的 ServletDemo 项目，将 Servlet 的 URL 填入 http://localhost:8080/ServletDemo/hello?name=2080&url=www.20-80.cn 地址栏，点击"Send"按钮，如图 2-40 所示。

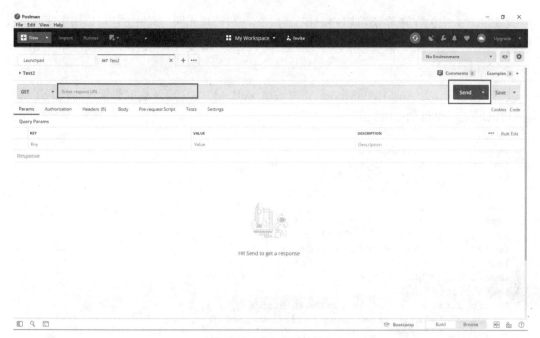

图 2-40　页面显示效果 5

（5）查看调用结果，如图 2-41 所示。

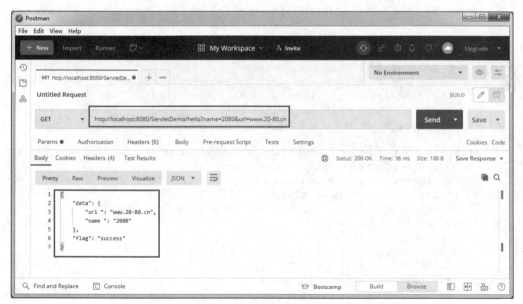

图 2-41　查看调用结果

2.8.6　HEAD 请求调用方式

1. 简介

HEAD 方法与 GET 方法类似，但是 HEAD 方法并不返回消息体。在 HEAD 请求的消息响应中，HTTP 头中包含的元信息应该和 GET 请求的响应消息相同。这种方法可以用来获取请求中隐含的元信息，而不需要传输实体本身。这个方法经常用来测试超链接的有效性和可用性。

2. 调用实例

从第 2.6.4 节实例的 HelloServlet 类中增加 doHead()方法以及获取头信息的代码逻辑。HelloServlet.java 文件的代码如下：

```
package edu.wtbu.servlet;
import java.io.IOException;
import java.util.Enumeration;
import java.util.HashMap;
import javax.servlet.ServletException;
import javax.servlet.annotation.WebServlet;
import javax.servlet.http.HttpServlet;
import javax.servlet.http.HttpServletRequest;
import javax.servlet.http.HttpServletResponse;
import com.alibaba.fastjson.JSON;
import edu.wtbu.pojo.Result;
@WebServlet("/hello")
public class HelloServlet extends HttpServlet {
    private static final long serialVersionUID = 1L;
    public HelloServlet() {
        super();
    }
    @Override
    protected void doHead(HttpServletRequest request,HttpServletResponse response)
        throws ServletException,IOException {
        Enumeration<String> headerNames = request.getHeaderNames();
        while(headerNames.hasMoreElements()) {
        String paramName = headerNames.nextElement();
        String paramValue = request.getHeader(paramName);
        System.out.println(paramName+":"+paramValue);
        }
        super.doHead(request, response);
    }
    protected void doGet(HttpServletRequest request,HttpServletResponse response)
        throws ServletException,IOException {
        String name = request.getParameter("name");
        String url = request.getParameter("url");
        HashMap<String,Object> map = new HashMap<String,Object>();
        map.put("name",name);
        map.put("url",url);
        Result result = new Result("success",map);
        String msg = JSON.toJSONString(result);
        response.getWriter().append(msg);
    }
    protected void doPost(HttpServletRequest request,HttpServletResponse response)
        throws ServletException,IOException {
        doGet(request,response);
    }
}
```

参照第 2.8.5 节的内容新建一个请求，选择 HEAD 请求，并填入 URL 为 http://localhost:8080/ServletDemo/hello，选择 Headers 选项并显示隐藏的头信息，操作如图 2-42 所示。

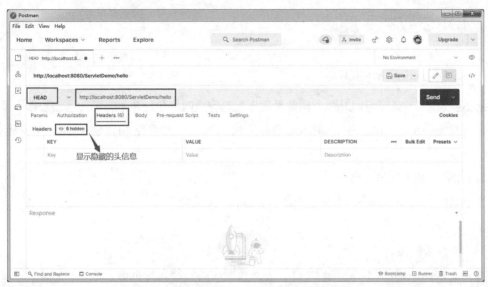

图 2-42　选择 Headers 选项并显示隐藏的头信息

然后在"Headers（8）"下添加两组键-值对：①key 为"name"，value 为"2080"，②key 为"url"，value 为"www.20-80.cn"，并点击"Send"按钮，操作页面如图 2-43 所示。

图 2-43　在"Headers（8）"下添加两组键-值对的效果

在 Eclipse 的控制台可以查看 HEAD 请求的打印结果，如图 2-44 所示。

图 2-44　在 Eclipse 的控制台可以查看 HEAD 请求的打印结果

2.9 JDBC 数据库连接

2.9.1 下载与安装 MySQL

MySQL 是目前最流行的开放源码的数据库，是完成网络化的跨平台的关系型数据库系统，本书的所有实例和项目都是基于 MySQL 数据库的，下面会详细介绍 MySQL 数据库的安装和使用。

1. MySQL 的下载与安装

本书采用的是 MySQL 8.0 版本，读者可从 http://www.20-80.cn/bookResources/JavaWeb_book 下载。

具体安装步骤如下。

首先双击 MySQL 8.0 的安装文件，进入数据库的安装向导页面，选择 "MySQL Server 8.0.21-X64"，点击 "向右" 箭头，如图 2-45 所示。

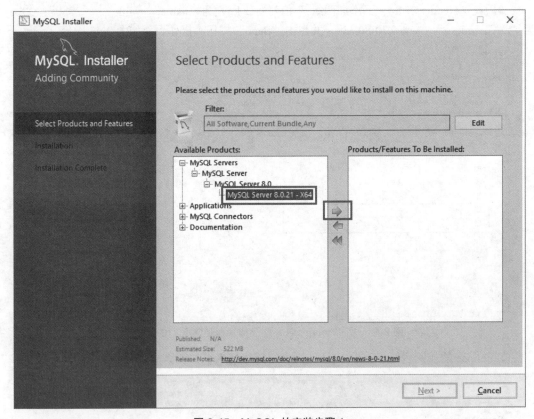

图 2-45 MySQL 的安装步骤 1

可在右边窗口中看到 "MySQL Server 8.0.21-X64"，点击 "Next" 按钮继续安装，如图 2-46 所示。

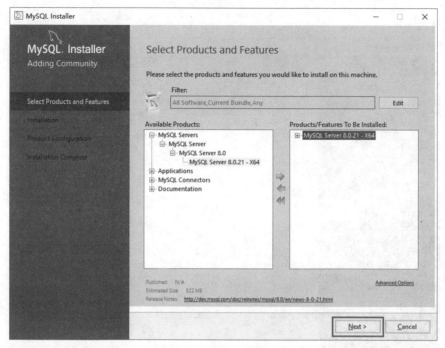

图 2-46　MySQL 的安装步骤 2

在出现提示信息的窗口中，点击"Execute"按钮继续安装，如图 2-47 所示。

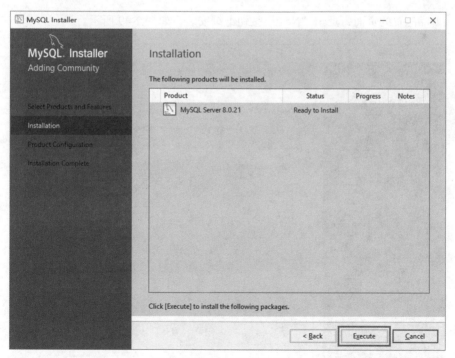

图 2-47　MySQL 的安装步骤 3

从出现提示信息的窗口中可以看到，状态提示为"Complete"，点击"Next"按钮继续安装，如图 2-48 所示。

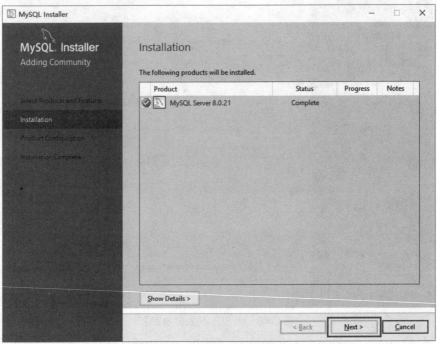

图 2-48　MySQL 的安装步骤 4

进入产品配置的页面，点击"Next"按钮继续安装，如图 2-49 所示。

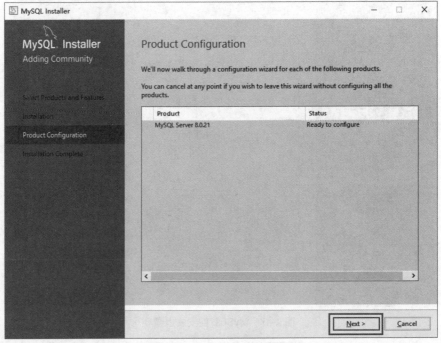

图 2-49　MySQL 的安装步骤 5

进入下一个页面，选择默认选项，点击"Next"按钮继续安装，如图 2-50 所示。

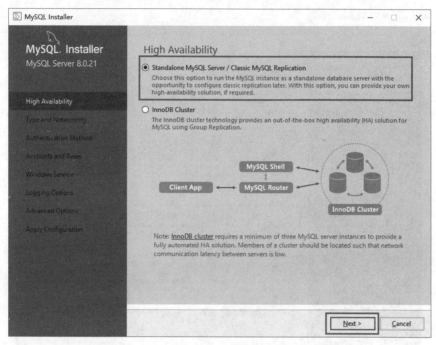

图 2-50　MySQL 的安装步骤 6

检查"Config Type"为"Development Computer"、Port 为"3306"，点击"Next"按钮继续安装，如图 2-51 所示。

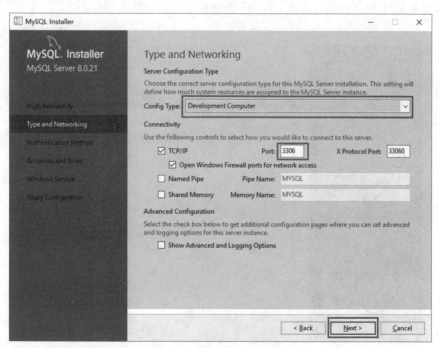

图 2-51　MySQL 的安装步骤 7

选择"Use Legacy Authentication Method(Retain MySQL 5.x Compatibility)",点击"Next"按钮继续安装,如图 2-52 所示。

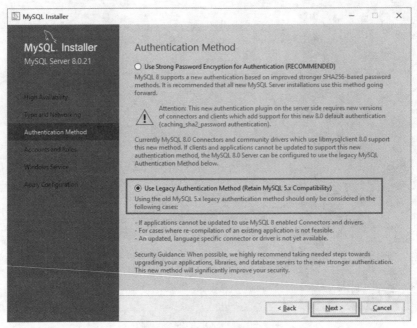

图 2-52　MySQL 的安装步骤 8

在"MySQL Root Password"文本框后输入密码"123456",并在"Repeat Password"文本框后再次输入密码"123456",点击"Next"按钮继续安装,如图 2-53 所示。

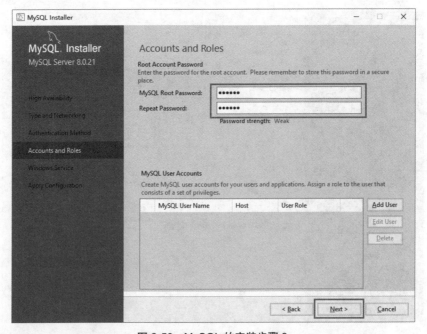

图 2-53　MySQL 的安装步骤 9

检查"Windows Service Name"为"MySQL80",其他选项默认,点击"Next"按钮继续安装,如图 2-54 所示。

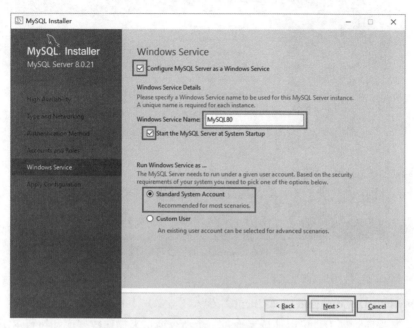

图 2-54 MySQL 的安装步骤 10

点击"Execute"按钮继续安装,如图 2-55 所示。

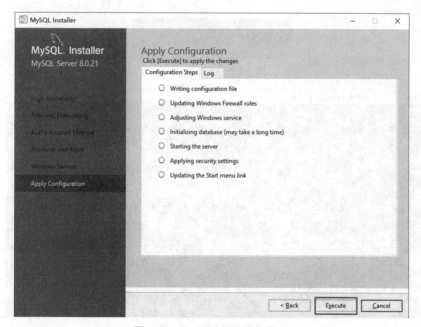

图 2-55 MySQL 的安装步骤 11

等待安装,然后点击"Finish"按钮完成安装,如图 2-56 所示。

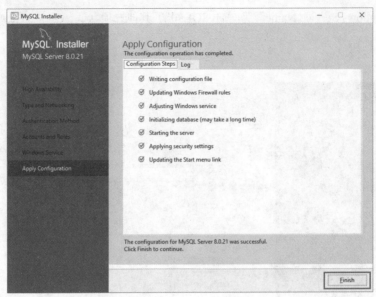

图 2-56　MySQL 的安装步骤 12

2. 使用 MySQL 数据库管理工具

（1）MySQL 8.0 Command Line Client。

MySQL 数据库管理工具可以让读者通过一个命令窗口来操作数据库和执行 SQL 语句，在"开始"→"程序"中找到 MySQL 的菜单，点击客户端程序，输入安装时设置的数据库密码，操作页面如图 2-57 与图 2-58 所示。

图 2-57　MySQL 菜单

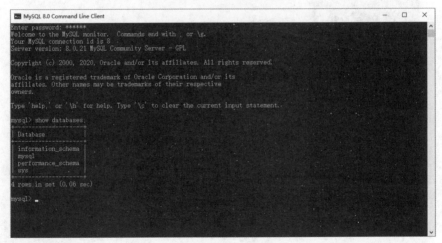

图 2-58　客户端命令

（2）Navicat Premium。

本书采用的 MySQL 数据库管理工具是 Navicat Premium，读者可从 http://www.20-80.cn/bookResources/JavaWeb_book 下载。

Navicat Premium 是一个可多重连接的数据库管理工具，它可让你以单一程序同时连接到 MySQL、Oracle、PostgreSQL、SQLite 及 SQL Server 数据库，让管理不同类型的数据库更加方便。Navicat Premium 结合了其他 Navicat 成员提供的功能。有了不同数据库类型的连接功能，Navicat Premium 支持在 MySQL、Oracle、PostgreSQL、SQLite 及 SQL Server 之间传输数据。它还支持大部分 MySQL、Oracle、PostgreSQL、SQLite 及 SQL Server 的功能。

2.9.2　JDBC 简介

JDBC 的全称是 Java database connectivity，是一套面向对象的应用程序接口（API），制定了统一的访问各类关系型数据库的标准接口，为各个数据库厂商提供了标准接口的实现。通过 JDBC 技术，开发人员可以使用纯 Java 语言和标准的 SQL 语句编写完整的数据库应用程序，并且真正实现了软件的跨平台性。

1. JDBC 查询数据库的基本步骤

JDBC 查询数据库大致可以分为以下几步。

- 注册驱动程序。
- 建立连接。
- 创建 PreparedStatement 对象。
- 执行查询。
- 结果处理。
- 关闭连接，释放资源。

下面对每个步骤进行详细介绍。

1）注册驱动程序

在连接数据库之前，首先加载待连接数据库的驱动到 JVM（Java 虚拟机），通过 java.lang.Class 类的静态方法 forName(String ClassName)实现，例如，加载 MySQL 驱动程序的代码如下：

```
//注册驱动代码
String driver = "com.mysql.cj.jdbc.Driver";
Class.forName(driver);
```

成功加载后，会将加载的驱动类注册给 DriverManager 类。

2）建立连接

java.sql.DriverManager（驱动程序管理器）类是 JDBC 的管理层，负责建立和管理数据库连接。通过 DriverManager 类的静态方法 getConnection(String url,String user,String password)可以建立数据库连接，3 个入参依次为要连接数据库的路径、用户名和密码，该方法的返回值类型为 java.sql.Connection。代码如下：

```
//连接 MySQL 数据库字符串
String url="jdbc:mysql://localhost:3306/session1?serverTimezone =
    GMT%2B8&useOldAliasMetadataBehavior = true";
String userName = "root";
String password = "123456";
Connection conn = DriverManager.getConnection(url,userName,password);
```

3）创建 PreparedStatement 对象

通过 Connection 对象创建 PreparedStatement 实例来执行动态 SQL 语句。代码如下：

```
//创建 PreparedStatement 实例
PreparedStatement pstmt = conn.prepareStatement(sql);
```

4）执行 SQL 语句

通过 PreparedStatement 接口的 executeQuery()方法，可以执行 SQL 语句，并返回执行结果。代码如下：

```
//执行 SQL 语句的查询
ResultSet rs = pstmt.executeQuery();
```

5）结果处理

执行 SQL 语句返回 ResultSet 类型结果集，其中不仅包含所有满足查询条件的记录，还包含相应数据表的相关信息，例如列的名称、类型和列的数量等。

6）关闭连接，释放资源

在建立 Connection、PreparedStatement 和 ResultSet 实例时，均需占用一定的数据库连接数和内存资源，所以每次访问数据库结束后，应该及时销毁这些实例，释放它们占用的所有资源，一般是通过各个实例的 close()方法来实现，并且在关闭时可以按照以下代码顺序进行：

```
rs.close();
pstmt.close();
conn.close();
```

2. 采用 JDBC 增、删、改数据库的基本步骤

当对数据库进行增、删、改操作时，步骤基本与查询数据库一致，但是第（5）步会有区别，下面对每个步骤进行详细介绍。

（1）注册驱动程序。

请参考第 2.9.2 节 1.的第一步。

（2）建立连接。

请参考第 2.9.2 节 1.的第二步。

（3）创建 PreparedStatement 对象。

请参考第 2.9.2 节 1.的第三步。

（4）执行 SQL 语句。

通过 Statement 接口的 executeUpdate()（增、删、改）方法，可以执行 SQL 语句，同时将返回一个 int 型数值，代表影响数据库记录的条数，即增、删、改记录的条数。

（5）关闭连接释放资源。

请参考第 2.9.2 节 1.的第六步。

3. JDBC 相关函数说明

（1）getConnection()函数说明如表 2-8 所示。

表 2-8　getConnection()函数说明

函数名	getConnection(url,userName,password)
函数基类	DriverManager
函数功能	获取数据库连接对象
输入参数说明	url：连接字符串。 jdbc:mysql://localhost:3306/session1?serverTimezone= GMT%2B8&useOldAliasMetadataBehavior=true 说明：MySQL 数据库://本地:端口/数据库名?设置时区为东八区&设置数据库中允许有别名。 userName：数据库用户名。 password：数据库密码
返回值类型说明	Connection：MySQL 数据库连接对象

（2）executeQuery()函数说明如表 2-9 所示。

表 2-9　executeQuery()函数说明

函数名	executeQuery()
函数基类	PreparedStatement
函数功能	执行查询 SQL 语句（仅查询 select）
输入参数说明	无
返回值类型说明	ResultSet：返回结果集对象。 rs.next()：true 代表有数据，false 代表数据为空

（3）executeUpdate()函数说明如表 2-10 所示。

表 2-10　executeUpdate()函数说明

函数名	executeUpdate()
函数基类	PreparedStatement/Statement
函数功能	执行更新 SQL 语句（包括 insert、update、delete）
输入参数说明	无
返回值类型说明	int：返回数据库受影响的行数。 0 代表失败，1 代表成功

（4）prepareStatement()函数说明如表 2-11 所示。

表 2-11　prepareStatement()函数说明

函数名	prepareStatement()
函数基类	Connection
函数功能	预处理 SQL 语句
输入参数说明	SQL 语句
返回值类型说明	PreparedStatement：预处理动态 SQL 对象

（5）getClass()函数说明如表 2-12 所示。

表 2-12　getClass()函数说明

函数名	getClass()
函数基类	Object
函数功能	获取当前类
输入参数说明	无
返回值类型说明	无

（6）getName()函数说明如表 2-13 所示。

表 2-13　getName()函数说明

函数名	getName()
函数基类	Object
函数功能	获取当前类的类名
输入参数说明	无
返回值类型说明	无

（7）getMetaData()函数说明如表 2-14 所示。

表 2-14　getMetaData()函数说明

函数名	getMetaData()
函数基类	ResultSet
函数功能	获取结果集的所有字段的描述
输入参数说明	无
返回值类型说明	无

（8）getColumnCount()函数说明如表 2-15 所示。

表 2-15　getColumnCount()函数说明

函数名	getColumnCount()
函数基类	ResultSetMetaData
函数功能	得到数据集的列数
输入参数说明	无
返回值类型说明	无

（9）getColumnName()函数说明如表 2-16 所示。

表 2-16　getColumnName()函数说明

函数名	getColumnName()
函数基类	ResultSetMetaData
函数功能	得到数据集的列名
输入参数说明	columnIndex 索引列，即读取数据的列索引
返回值类型说明	String 列名

（10）getObject()函数说明如表 2-17 所示。

表 2-17　getObject()函数说明

函数名	getObject()
函数基类	ResultSet
函数功能	每次直接从数据库获取数据，避免大量数据进入内存
输入参数说明	columnIndex 索引列，即读取数据的列索引
返回值类型说明	Object 对象

（11）close()函数说明如表 2-18 所示。

表 2-18　close()函数说明

函数名	close()
函数基类	Connection/PreparedStatement/ResultSet
函数功能	立即释放被占用的数据库和 JDBC 资源
输入参数说明	无
返回值类型说明	无

2.9.3　JDBC 新增用户表数据实例

1. 新增调用简介

通过调用接口执行新增用户的操作。

2. JDBC 新增数据实例

1）users 表结构如图 2-59 所示。

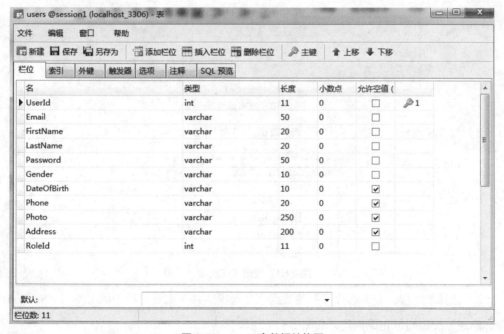

图 2-59　users 表数据结构图

名为 Session1mysql.sql 的 SQL 脚本可从 http://www.20-80.cn/bookResources/JavaWeb_book 下载，该脚本包括构建表语句、测试数据，不用读者编写数据库脚本。导入方法如下。

（1）打开 Navicat 软件，创建数据库连接。

点击连接，输入 MySQL 密码（123456），直接点击"确定"按钮完成数据库的创建，如图 2-60 所示。

图 2-60　连接属性图

（2）双击左侧栏的连接，会展开许多数据库，如图 2-61 所示。

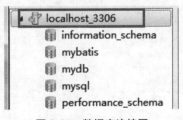

图 2-61　数据库连接图

（3）选择该连接，右击选择"新建数据库"选项，并在创建窗口中填写库名"Session1"，点击"确定"按钮即可完成创建，如图 2-62 所示。

图 2-62　新建数据库

（4）双击展开前面新建的数据库 Session1，并选中"查询"，如图 2-63 所示。

图 2-63　选中"查询"

（5）点击"新建查询"按钮，如图 2-64 所示。

图 2-64　新建查询

（6）在查询窗口中，选择"文件"→"载入"，通过素材包路径找到并选中"Session1mysql.sql"文件，点击"运行"按钮，即可将数据导入前面创建的数据库"Session1"中，如图 2-65 所示（此过程需要等待一段时间）。

图 2-65　运行 SQL 脚本

（7）检查导入结果。

右击"表"，选择菜单中的"刷新"，如图 2-66 所示。

图 2-66　刷新表

检查表的数目是否达到 15 个，如果达到 15 个，则说明数据导入完毕，如图 2-67 所示。

图 2-67　数据导入完毕

2）Demo 实例

请参考第 2.1.4 节，新建名为 JDBCDemo 的 JavaWeb 项目。

在项目的 src 目录下新建 edu.wtbu.pojo 包，在该包路径下新建名为 Users 的类文件，代码

如下：

```java
package edu.wtbu.pojo;
public class Users {
    int userId;
    String email;
    String firstName;
    String lastName;
    String password;
    String gender;
```

```java
    String dateOfBirth;
    String phone;
    String photo;
    String address;
    int roleId;
    public Users() {
    }
    public Users(int userId,String email,String firstName,
        String lastName,String password,String gender,String dateOfBirth,
        String phone,String photo,String address,int roleId) {
        super();
        this.userId = userId;
        this.email = email;
        this.firstName = firstName;
        this.lastName = lastName;
        this.password = password;
        this.gender = gender;
        this.dateOfBirth = dateOfBirth;
        this.phone = phone;
        this.photo = photo;
        this.address = address;
        this.roleId = roleId;
    }
    public int getUserId() {
        return userId;
    }
    public void setUserId(int userId) {
        this.userId = userId;
    }
    public String getEmail() {
        return email;
    }
    public void setEmail(String email) {
        this.email = email;
    }
    public String getFirstName() {
        return firstName;
    }
    public void setFirstName(String firstName) {
        this.firstName = firstName;
    }
    public String getLastName() {
        return lastName;
    }
    public void setLastName(String lastName) {
        this.lastName = lastName;
    }
    public String getPassword() {
        return password;
    }
    public void setPassword(String password) {
        this.password = password;
    }
    public String getGender() {
        return gender;
    }
```

```java
    public void setGender(String gender) {
        this.gender = gender;
    }
    public String getDateOfBirth() {
        return dateOfBirth;
    }
    public void setDateOfBirth(String dateOfBirth) {
        this.dateOfBirth = dateOfBirth;
    }
    public String getPhone() {
        return phone;
    }
    public void setPhone(String phone) {
        this.phone = phone;
    }
    public String getPhoto() {
        return photo;
    }
    public void setPhoto(String photo) {
        this.photo = photo;
    }
    public String getAddress() {
        return address;
    }
    public void setAddress(String address) {
        this.address = address;
    }
    public int getRoleId() {
        return roleId;
    }
    public void setRoleId(int roleId) {
        this.roleId = roleId;
    }
}
```

在 http://www.20-80.cn/bookResources/JavaWeb_book 中下载 mysql-connector-java-8.0.16.jar、fastjson-1.2.66.jar 两个文件，并拷贝到项目的 WebContent/WEB-INF/lib 目录下面。

在项目的 src 目录下新建 edu.wtbu.servlet 包，在该包路径下新建名为 AddUserServlet 的 Servlet 文件，代码如下：

```java
package edu.wtbu.servlet;
import java.io.IOException;
import java.io.PrintWriter;
import java.sql.Connection;
import java.sql.DriverManager;
import java.sql.PreparedStatement;
import javax.servlet.ServletException;
import javax.servlet.annotation.WebServlet;
import javax.servlet.http.HttpServlet;
import javax.servlet.http.HttpServletRequest;
import javax.servlet.http.HttpServletResponse;
import edu.wtbu.pojo.Users;

@WebServlet("/addUser")
```

```java
public class AddUserServlet extends HttpServlet {
    private static final long serialVersionUID = 1L;
    public AddUserServlet() {
        super();
    }
    protected void doGet(HttpServletRequest request,HttpServletResponse response)
        throws ServletException,IOException {
        response.setContentType("text/html;charset = UTF-8");
        PrintWriter out = response.getWriter();
        String email = request.getParameter("email");
        String password = request.getParameter("password");
        String firstName = request.getParameter("firstName");
        String lastName = request.getParameter("lastName");
        String gender = request.getParameter("gender");
        String dateOfBirth = request.getParameter("dateOfBirth");
        String phone = request.getParameter("phone");
        String photo = request.getParameter("photo");
        String address = request.getParameter("address");
        int roleId = Integer.parseInt(request.getParameter("roleId"));
        Users user = new Users();
        user.setEmail(email);
        user.setFirstName(firstName);
        user.setLastName(lastName);
        user.setPassword(password);
        user.setGender(gender);
        user.setDateOfBirth(dateOfBirth);
        user.setPhone(phone);
        user.setPhoto(photo);
        user.setAddress(address);
        user.setRoleId(roleId);
        String url = "jdbc:mysql://localhost:3306/session1?serverTimezone=GMT%2B8";
        String driver = "com.mysql.cj.jdbc.Driver";
        String userName = "root";
        String passwd = "123456";
        try {
            Class.forName(driver);
            Connection conn = (Connection) DriverManager.getConnection(
                url,userName, passwd);
            String sql = "insert into Users(Email,Password,FirstName,LastName,
                Gender,DateOfBirth,Phone,Photo,Address,RoleId)"
                + "values('" + user.getEmail() + "','" + user.getPassword() + "',
                '" + user.getFirstName() + "','"
                + user.getLastName() + "','" + user.getGender() + "','"
                + user.getDateOfBirth() + "','"
                + user.getPhone() + "','" + user.getPhoto() + "','"
                + user.getAddress() + "','" + user.getRoleId()
                + "')";
            PreparedStatement pstmt = (PreparedStatement) conn.prepareStatement(sql);
            int insertResult = pstmt.executeUpdate();
            if (insertResult >= 1) {
                out.print("添加成功");
            } else {
                out.print("添加失败");
            }
            pstmt.close();
            conn.close();
        } catch (Exception e) {
            e.printStackTrace();
```

```
        }
    }
    protected void doPost(HttpServletRequest request,HttpServletResponse response)
        throws ServletException,IOException {
        doGet(request,response);
    }
}
```

运行项目，在地址栏输入 http://localhost:8080/JDBCDemo/addUser?roleId=1&email= jackrose@126.com&password=123&firstName=alex&lastName=snos&gender=F&dateOfBirth=1988-01-01&phone=13800138000&photo=alexphoto&address=wuhan，运行效果如图 2-68 所示。

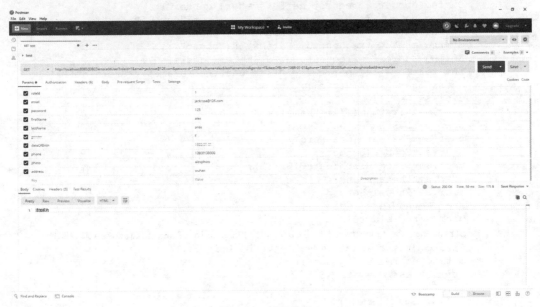

图 2-68　运行效果 1

2.9.4　JDBC 更新用户表数据实例

1. 更新调用简介

通过调用接口执行更新用户的操作。

2. JDBC 更新数据实例

1）数据表结构

数据表结构请参考第 2.9.3 节的数据表结构。

2）Demo 实例

请参考第 2.9.3 节，在 edu.wtbu.servlet 包下新建名为 UpdateUserServlet 的 Servlet 文件，代码如下：

```
package edu.wtbu.servlet;

import java.io.IOException;
```

```java
import java.io.PrintWriter;
import java.sql.Connection;
import java.sql.DriverManager;
import java.sql.PreparedStatement;
import javax.servlet.ServletException;
import javax.servlet.annotation.WebServlet;
import javax.servlet.http.HttpServlet;
import javax.servlet.http.HttpServletRequest;
import javax.servlet.http.HttpServletResponse;
import edu.wtbu.pojo.Users;

@WebServlet("/updateUser")
public class UpdateUserServlet extends HttpServlet {
    private static final long serialVersionUID = 1L;

    public UpdateUserServlet() {
        super();
    }

    protected void doGet(HttpServletRequest request,HttpServletResponse response)
        throws ServletException, IOException {
        response.setContentType("text/html;charset = UTF-8");
        PrintWriter out = response.getWriter();

        String email = request.getParameter("email");
        String password = request.getParameter("password");
        String firstName = request.getParameter("firstName");
        String lastName = request.getParameter("lastName");
        String gender = request.getParameter("gender");
        String dateOfBirth = request.getParameter("dateOfBirth");
        String phone = request.getParameter("phone");
        String photo = request.getParameter("photo");
        String address = request.getParameter("address");
        int roleId = Integer.parseInt(request.getParameter("roleId"));
        int userId = Integer.parseInt(request.getParameter("userId"));

        Users user = new Users();
        user.setEmail(email);
        user.setPassword(password);
        user.setFirstName(firstName);
        user.setLastName(lastName);
        user.setGender(gender);
        user.setDateOfBirth(dateOfBirth);
        user.setPhone(phone);
        user.setPhoto(photo);
        user.setAddress(address);
        user.setRoleId(roleId);
        user.setUserId(userId);

        String url="jdbc:mysql://localhost:3306/session1?serverTimezone = GMT%2B8";
        String driver = "com.mysql.cj.jdbc.Driver";
        String userName = "root";
        String passwd = "123456";
        try {
            Class.forName(driver);
            Connection conn = DriverManager.getConnection(url,userName,passwd);
```

```
          String sql = "update Users set Email='" + user.getEmail() + "',Password = '"
              + user.getPassword() + "',FirstName = '" + user.getFirstName()
              + "',LastName = '"+ user.getLastName() + "',Gender = '"
              + user.getGender() + "',DateOfBirth='" + user.getDateOfBirth()
              + "',Phone='" + user.getPhone()+ "',Photo='" + user.getPhoto()
              + "',Address = '" + user.getAddress() + "',RoleId = '"
              + user.getRoleId() + "' where UserId='" + user.getUserId() + "'";
          PreparedStatement pstmt = conn.prepareStatement(sql);
          int updateResult = pstmt.executeUpdate();
          if (updateResult >= 1) {
              out.print("修改成功");
          } else {
              out.print("修改失败");
          }
          pstmt.close();
          conn.close();
      } catch (Exception e) {
          e.printStackTrace();
      }
  }

  protected void doPost(HttpServletRequest request,HttpServletResponse response)
      throws ServletException,IOException {
      doGet(request,response);
  }
}
```

运行项目，在地址栏输入 http://localhost:8080/JDBCDemo/updateUser?userId=2&roleId=1&email=
jackrose123@126.com&password=321&firstName=alex&lastName=snos&gender=F&dateOfBirth=
1988-01-01&phone=13800138000&photo=alexphoto&address=wuhan，运行效果如图 2-69 所示。

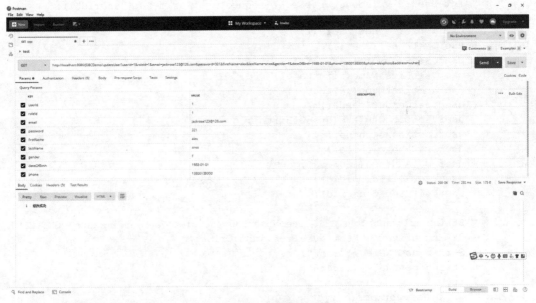

图 2-69　运行效果 2

2.9.5　JDBC 删除用户表数据实例

1. 删除调用简介

通过调用接口执行删除用户的操作。

2. JDBC 删除数据实例

1）数据表结构

数据表结构请参考第 2.9.3 节的数据表结构。

2）Demo 实例

请参考第 2.9.3 节，在 edu.wtbu.servlet 包下新建名为 DeleteUserServlet 的 Servlet 文件，代码如下：

```java
package edu.wtbu.servlet;
import java.io.IOException;
import java.io.PrintWriter;
import java.sql.Connection;
import java.sql.DriverManager;
import java.sql.PreparedStatement;
import javax.servlet.ServletException;
import javax.servlet.annotation.WebServlet;
import javax.servlet.http.HttpServlet;
import javax.servlet.http.HttpServletRequest;
import javax.servlet.http.HttpServletResponse;
@WebServlet("/deleteUser")
public class DeleteUserServlet extends HttpServlet {
    private static final long serialVersionUID = 1L;
    public DeleteUserServlet() {
        super();
    }
    protected void doGet(HttpServletRequest request,HttpServletResponse response)
        throws ServletException,IOException {
        response.setContentType("text/html;charset = UTF-8");
        PrintWriter out = response.getWriter();
        int userId = Integer.parseInt(request.getParameter("userId"));
        String url="jdbc:mysql://localhost:3306/session1?serverTimezone = GMT%2B8";
        String driver = "com.mysql.cj.jdbc.Driver";
        String userName = "root";
        String password = "123456";
        try {
            Class.forName(driver);
            Connection conn = (Connection) DriverManager.getConnection(
                url,userName,password);
            String sql = "delete from Users where UserId=" + userId;
            PreparedStatement pstmt =
                (PreparedStatement) conn.prepareStatement(sql);
            int deleteResult = pstmt.executeUpdate();
            if (deleteResult > 0) {
                out.print("删除成功");
            } else {
                out.print("删除失败");
```

```
        }
        pstmt.close();
        conn.close();
    } catch (Exception e) {
        e.printStackTrace();
    }
}
protected void doPost(HttpServletRequest request,HttpServletResponse response)
    throws ServletException, IOException {
    doGet(request, response);
}
}
```

运行项目，在地址栏输入 http://localhost:8080/JDBCDemo/deleteUser?userId=2，运行效果如图 2-70 所示。

图 2-70　运行效果 3

2.9.6　JDBC 查询用户表数据实例

1. 查询调用简介

通过调用接口执行查询用户的操作。

2. JDBC 查询数据实例

1）数据表结构

数据表结构请参考第 2.9.3 节的数据表结构。

2）Demo 实例

在 edu.wtbu.pojo 包下新建名为 Result 的类文件，其代码请参考第 2.6.4 节的代码。

请参考第 2.9.3 节，在 edu.wtbu.servlet 包下新建名为 LoginServlet 的 Servlet 文件，代码如下：

```java
package edu.wtbu.servlet;
import java.io.IOException;
import java.sql.Connection;
import java.sql.DriverManager;
import java.sql.PreparedStatement;
import java.sql.ResultSet;
import java.util.ArrayList;
import java.util.HashMap;
import java.util.List;
import javax.servlet.ServletException;
import javax.servlet.annotation.WebServlet;
import javax.servlet.http.HttpServlet;
import javax.servlet.http.HttpServletRequest;
import javax.servlet.http.HttpServletResponse;
import com.alibaba.fastjson.JSON;
import edu.wtbu.pojo.Result;
@WebServlet("/login")
public class LoginServlet extends HttpServlet {
    private static final long serialVersionUID = 1L;
    public LoginServlet() {
        super();
    }
    protected void doGet(HttpServletRequest request,HttpServletResponse response)
        throws ServletException,IOException {
        response.setContentType("text/html;charset = UTF-8");
        String email = request.getParameter("email");
        String password = request.getParameter("password");
        String url="jdbc:mysql://localhost:3306/session1?serverTimezone = GMT%2B8";
        String driver = "com.mysql.cj.jdbc.Driver";
        String userName = "root";
        String passwd = "123456";
        try {
            Class.forName(driver);
            Connection conn = (Connection) DriverManager.getConnection(
                url,userName,passwd);
            String sql = "select * from users where Email = '" + email +
                "'and Password = '" + password + "'";
            PreparedStatement pstmt = (PreparedStatement) conn.prepareStatement(sql);
            ResultSet rs = pstmt.executeQuery();
            List<HashMap<String,Object>> list = new ArrayList<HashMap<String,Object>>();
            while (rs.next()) {
                HashMap<String,Object> user = new HashMap<String,Object>();
                user.put("userId",rs.getObject(1));
                user.put("email",rs.getObject(2));
                user.put("firstName",rs.getObject(3));
                user.put("lastName",rs.getObject(4));
                user.put("password",rs.getObject(5));
                user.put("gender",rs.getObject(6));
                user.put("dateOfBirth",rs.getObject(7));
                user.put("phone",rs.getObject(8));
```

```java
            user.put("photo",rs.getObject(9));
            user.put("address",rs.getObject(10));
            user.put("roleId",rs.getObject(11));
            list.add(user);
        }
        rs.close();
        pstmt.close();
        conn.close();
        Result result = new Result("success",list);
        String msg = JSON.toJSONString(result);
        response.getWriter().append(msg);
    } catch (Exception e) {
        e.printStackTrace();
    }
}
protected void doPost(HttpServletRequest request,HttpServletResponse response)
    throws ServletException,IOException {
    doGet(request,response);
}
}
```

运行项目，在地址栏输入 http://localhost:8080/JDBCDemo/login?email=behappy@vip.sina.com&password=123456，运行效果如图 2-71 所示。

图 2-71　运行效果 4

2.9.7　JDBC 三层架构

1. JDBC 三层架构简介

JDBC 三层架构包括数据连接层、数据获取层、业务逻辑层，如图 2-72 所示。

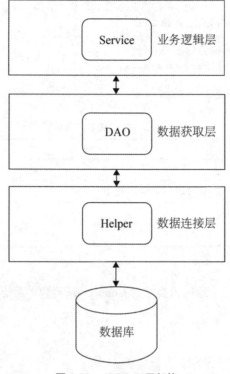

图 2-72　JDBC 三层架构

1）数据连接层

数据连接层的 Helper 在本书的实例和项目中负责数据库连接。该层包含一个 MySqlHelper.java 文件，里面封装了一个查询的方法和一个增、删、改的方法，主要是为了方便数据获取层执行 SQL 语句。

2）数据获取层

DAO（data access object）是一个数据访问对象，是一种比较底层、比较基础的操作。具体到某个表的增、删、改、查，换句话说，具体到某个 DAO，一定与数据库的某张表一一对应，其中封装了增、删、改、查等基本操作。

3）业务逻辑层

业务逻辑层负责关键业务的处理和数据的传递，而复杂的逻辑判断和涉及数据库的数据验证也需要在此层做出处理。业务逻辑层主要针对具体问题的操作，也可以理解成是对数据获取层，即 DAO 的操作，对数据业务逻辑进行处理，如果数据获取层是"积木"，那么业务逻辑层就是对这些"积木"进行搭建。

2. DBHelper 简介

1）Helper 类参数

Helper 类参数代码如下：

```
//MySqlHelper 输入参数
private static String url = null;
private static String userName =null;
private static String driver =null;
private static String password=null;
```

Helper 类参数及说明如表 2-19 所示。

表 2-19　Helper 类参数及说明

参数	说明
url	连接字符串
driver	连接 MySQL 数据库专用驱动字符串
userName	数据库用户名
password	数据库密码

2）getConnection()函数

getConnection()函数是一个返回值类型为 Connection 对象的静态方法，目的是将数据连接方法进行封装，方便调用后面的增、删、改方法，代码如下：

```
//打开数据连接的函数
public static Connection getConnection() {
    try
    {
        conn = DriverManager.getConnection(url,userName,password);
    }
    catch(Exception e)
    {
        e.printStackTrace();
    }
    return conn;
}
```

3）close()函数

close()函数是一个返回值类型为空的静态方法，目的是关闭数据库的一些操作对象，释放资源。关闭的对象有 ResultSet 数据集对象、PreparedStatement 数据操作对象、Connection 数据连接对象，代码如下：

```
//关闭数据连接的函数
public static void close(ResultSet rs,PreparedStatement pstmt,Connection conn)
{
    try {
        rs.close();
        pstmt.close();
        conn.close();
    } catch (Exception e) {
        e.printStackTrace();
    }
}
```

4）executeQuery()函数

executeQuery()函数是一个专门执行查询的函数，目的是在数据库中执行 DAO 的 SQL 语句并返回一个泛型集合。输入的参数是查询的 SQL 语句，代码如下：

```java
//专门执行查询的函数
public static List<HashMap<String,Object>> executeQuery(String sql) {
    try {
        Connection conn = getConnection();
        PreparedStatement pstmt = conn.prepareStatement(sql);
        ResultSet rs = pstmt.executeQuery();
        ResultSetMetaData rsmd = rs.getMetaData();
        List<HashMap<String,Object>> list = new ArrayList<HashMap<String,Object>>();
        int columnNum = rsmd.getColumnCount();
        while (rs.next()) {
            HashMap<String,Object> map = new HashMap<String,Object>();
            for(int i = 0;i < columnNum;i++) {
                String columnName = rsmd.getColumnName(i+1);
                Object value = rs.getObject(i + 1);
                map.put(columnName,value);
            }
            list.add(map);
        }
        rs.close();
        pstmt.close();
        conn.close();
        return list;
    } catch (SQLException e) {
        e.printStackTrace();
    }
    return null;
}
```

5）executeUpdate()函数

executeUpdate()函数是一个专门执行增、删、改的函数，目的是在数据库中执行 DAO 的 SQL 语句并返回受影响的函数。输入的参数有查询的 SQL 语句、SQL 语句的对象，代码如下：

```java
//专门执行增、删、改的函数
public static int executeUpdate(String sql,Object[] para) {
    int result = 0;
    try {
        conn = getConnection();
        pstmt = conn.prepareStatement(sql);
        if (para != null) {
            for (int i = 0;i < para.length;i++) {
                String className = para[i].getClass().getName();
                if (className.contains("String")) {
                    pstmt.setString(i + 1,para[i].toString());
                }
                if (className.contains("Integer")) {
                    pstmt.setInt(i + 1,Integer.parseInt(para[i].toString()));
                }
            }
```

```
        }
        result = pstmt.executeUpdate();
    } catch (Exception e) {
        e.printStackTrace();
    } finally {
        close(rs,pstmt,conn);
    }
    return result;
}
```

6）executeQueryReturnMap()函数

executeQueryReturnMap()函数是一个专门执行查询的函数，目的是在数据库中执行 DAO 的 SQL 语句并返回一个 HashMap 的泛型集合。输入的参数有查询的 SQL 语句、SQL 语句的对象，代码如下：

```
//专门执行查询的函数（返回值为 HashMap 的泛型集合）
public static List<HashMap<String,Object>>
    executeQueryReturnMap(String sql,Object[] para) {
    try {
        conn = getConnection();
        pstmt = conn.prepareStatement(sql);
        if (para != null) {
            for (int i = 0;i < para.length;i++) {
                String className = para[i].getClass().getName();
                if (className.contains("String")) {
                    pstmt.setString(i + 1,para[i].toString());
                }
                if (className.contains("Integer")) {
                    pstmt.setInt(i + 1,Integer.parseInt(para[i].toString()));
                }
            }
        }
        ResultSet rs = pstmt.executeQuery();
        ResultSetMetaData rsmd = rs.getMetaData();
        List<HashMap<String,Object>> list =
            new ArrayList<HashMap<String,Object>>();
        int count = rsmd.getColumnCount();
        while (rs.next()) {
            HashMap<String,Object> map = new HashMap<String,Object>();
            for (int i = 0;i < count;i++) {
                String columnName = rsmd.getColumnName(i + 1);
                Object value = rs.getObject(i + 1);
                map.put(columnName,value);
            }
            list.add(map);
        }
        return list;
    } catch (Exception e) {
        e.printStackTrace();
    } finally {
        close(rs,pstmt,conn);
    }
    return null;
}
```

3. JDBC 三层架构实例

1）搭建 JDBC 三层架构

在第 2.9.3 节的项目基础上，新建 edu.wtbu.helper 包和 edu.wtbu.dao 包，如图 2-73 所示。

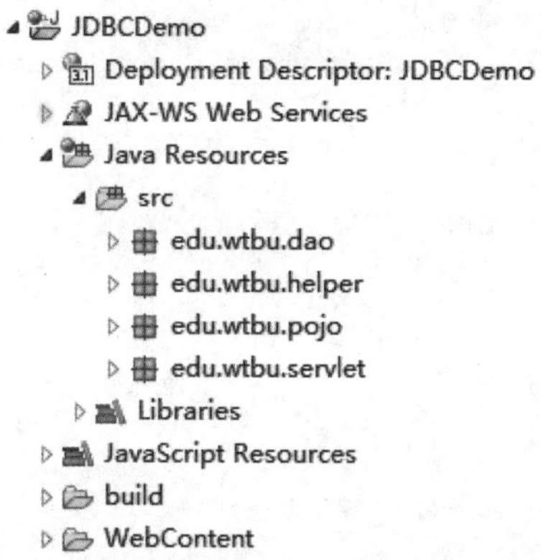

```
▲ JDBCDemo
    ▷ Deployment Descriptor: JDBCDemo
    ▷ JAX-WS Web Services
    ▲ Java Resources
        ▲ src
            ▷ edu.wtbu.dao
            ▷ edu.wtbu.helper
            ▷ edu.wtbu.pojo
            ▷ edu.wtbu.servlet
        ▷ Libraries
    ▷ JavaScript Resources
    ▷ build
    ▷ WebContent
```

图 2-73 新建 edu.wtbu.helper 包和 edu.wtbu.dao 包

2）三层架构实例

在 edu.wtbu.pojo 包下新建名为 Result 的类文件，代码请参考第 2.6.4 节的代码。

在 edu.wtbu.helper 包下新建名为 MySqlHelper 的类文件，代码如下：

```java
package edu.wtbu.helper;
import java.sql.Connection;
import java.sql.DriverManager;
import java.sql.PreparedStatement;
import java.sql.ResultSet;
import java.sql.ResultSetMetaData;
import java.sql.SQLException;
import java.util.ArrayList;
import java.util.HashMap;
import java.util.List;
public class MySqlHelper {
    static Connection connect() {
        String url = "jdbc:mysql://localhost:3306/session1?serverTimezone =
            GMT%2B8";
        String driver = "com.mysql.cj.jdbc.Driver";
        String userName = "root";
        String password = "123456";
        try {
            Class.forName(driver);
            Connection conn = DriverManager.getConnection(url,userName,password);
            return conn;
        } catch (Exception e) {
            return null;
        }
    }
    public static List<HashMap<String,Object>> executeQuery(String sql) {
        try {
            Connection conn = connect();
            PreparedStatement pstmt = conn.prepareStatement(sql);
```

```
            ResultSet rs = pstmt.executeQuery();
            ResultSetMetaData rsmd = rs.getMetaData();
            List<HashMap<String, Object>> list = new ArrayList<HashMap<String,Object>>();
            int columnNum = rsmd.getColumnCount();
            while (rs.next()) {
                HashMap<String,Object> map = new HashMap<String,Object>();
                for (int i = 0;i < columnNum;i++) {
                    String columnName = rsmd.getColumnName(i + 1);
                    Object value = rs.getObject(i + 1);
                    map.put(columnName,value);
                }
                list.add(map);
            }
            rs.close();
            pstmt.close();
            conn.close();
            return list;
        } catch (SQLException e) {
            e.printStackTrace();
        }
        return null;
    }
}
```

在 edu.wtbu.dao 包下新建名为 UsersDao 的类文件，代码如下：

```
package edu.wtbu.dao;

import java.util.HashMap;
import java.util.List;
import edu.wtbu.helper.MySqlHelper;

public class UsersDao {
    public static List<HashMap<String,Object>>
        findByEmailAndPassword(String email,String password) {
        String sql = "select * from users where Email =
            '" + email + "' and Password = '" + password + "'";
        List<HashMap<String, Object>> list = MySqlHelper.executeQuery(sql);
        return list;
    }
}
```

在 edu.wtbu.servlet 包下修改名为 LoginServlet 的类文件，代码如下：

```
package edu.wtbu.servlet;
import java.io.IOException;
import java.util.HashMap;
import java.util.List;
import javax.servlet.ServletException;
import javax.servlet.annotation.WebServlet;
import javax.servlet.http.HttpServlet;
import javax.servlet.http.HttpServletRequest;
import javax.servlet.http.HttpServletResponse;
```

```java
import com.alibaba.fastjson.JSON;
import edu.wtbu.dao.UsersDao;
import edu.wtbu.pojo.Result;
@WebServlet("/login")
public class LoginServlet extends HttpServlet {
    private static final long serialVersionUID = 1L;
    public LoginServlet() {
    }
    protected void doGet(HttpServletRequest request,HttpServletResponse response)
        throws ServletException,IOException {
        response.setContentType("text/html;charset = UTF-8");
        String email = request.getParameter("email");
        String password = request.getParameter("password");
    List<HashMap<String,Object>> list =
        UsersDao.findByEmailAndPassword(email,password);
        Result result = new Result("success",list);
        String resultJson = JSON.toJSONString(result);
        response.getWriter().append(resultJson);
    }
    protected void doPost(HttpServletRequest request,HttpServletResponse response)
        throws ServletException,IOException {
        doGet(request,response);
    }
}
```

运行项目，在地址栏输入 http://localhost:8080/JDBCDemo/login?email=behappy@vip.sina.com&password=123456，运行效果如图 2-74 所示。

图 2-74　登录成功

【附件二】

为了方便你的学习，我们将该章中的相关附件上传到以下所示的二维码，你可以自行扫码查看。

第 3 章　Servlet 项目开发

学习目标：

- 利用 Servlet+JDBC 的知识来完成航空管理系统的接口开发。

本章我们将以具体的实战项目为例，利用 Servlet+JDBC 的知识来完成航空管理系统的接口开发。

3.1　项目介绍

3.1.1　功能阐述

本项目是一个航空管理系统，包括用户管理和航班管理。下面分别进行介绍。

用户管理主要包含登录、用户添加（管理员和普通员工）、用户修改、用户查询等功能。

航班管理主要包含航班动态查询、机票售出详情、航班计划管理（确认/取消）等功能。

3.1.2　系统预览

此项目的文档和源代码可在 http://www.20-80.cn/bookResources/JavaWeb_book 中直接下载。为了让读者对航空管理系统有一个初步的了解，下面给出该系统的部分页面运行效果图。

管理员页面主要包括用户管理（User Management）和航班计划管理（Flight Schedule Management）。用户管理页面包括用户查询、用户添加和用户修改，如图 3-1 所示。

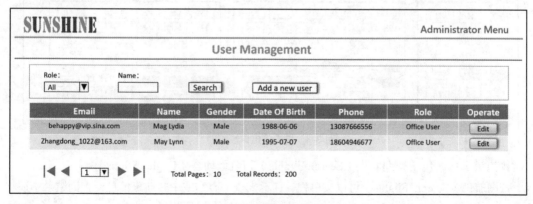

图 3-1　用户管理页面

航班计划管理包括航班查询、航班状态确认/取消，如图 3-2 所示。

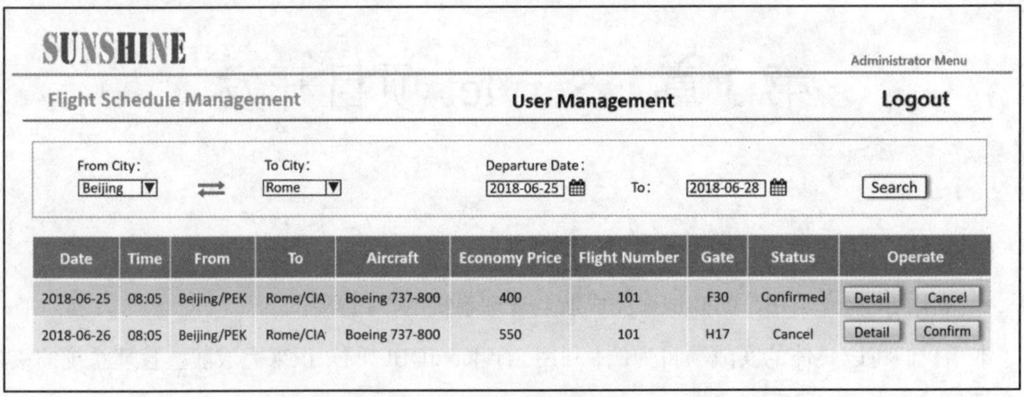

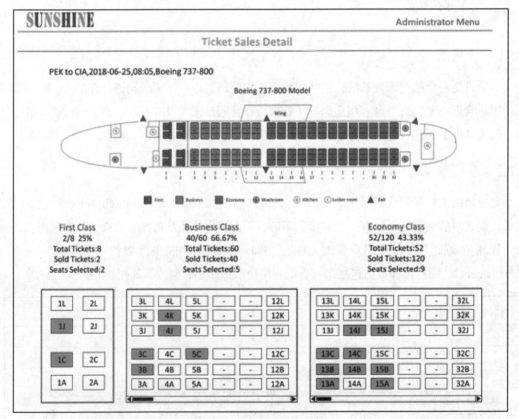

图 3-2　航班计划管理页面

点击每条航班计划后的 "Detail" 按钮，可以查看该航班计划的机票售出详情，如图 3-3 所示。

图 3-3　机票售出详情页面

普通员工页面包括查询航班（Search Flights）和航班动态（Flights Status）。

查询航班（Search Flights）可以按单程、往返来查询直达或中转航班信息，查询结果中还将包含航班票价、航班舱位、航班号、30 天内准点率、出发到达城市、余票等信息，如图 3-4 所示。

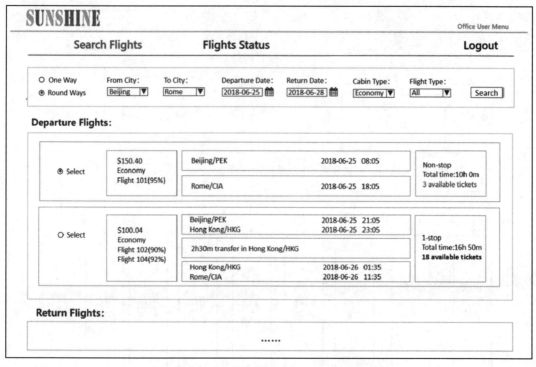

图 3-4　查询航班（Search Flights）页面

航班动态（Flights Status）可以查询当前日期或之前日期的航班状态，信息包括航班号、出发到达城市、计划起飞时间、计划到达时间、实际到达时间、登机口、状态等信息，如图 3-5 所示。

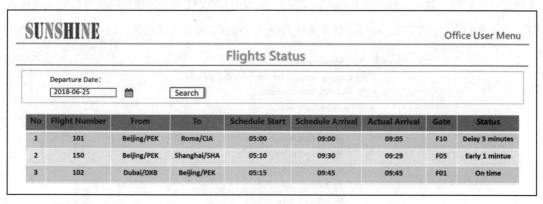

图 3-5　查询航班动态页面

3.1.3　系统功能设计

1. 系统功能结构

航空管理系统的功能结构如图 3-6 所示。

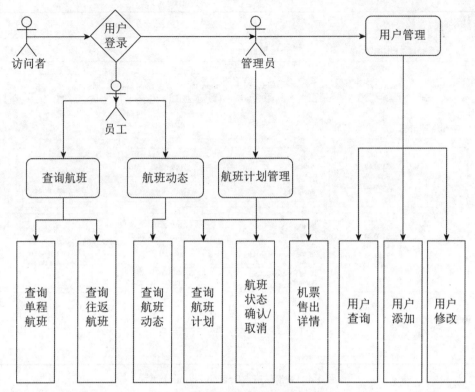

图 3-6　航空管理系统的功能结构图

2. 文件夹组织结构

在进行航空管理系统开发之前，要对系统整体文件夹组织结构进行规划。对系统中使用的文件进行合理的分类，分别放置于不同的文件夹下。通过对文件夹组织结构的规划，可以确保系统文件目录明确、条理清晰，同样也便于系统的更新和维护。项目文件夹组织结构如图 3-7 所示。

图 3-7　项目文件夹组织结构图

3.1.4　数据库设计

结合实际情况及对功能的分析，规划航空管理系统的数据库，数据库名称为 session1，数据库中包含 15 张表，如图 3-8 所示。

图 3-8　航空管理系统的数据库

1. 数据库表结构

航空管理系统的数据库包括 15 张表，SQL 脚本导入请参考第 2.9.3 节的脚本，该脚本包括项目的所有建表语句和测试数据，不用读者编写数据库脚本。

1）users 表（用户表）

用户表用于存储用户的注册信息。用户表结构如图 3-9 所示。

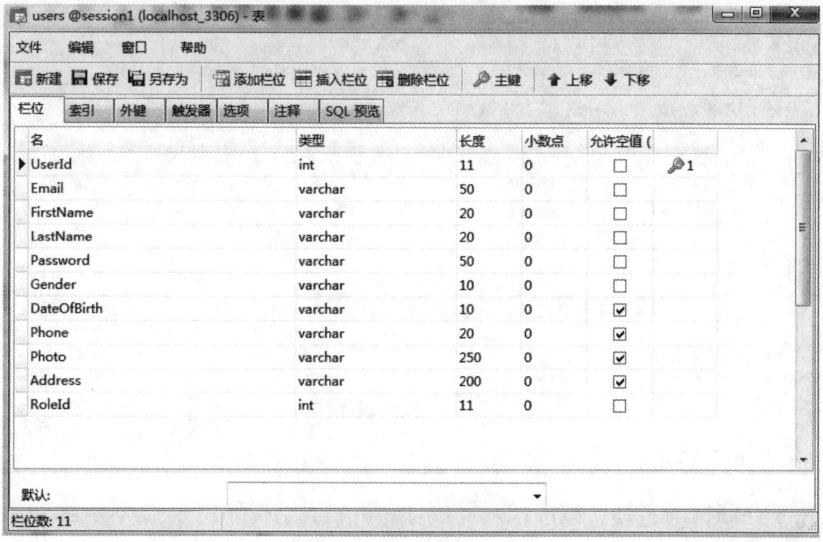

名	类型	长度	小数点	允许空值(	
UserId	int	11	0	☐	🔑1
Email	varchar	50	0	☐	
FirstName	varchar	20	0	☐	
LastName	varchar	20	0	☐	
Password	varchar	50	0	☐	
Gender	varchar	10	0	☐	
DateOfBirth	varchar	10	0	☑	
Phone	varchar	20	0	☑	
Photo	varchar	250	0	☑	
Address	varchar	200	0	☑	
RoleId	int	11	0	☐	

图 3-9　用户表结构

2）aircraft 表（机型表）

机型表用于存储飞机机型的名称等信息。机型表结构如图 3-10 所示。

图 3-10　机型表结构

3）city 表（城市表）

城市表用于存储航班出发/到达城市代码、名称、所属国家代码等信息。城市表结构如图 3-11 所示。

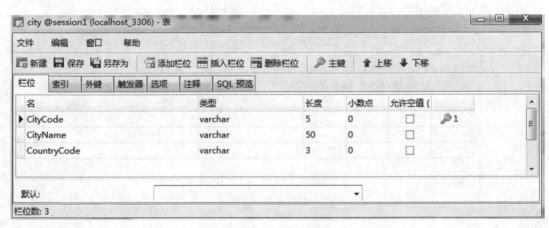

图 3-11　城市表结构

4）airport 表（机场表）

机场表用于存储机场名称、城市代码等信息。机场表结构如图 3-12 所示。

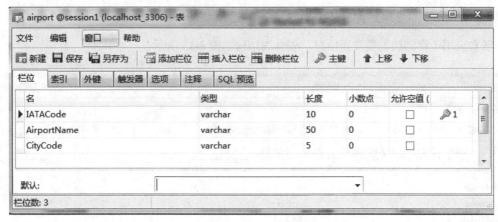

图 3-12　机场表结构

5）cabintype 表（客舱类型表）

客舱类型表用于存储客舱类型的编号和名称等信息。客舱类型表结构如图 3-13 所示。

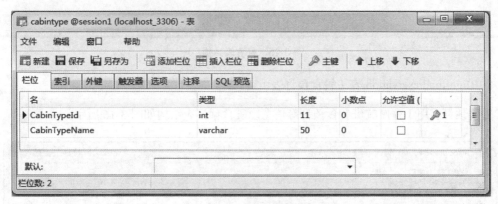

图 3-13　客舱类型表结构

6）country 表（国家表）

国家表用于存储航班经过的国家代码和名称等信息。国家表结构如图 3-14 所示。

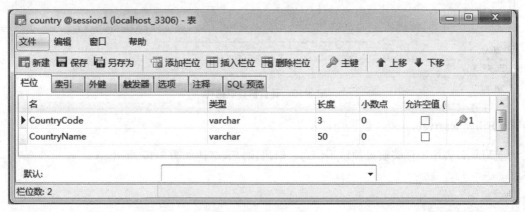

图 3-14　国家表结构

7）flightfood 表（餐食表）

餐食表用于存储航班餐食等信息。餐食表结构如图 3-15 所示。

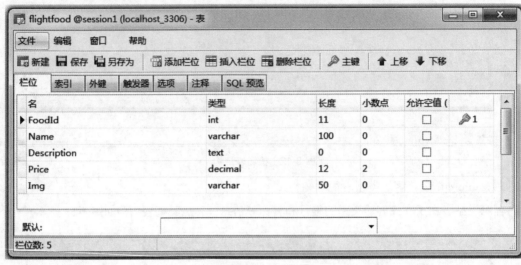

图 3-15　餐食表结构

8）flightfoodreservation 表（餐食预订表）

餐食预订表用于存储航班餐食预订等信息。餐食预订表结构如图 3-16 所示。

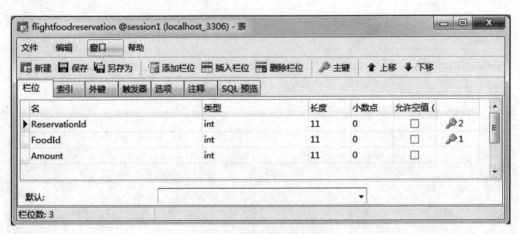

图 3-16　餐食预订表结构

9）flightreservation 表（航班预订表）

航班预订表用于存储航班预订等信息。航班预订表结构如图 3-17 所示。

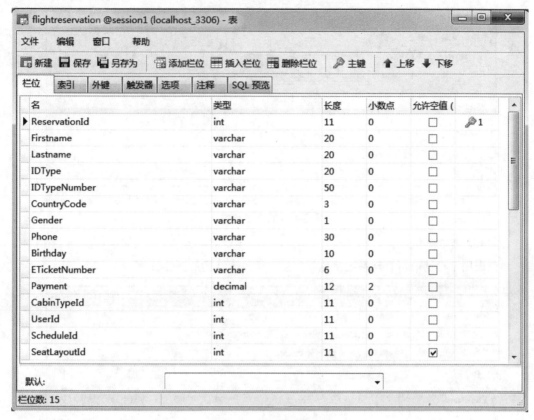

图 3-17　航班预订表结构

10）flightstatus 表（航班状态表）

航班状态表用于存储航班计划 id 和航班实际到达时间等信息。航班状态表结构如图 3-18 所示。

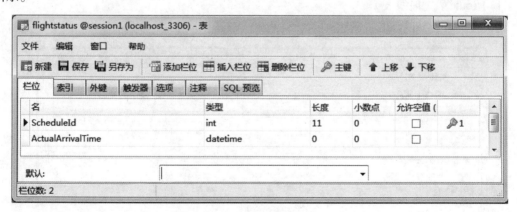

图 3-18　航班状态表结构

11）luggage 表（行李表）

行李表用于存储航班预订编号和行李数量等信息。行李表结构如图 3-19 所示。

图 3-19　行李表结构

12）role 表（角色表）

角色表用于存储航班管理系统角色等信息。角色表结构如图 3-20 所示。

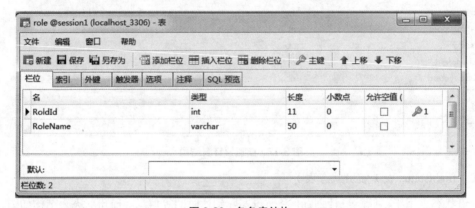

图 3-20　角色表结构

13）route 表（航线表）

航线表用于存储航线出发/到达机场代码、距离、飞行时间等信息。航线表结构如图 3-21 所示。

图 3-21　航线表结构

14）schedule 表（计划表）

计划表用于存储航班计划等信息。计划表结构如图 3-22 所示。

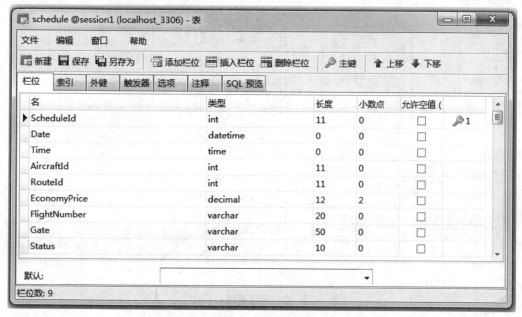

图 3-22　计划表结构

15）seatlayout 表（座位布局表）

座位布局表用于存储航班座位布局等信息。座位布局表结构如图 3-23 所示。

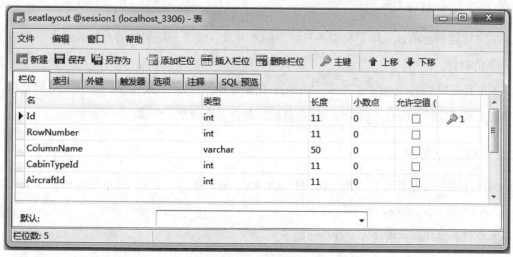

图 3-23　座位布局表结构

2. 数据库 E-R 图

航空管理系统的 E-R 图如图 3-24 所示。

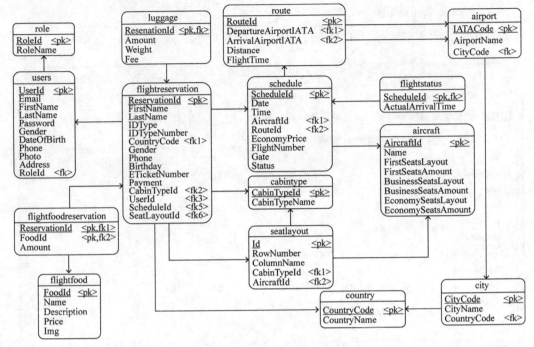

图 3-24　航空管理系统 E-R 图

3.2　开发框架

3.2.1　开发框架概述

航空管理系统项目采用了典型的三层架构来开发。关于三层架构的介绍，读者可参考第 2.9.7 节的内容。

本项目采用 Servlet+JDBC 开发。MySQL 数据库操作使用 JDBC 完成，并使用三层架构，使项目更易于维护，降低了层与层之间的依赖，符合"高内聚，低耦合"思想。

3.2.2　搭建开发环境

软件环境可以为 JDK 1.8、Eclipse、MySQL 8.0、Tomcat 8.5。以上软件均可从 http://www.20-80.cn/bookResources/JavaWeb_book 下载。

本项目开发环境的搭建，关键步骤如下。

- 创建 Java Web 项目。
- 创建项目包（package）。
- 添加 jar 包。

- 创建公共类 MySqlHelper.java。

- 创建公共类 Page.java。

- 创建公共类 Result.java。

1. 创建 Java Web 项目

1）创建空的 Java 动态网站

打开 Eclipse 软件，按 "Ctrl+N" 快捷键，在 "Wizards" 下的文本框中输入 "web"，再选择 "Dynamic Web Project"（动态网站项目），如图 3-25 所示。

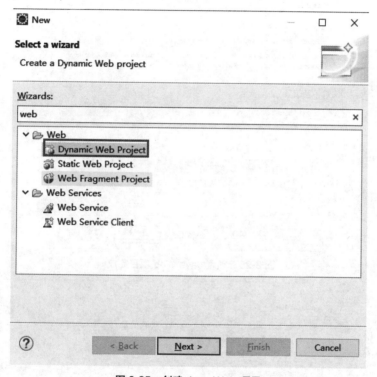

图 3-25　创建 Java Web 项目

接下来点击 "Next" 按钮，在 "Project name" 后面的文本框中输入 "SunshineAirlines"，然后点击 "Finish" 按钮，创建项目完成，如图 3-26 所示。

2）检查项目环境配置

右击 "工程"，选择 "Properties"，在弹出的 "Properties for SunshineAirlines" 窗口左侧选择 "Java Build Path"，如图 3-27 所示。保证 "JRE System Library[JavaSE-1.8]" 和 "Apache Tomcat v8.5[Apache Tomcat v8.5]" 两项存在且正确，如果出现错误项，则需要先删除。

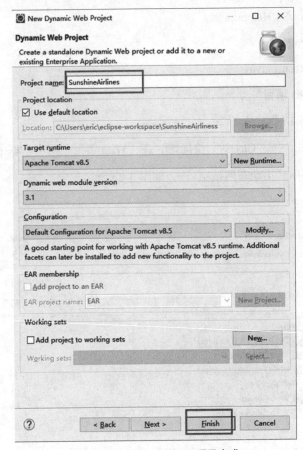

图 3-26　创建 Java Web 项目完成

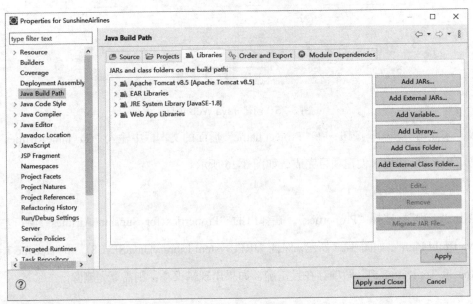

图 3-27　检查配置

（1）添加 JRE System Library。

先点击"Add Library"，选择"JRE System Library"，并在下一步中选择 jdk 的安装路径。

（2）添加 Apache Tomcat。

先点击"Add Library"，选择"Server Runtime"，在下一步中选择对应版本的 Tomcat 选项，并在最后一步选择 Tomcat 对应的路径即可。

2. 创建项目包（package）

在 src 目录下，按如下顺序依次创建 edu.wtbu.helper 包、edu.wtbu.pojo 包、edu.wtbu.dao 包、edu.wtbu.service 包、edu.wtbu.servlet 包，创建完成后的目录可参考第 3.1.3 节的图。

3. 添加 jar 包

在 http://www.20-80.cn/bookResources/JavaWeb_book 中下载 fastjson-1.2.66.jar 文件和 mysql-connector-java-8.0.16-bin.jar 文件，并拷贝到 WebContent/WEB-INF/lib 目录下。

4. 创建公共类 MySqlHelper.java

在 edu.wtbu.helper 包下新建一个名为 MySqlHelper.java 的类文件，并在该文件中添加如下代码：

```
package edu.wtbu.helper;
import java.sql.Connection;
import java.sql.DriverManager;
import java.sql.PreparedStatement;
import java.sql.ResultSet;
import java.sql.ResultSetMetaData;
import java.util.List;
import java.util.ArrayList;
import java.util.HashMap;
public class MySqlHelper {
    //初始化
    private static Connection conn = null;
    private static PreparedStatement pstmt = null;
    private static ResultSet rs = null;
    //MySQL18 的连接字符串配置
    private static String url =
        "jdbc:mysql://localhost:3306/session1?serverTimezone =
        GMT%2B8&useOldAliasMetadataBehavior = true";
    private static String driver = "com.mysql.cj.jdbc.Driver";
    private static String userName = "root";
    private static String password = "123456";
    static {
        try {
            Class.forName(driver);
        } catch (Exception e) {
            e.printStackTrace();
        }
    }
    //打开连接
```

```java
public static Connection getConnection() {
    try {
        conn = DriverManager.getConnection(url,userName,password);
    } catch (Exception e) {
        e.printStackTrace();
    }
    return conn;
}
//执行查询（返回 HashMap）
public static List<HashMap<String,Object>> executeQueryReturnMap(String sql,
    Object[] parameters) {
    List<HashMap<String,Object>> list = null;
    try {
        conn = getConnection();
        pstmt = conn.prepareStatement(sql);
        if (parameters != null) {
            for (int i = 0;i < parameters.length;i++) {
                String className = parameters[i].getClass().getName();
                if (className.contains("String")) {
                    pstmt.setString(i + 1,parameters[i].toString());
                }
                if (className.contains("Integer")) {
                    pstmt.setInt(i + 1,Integer.parseInt(parameters[i].toString()));
                }
            }
        }
        ResultSet rs = pstmt.executeQuery();
        ResultSetMetaData rsmd = rs.getMetaData();
        list = new ArrayList<HashMap<String,Object>>();
        int columnNum = rsmd.getColumnCount();
        while (rs.next()) {
            HashMap<String,Object> map = new HashMap<String,Object>();
            for (int i = 0;i < columnNum;i++) {
                String columnName = rsmd.getColumnName(i + 1);
                Object value = rs.getObject(i + 1);
                map.put(columnName,value);
            }
            list.add(map);
        }
    } catch (Exception e) {
        e.printStackTrace();
    } finally {
        close(rs,pstmt,conn);
    }
    return list;
}
//执行增、删、改操作
public static int executeUpdate(String sql,Object[] parameters) {
    int result = 0;
    try {
        conn = getConnection();
        pstmt = conn.prepareStatement(sql);
        if (parameters != null) {
            for (int i = 0;i < parameters.length;i++) {
                String className = parameters[i].getClass().getName();
```

```
            if (className.contains("String")) {
                pstmt.setString(i + 1,parameters[i].toString());
            }
            if (className.contains("Integer")) {
                pstmt.setInt(i + 1,Integer.parseInt(parameters[i].toString()));
            }
          }
        }
        result = pstmt.executeUpdate();
    } catch (Exception e) {
        e.printStackTrace();
    } finally {
        close(rs,pstmt,conn);
    }
    return result;
  }
//关闭连接
  public static void close(ResultSet rs,PreparedStatement pstmt,Connection conn) {
    if (rs != null) {
        try {
            rs.close();
        } catch (Exception e) {
            e.printStackTrace();
        }
    }
    if (pstmt != null) {
        try {
            pstmt.close();
        } catch (Exception e) {
            e.printStackTrace();
        }
    }
    if (conn != null) {
        try {
            conn.close();
        } catch (Exception e) {
            e.printStackTrace();
        }
    }
  }
}
```

5. 创建公共类 Page.java

在 edu.wtbu.pojo 包下新建一个名为 Page.java 的类文件，并在该文件中添加如下代码：

```
package edu.wtbu.pojo;
public class Page {
    int total;
    int startPage;
    int pageSize;
    public Page() {
    }
    public Page(int total,int startPage,int pageSize) {
        this.total = total;
        this.startPage = startPage;
```

```
        this.pageSize = pageSize;
    }
    public int getTotal() {
        return total;
    }
    public void setTotal(int total) {
        this.total = total;
    }
    public int getStartPage() {
        return startPage;
    }
    public void setStartPage(int startPage) {
        this.startPage = startPage;
    }
    public int getPageSize() {
        return pageSize;
    }
    public void setPageSize(int pageSize) {
        this.pageSize = pageSize;
    }
}
```

6. 创建公共类 Result.java

在 edu.wtbu.pojo 包下新建一个名为 Result.java 的类文件，并在该文件中添加如下代码：

```
package edu.wtbu.pojo;
public class Result {
    String flag;
    Page page;
    Object data;
    public Result() {
    }
    public Result(String flag,Page page,Object data) {
        this.flag = flag;
        this.page = page;
        this.data = data;
    }
    public String getFlag() {
        return flag;
    }
    public void setFlag(String flag) {
        this.flag = flag;
    }
    public Page getPage() {
        return page;
    }
    public void setPage(Page page) {
        this.page = page;
    }
    public Object getData() {
        return data;
    }
    public void setData(Object data) {
        this.data = data;
    }
}
```

3.3 接口开发

3.3.1 用户登录接口

1. 接口功能

接口功能允许用户登录到系统中，登录成功后跳转到不同的主页面。

航空管理系统的用户包括两种类型：员工用户和管理员用户。成功登录后，按照其角色跳转到不同的主页面。

点击"Auto login in 7 days"，应用程序应记住登录成功的 Email 和密码 7 天，7 天内在该计算机运行程序就自动登录系统。分配给用户的初始密码为邮件地址@符号前 6 位字符，当@符号前字符的个数少于 6 位时，取@符号前所有字符。

2. 接口参数说明

接口参数说明请详见附录 A。

3. 实现代码

1）用户登录的 DAO 函数

新建一个名为 UsersDao 的类，并在该类中添加如下代码：

```
package edu.wtbu.dao;
import java.util.HashMap;
import java.util.List;
import edu.wtbu.helper.MySqlHelper;
public class UsersDao {
    public static HashMap<String,Object> findByEmailAndPassword(String email,
        String password) {
        String sql = "select * from Users where Email = ? and Password = ?";
        List<HashMap<String,Object>> list = MySqlHelper.executeQueryReturnMap(
            sql,new String[] {email,password});
        if (list != null && list.size() > 0) {
            return list.get(0);
        } else {
            return null;
        }
    }
    public static List<HashMap<String,Object>> findByEmail(String email) {
        String sql = "select * from Users where Email = ?";
        return MySqlHelper.executeQueryReturnMap(sql,new String[] {email});
    }
}
```

2）用户登录的 Service 函数

新建一个名为 UsersService 的类，并在该类中添加如下代码：

```
package edu.wtbu.service;
import java.util.HashMap;
```

```java
import java.util.List;
import edu.wtbu.dao.UsersDao;
import edu.wtbu.pojo.Result;
public class UsersService {
    /*
     * 判断邮箱
     */
    public static Boolean findByEmail(String email) {
        List<HashMap<String,Object>> list = UsersDao.findByEmail(email);
        if (list != null && list.size() > 0) {
            return true;
        } else {
            return false;
        }
    }
    /*
     * 登录
     */
    public static Result login(String email,String password) {
        Result result = new Result("fail",null,null);
        HashMap<String,Object> user = UsersDao.findByEmailAndPassword(email,password);
        if (user != null) {
            result.setFlag("success");
            HashMap<String,Object> loginInfo = new HashMap<String,Object>();
            loginInfo.put("Email",user.get("Email"));
            loginInfo.put("RoleId",user.get("RoleId"));
            //返回登录关键信息（邮箱、角色），过滤敏感信息
            result.setData(loginInfo);
        } else {
            Boolean isEmail = UsersService.findByEmail(email);
            if (isEmail) {
                result.setData("密码错误");
            } else {
                result.setData("邮箱不存在");
            }
        }
        return result;
    }
}
```

3）用户登录的 Servlet

新建一个名为 LoginServlet 的类，并在该类中添加如下代码：

```java
package edu.wtbu.servlet;
import java.io.IOException;
import javax.servlet.ServletException;
import javax.servlet.annotation.WebServlet;
import javax.servlet.http.HttpServlet;
import javax.servlet.http.HttpServletRequest;
import javax.servlet.http.HttpServletResponse;
import com.alibaba.fastjson.JSON;
import edu.wtbu.pojo.Result;
import edu.wtbu.service.UsersService;
```

```java
@WebServlet("/login")
public class LoginServlet extends HttpServlet {
    private static final long serialVersionUID = 1L;
    public LoginServlet() {
        super();
    }
    protected void doGet(HttpServletRequest request,HttpServletResponse response)
        throws ServletException,IOException {
        doPost(request,response);
    }
    protected void doPost(HttpServletRequest request,HttpServletResponse response)
        throws ServletException,IOException {
        response.setContentType("text/html;charset = UTF-8");
        String email = request.getParameter("email");
        String password = request.getParameter("password");
        Result result = UsersService.login(email,password);
        String msg = JSON.toJSONString(result);
        response.getWriter().append(msg);
    }
}
```

4）测试用户登录功能

用户登录有 3 种返回结果，分别是登录成功、邮箱不存在、密码错误。登录成功页面如图 3-28 所示。

图 3-28　登录成功页面

邮箱不存在页面如图 3-29 所示。

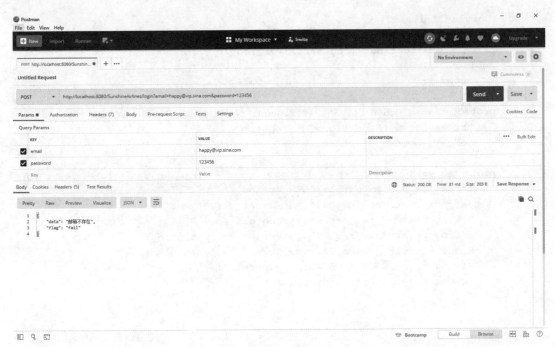

图 3-29　邮箱不存在页面

密码错误页面如图 3-30 所示。

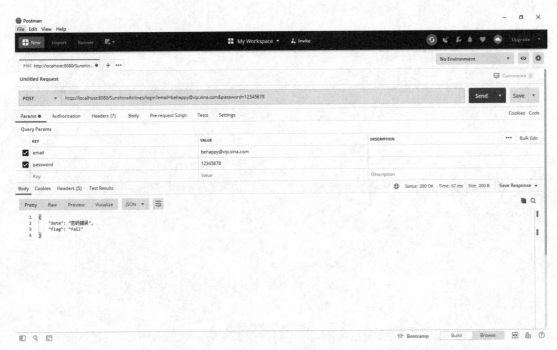

图 3-30　密码错误页面

3.3.2　用户查询接口

1. 用户查询接口功能

管理员可以通过管理员页面管理用户，根据角色和用户名称模糊查询。

可以按照用户名称升序显示信息，实现分页功能，每页显示 10 条记录，在分页处显示包含全部页数的组合框，可以跳转到选中的页。

2. 用户查询接口参数说明

用户查询接口参数说明请详见附录 A。

3. 实现代码

1）用户查询的 DAO 函数

在第 3.3.1 节中创建的 UsersDao 类里添加如下代码：

```java
public static List<HashMap<String,Object>> findUserListByPage(String name,
    int startPage,int pageSize) {
        String sql = "select * from Users where FirstName like ? or LastName like ?
            order by FirstName asc limit ?,?";
        return MySqlHelper.executeQueryReturnMap(sql,new Object[] {"%" +
        name + "%","%" + name + "%",(startPage-1) * pageSize,pageSize});
    }
public static List<HashMap<String,Object>> findUserListByPageAndRoleId(String name,
    int roleId,int startPage,int pageSize) {
        String sql = "select * from Users where RoleId=? and (FirstName like ?
        or LastName like ?) order by FirstName asc limit ?,?";
        return MySqlHelper.executeQueryReturnMap(sql,new Object[] {roleId,
        "%" + name + "%","%" + name + "%",(startPage-1) * pageSize,pageSize});
    }
public static int findUserCount(String name) {
    String sql = "select count(1) as Total from Users where FirstName like ?
        or LastName like ?";
    List<HashMap<String,Object>> list = MySqlHelper.executeQueryReturnMap(sql,
        new Object[] {"%" + name + "%","%" + name + "%"});
    if (list != null && list.size() > 0) {
        return Integer.parseInt(list.get(0).get("Total").toString());
    } else {
        return 0;
    }
}
public static int findUserCountAndRoleId(String name,int roleId) {
    String sql = "select count(1) as Total from Users where RoleId =
        ? and (FirstName like ? or LastName like ?) ";
    List<HashMap<String,Object>> list = MySqlHelper.executeQueryReturnMap(sql,
        new Object[] {roleId,"%" + name + "%","%" + name + "%"});
    if (list != null && list.size() > 0) {
        return Integer.parseInt(list.get(0).get("Total").toString());
    } else {
        return 0;
    }
}
```

2）用户查询的 Service 函数

在第 3.3.1 节中创建的 UsersService 类里添加如下代码：

```
/*
 * 查询用户
 */
public static Result userList(String name,int roleId,int startPage,int pageSize) {
    List<HashMap<String,Object>> list = null;
    int total = 0;
    if (roleId == 0) {
        list = UsersDao.findUserListByPage(name,startPage,pageSize);
        total = UsersDao.findUserCount(name);
    } else {
        list = UsersDao.findUserListByPageAndRoleId(
            name,roleId,startPage,pageSize);
        total = UsersDao.findUserCountAndRoleId(name,roleId);
    }
    Page page = new Page(total,startPage,pageSize);
    Result result = new Result("success",page,list);
    return result;
}
```

3）用户查询的 Servlet

新建一个名为 UserListServlet 的类，并在该类中添加如下代码：

```
protected void doPost(HttpServletRequest request,HttpServletResponse response)
    throws ServletException,IOException {
        response.setContentType("text/html;charset = UTF-8");
        String name = request.getParameter("name");
        int roleId = 0;
        int startPage = 1;
        int pageSize = 10;
        try {
            roleId = Integer.parseInt(request.getParameter("roleId"));
        } catch (Exception e) {
            roleId = 0;
        }
        try {
            startPage = Integer.parseInt(request.getParameter("startPage"));
        } catch (Exception e) {
            startPage = 1;
        }
        try {
            pageSize = Integer.parseInt(request.getParameter("pageSize"));
        } catch (Exception e) {
            pageSize = 10;
        }
        Result result = UsersService.userList(name,roleId,startPage,pageSize);
        String msg = JSON.toJSONString(result);
        response.getWriter().append(msg);
    }
```

4）测试用户查询功能

测试用户查询的结果如图 3-31 所示。

图 3-31　测试用户查询的结果

3.3.3　用户增加接口

1. 用户增加接口功能

单击用户查询页面的 "Add a new user" 按钮，打开 "Add User" 页面，可以在该页面完成创建用户操作。

用户的 Email 应符合要求，管理员不必输入用户名和密码，用户名和密码为邮箱中@符号前 6 个字符，当@符号前字符个数少于 6 个时，取@符号前所有字符。

当添加的 Email 为数据库中已存在的邮箱时，提示添加失败，因为邮箱重复。

2. 用户增加接口参数说明

用户增加接口参数说明请详见附录 A。

3. 实现代码

1）用户添加的 DAO 函数

在第 3.3.1 节中创建的 UsersDao 类里添加如下代码：

```java
public static int addUser(HashMap<String,Object> map) {
    String sql = "insert into Users"
    + "(Email,Password,FirstName,LastName,Gender,DateOfBirth,Phone,Photo,Address,RoleId)"
    + "values(?,?,?,?,?,?,?,?,?,?)";
    return MySqlHelper.executeUpdate(sql,new Object[] {
        map.get("email"),map.get("password"),map.get("firstName"),
        map.get("lastName"),map.get("gender"),map.get("dateOfBirth"),
        map.get("phone"),map.get("photo"),map.get("address"),map.get("roleId")});
}
```

2）用户添加的 Service 函数

在第 3.3.1 节中创建的 UsersService 类里添加如下代码:

```java
/*
* 添加用户
*/
public static Result addUser(HashMap<String,Object> map) {
    Result result = new Result("fail",null,null);
    Boolean isEmail = UsersService.findByEmail(map.get("email").toString());
    if (isEmail) {
        result.setData("邮箱重复");
        return result;
    }
    int addResult = UsersDao.addUser(map);
    if (addResult > 0) {
        result.setFlag("success");
    }
    return result;
}
```

3）用户添加的 Servlet

新建一个名为 AddUserServlet 的类，并在该类中添加如下代码:

```java
protected void doPost(HttpServletRequest request,HttpServletResponse response)
    throws ServletException,IOException {
        response.setContentType("text/html;charset = UTF-8");
        String email = request.getParameter("email");
        String password = "";
        String firstName = request.getParameter("firstName");
        String lastName = request.getParameter("lastName");
        String gender = request.getParameter("gender");
        String dateOfBirth = request.getParameter("dateOfBirth");
        String phone = request.getParameter("phone");
        String photo = request.getParameter("photo");
        String address = request.getParameter("address");
        int roleId = 0;
        try {
            roleId = Integer.parseInt(request.getParameter("roleId"));
        } catch (Exception e) {
            roleId = 0;
        }
        try {
            password = email.split("@")[0];
            password = password.length() > 6 ? password.substring(0,6):password;
        } catch (Exception e) {
            password = "123456";
        }
        HashMap<String,Object> map = new HashMap<String,Object>();
        map.put("email",email);
        map.put("firstName",firstName);
        map.put("lastName",lastName);
        map.put("dateOfBirth",dateOfBirth);
        map.put("address",address);
        map.put("gender",gender);
        map.put("password",password);
        map.put("phone",phone);
        map.put("photo",photo);
        map.put("roleId",roleId);
        Result result = UsersService.addUser(map);
```

```
        String msg = JSON.toJSONString(result);
        response.getWriter().append(msg);
    }
```

4）测试用户添加功能

测试用户添加成功后的结果如图 3-32 所示。

图 3-32　测试用户添加成功后的结果

测试用户添加失败（邮箱重复）后的结果如图 3-33 所示。

图 3-33　测试用户添加失败（邮箱重复）后的结果

3.3.4 获取用户信息接口

1. 获取用户信息接口功能

点击"Edit"按钮,打开"Edit User"页面,可以在该页面显示当前编辑用户的信息。信息是根据用户的 id 查询到的。

2. 获取用户信息接口参数说明

获取用户信息接口参数说明请详见附录 A。

3. 实现代码

1)获取用户信息(根据用户的 id)的 DAO 函数

在第 3.3.1 节中创建的 UsersDao 类里添加如下代码:

```java
public static HashMap<String,Object> findByUserId(int userId) {
        String sql = "select * from Users where UserId = ?";
        List<HashMap<String,Object>> list = MySqlHelper.executeQueryReturnMap(
            sql,new Object[] {userId});
        if (list != null && list.size() > 0) {
            return list.get(0);
        } else {
            return null;
        }
}
```

2)获取用户信息(根据用户的 id)的 Service 函数

在第 3.3.1 节中创建的 UsersService 类里添加如下代码:

```java
    /*
     * 根据用户 id 获取用户信息
     */
    public static Result findByUserId(int userId) {
        Result result = new Result("fail",null,null);
        HashMap<String,Object> user = UsersDao.findByUserId(userId);
        if (user != null) {
            result.setFlag("success");
            result.setData(user);
        } else {
            result.setData("用户信息不存在");
        }
        return result;
    }
```

3)获取用户信息(根据用户的 id)的 Servlet

新建一个名为 GetUserInfoServlet 的类,并在该类中添加如下代码:

```java
protected void doPost(HttpServletRequest request,HttpServletResponse response)
    throws ServletException,IOException {
        response.setContentType("text/html;charset = UTF-8");
        int userId = 0;
        try {
            userId = Integer.parseInt(request.getParameter("userId"));
        }catch(Exception e) {
            userId = 0;
        }
        Result result = UsersService.findByUserId(userId);
        String msg = JSON.toJSONString(result);
```

```
        response.getWriter().append(msg);
    }
```

4）测试获取用户信息（根据用户的 id）功能

测试获取用户信息（根据用户的 id）的结果如图 3-34 所示。

图 3-34　测试获取用户信息（根据用户的 id）的结果

测试获取用户信息（用户不存在）的结果如图 3-35 所示。

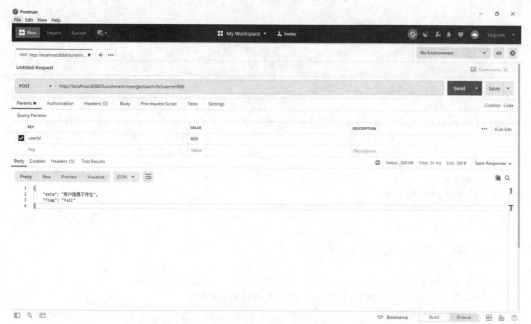

图 3-35　测试获取用户信息（用户不存在）的结果

3.3.5 用户更新接口

1. 用户更新接口功能

点击"Edit"按钮，打开"Edit User"界面，可以在该界面完成编辑用户操作。

当修改用户信息时，Email 和 Password 应是不可修改的。如果用户有照片，可以将照片存储到系统中，该系统仅允许存储小于等于 100 KB 的照片。

2. 用户更新接口参数说明

用户更新接口参数说明请详见附录 A。

3. 实现代码

1）用户更新的 DAO 函数

在第 3.3.1 节中创建的 UsersDao 类里添加如下代码：

```
public static List<HashMap<String,Object>> findByEmailAndUserId(String email,int userId) {
    String sql = "select * from Users where Email = ? and UserId!=?";
    return MySqlHelper.executeQueryReturnMap(sql,new Object[] {email,userId});
}
public static int updateUser(HashMap<String,Object> map) {
    String sql = "update Users set" + "Email = ?,FirstName=?,LastName = ?,
        Gender = ?,DateOfBirth = ?,Phone = ?,Photo = ?,Address = ?,RoleId = ?"
        + "where UserId = ?";
    return MySqlHelper.executeUpdate(sql,new Object[] {
        map.get("email"),map.get("firstName"),map.get("lastName"),
        map.get("gender"),map.get("dateOfBirth"),map.get("phone"),map.get("photo"),
        map.get("address"),map.get("roleId"),map.get("userId")});
}
```

2）用户更新的 Service 函数

在第 3.3.1 节中创建的 UsersService 类里添加如下代码：

```
/*
 *判断邮箱，根据邮箱和用户的 id
 */
public static Boolean findByEmailAndUserId(String email,int userId) {
    List<HashMap<String,Object>> list = UsersDao.findByEmailAndUserId(email,userId);
    if (list != null && list.size() > 0) {
        return true;
    } else {
        return false;
    }
}
/*
 *更新用户
 */
public static Result updateUser(HashMap<String,Object> map) {
    Result result = new Result("fail",null,null);
    //判断用户信息是否存在
    int userId = Integer.parseInt(map.get("userId").toString());
```

```
HashMap<String,Object> userInfo = UsersDao.findByUserId(userId);
if(userInfo == null) {
    result.setData("用户信息不存在");
    return result;
}
Boolean isEmail = UsersService.findByEmailAndUserId(
    map.get("email").toString(),userId);
if (isEmail) {
    result.setData("邮箱重复");
    return result;
}
int updateResult = UsersDao.updateUser(map);
if (updateResult > 0) {
    result.setFlag("success");
}
return result;
}
```

3）用户更新的 Servlet

新建一个名为 UpdateUserServlet 的类，并在该类中添加如下代码：

```
protected void doPost(HttpServletRequest request,HttpServletResponse response)
    throws ServletException,IOException {
        response.setContentType("text/html;charset = UTF-8");
        String email = request.getParameter("email");
        String firstName = request.getParameter("firstName");
        String lastName = request.getParameter("lastName");
        String gender = request.getParameter("gender");
        String dateOfBirth = request.getParameter("dateOfBirth");
        String phone = request.getParameter("phone");
        String photo = request.getParameter("photo");
        String address = request.getParameter("address");
        int userId = 0;
        try {
            userId = Integer.parseInt(request.getParameter("userId"));
        } catch (Exception e) {
            userId = 0;
        }
        int roleId = 0;
        try {
            roleId = Integer.parseInt(request.getParameter("roleId"));
        } catch (Exception e) {
            roleId = 0;
        }
        HashMap<String,Object> map = new HashMap<String,Object>();
        map.put("userId",userId);
        map.put("email",email);
        map.put("firstName",firstName);
        map.put("lastName",lastName);
        map.put("dateOfBirth",dateOfBirth);
        map.put("address",address);
        map.put("gender",gender);
        map.put("phone",phone);
        map.put("photo",photo);
        map.put("roleId",roleId);
        Result result = UsersService.updateUser(map);
        String msg = JSON.toJSONString(result);
        response.getWriter().append(msg);
```

```
}
```

4）测试用户更新功能

测试用户更新的结果如图 3-36 所示。

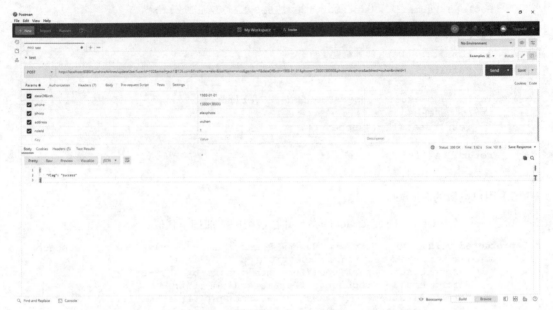

图 3-36　测试用户更新的结果

3.3.6　城市查询接口

1. 城市查询接口功能

管理员可以通过航班计划管理页面查询航班出发城市、目的城市等信息。

2. 城市查询接口参数说明

城市查询接口参数说明请详见附录 A。

3. 实现代码

1）城市查询的 DAO 函数

新建一个名为 CityDao 的类，并在该类中添加如下代码：

```java
public static List<HashMap<String,Object>> getCityNames() {
    String sql = "select * from City";
    return MySqlHelper.executeQueryReturnMap(sql,null);
}
```

2）城市查询的 Service 函数

新建一个名为 CityService 的类，并在该类中添加如下代码：

```java
public static Result getCityNames(){
    List<HashMap<String,Object>> list = CityDao.getCityNames();
    Result result = new Result("success",null,list);
```

```
    return result;
}
```

3）城市查询的 Servlet

新建一个名为 GetCityNamesServlet 的类，并在该类中添加如下代码：

```
protected void doPost(HttpServletRequest request,HttpServletResponse response)
    throws ServletException,IOException {
        response.setContentType("text/html;charset = UTF-8");
        Result result = CityService.getCityNames();
        String msg = JSON.toJSONString(result);
        response.getWriter().append(msg);
}
```

4）测试城市查询功能

测试城市查询的结果如图 3-37 所示。

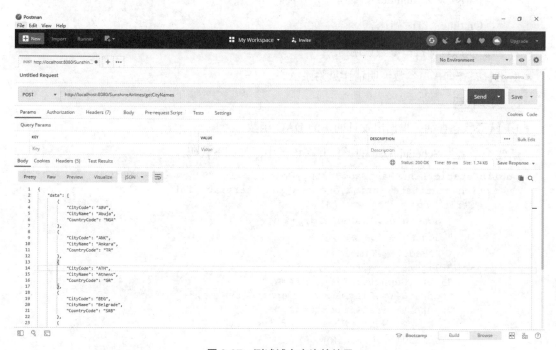

图 3-37　测试城市查询的结果

3.3.7　航班状态查询接口

1. 航班状态查询接口功能

员工可以查看航班动态。为了实现良好的用户体验，便于导出及直接打印查询结果，可以报表形式呈现查询结果。日期选择框仅显示今天及今天之前的日期，结果按照计划起飞时间和航班号升序显示。所有记录将按页显示，每页显示 10 条记录。显示的内容如下。

• NO.：序号。

- Flight Number：航班号。

- From：出发城市及机场 IATA 代码。

- To：目的城市及机场 IATA 代码。

- Schedule Start：计划起飞时间。

- Schedule Arrival：计划到达时间。

- Actual Arrival：实际到达时间。

- Gate：登机口。

- Status：状态，描述航班早到或晚到的分钟，有以下 3 种状态。

  ◦ Delay × × minutes：晚到 × × 分钟。

  ◦ Early × × minutes：早到 × × 分钟。

  ◦ On time：准时到达。

2. 航班状态查询接口参数说明

航班状态查询接口参数说明请详见附录 A。

3. 实现代码

1）航班状态查询（根据出发日期）的 DAO 函数

新建一个名为 ScheduleDao 的类，并在该类中添加如下代码：

```java
public static List<HashMap<String,Object>> findScheduleByDate(
    String startDate,String endDate,int startPage,int pageSize) {
        String sql = "select "+
            "`Schedule`.ScheduleId,"+
            "`Schedule`.Date,"+
            "`Schedule`.Time,"+
            "FlightStatus.ActualArrivalTime,"+
            "Route.DepartureAirportIATA,"+
            "DepartCity.CityName as DepartCityName,"+
            "Route.ArrivalAirportIATA,"+
            "ArriveCity.CityName as ArriveCityName,"+
            "`Schedule`.FlightNumber,"+
            "`Schedule`.Gate,"+
            "Route.FlightTime"+
            "from `Schedule`"+
            "left join FlightStatus on FlightStatus.ScheduleId = `Schedule`.ScheduleId"+
            "left join Route on Route.RouteId = `Schedule`.RouteId"+
            "left join Airport as DepartAirport on DepartAirport.IATACode =
                Route.DepartureAirportIATA"+
            "left join Airport as ArriveAirport on ArriveAirport.IATACode =
                Route.ArrivalAirportIATA"+
            "left join City as DepartCity on DepartCity.CityCode = DepartAirport.CityCode"+
            "left join City as ArriveCity on ArriveCity.CityCode = ArriveAirport.CityCode"+
            "where `Schedule`.Date between ? and ?"+
            "order by `Schedule`.Date,`Schedule`.FlightNumber limit ?,?";
```

```
        return MySqlHelper.executeQueryReturnMap(sql,new Object[]
            {startDate,endDate,(startPage-1) * pageSize,pageSize});
    }
    public static int findScheduleCountByDate(String startDate,String endDate) {
        String sql = "select count(1) as Total from `Schedule` where Date between ? and ?";
        List<HashMap<String,Object>> list = MySqlHelper.executeQueryReturnMap(sql,
                new Object[] {startDate,endDate});
        if (list != null && list.size() > 0) {
            return Integer.parseInt(list.get(0).get("Total").toString());
        }else {
            return 0;
        }
    }
}
```

2）航班状态查询的 Service 函数

新建一个名为 ScheduleService 的类，并在该类中添加如下代码：

```
/*
* 获取航班状态信息
*/
public static Result getFlightStatus(String startDate,String endDate,
    int startPage,int pageSize) {
        List<HashMap<String,Object>> list =
        ScheduleDao.findScheduleByDate(startDate,endDate,startPage,pageSize);
    int total = ScheduleDao.findScheduleCountByDate(startDate,endDate);
    Page page = new Page(total,startPage,pageSize);
    Result result = new Result("success",page,list);
    return result;
}
```

3）航班状态查询的 Servlet

新建一个名为 GetFlightStatusServlet 的类，并在该类中添加如下代码：

```
protected void doPost(HttpServletRequest request,HttpServletResponse response)
    throws ServletException,IOException {
    response.setContentType("text/html;charset=UTF-8");
    int startPage = 1;
    int pageSize = 10;
    String departureDate = request.getParameter("departureDate");
    String startDate = departureDate + "00:00:00";
    String endDate = departureDate + "23:59:59";
    try {
        startPage = Integer.parseInt(request.getParameter("startPage"));
    } catch (Exception e) {
        startPage = 1;
    }
    try {
        pageSize = Integer.parseInt(request.getParameter("pageSize"));
    } catch (Exception e) {
        pageSize = 10;
    }
    Result result = ScheduleService.getFlightStatus(
        startDate,endDate,startPage,pageSize);
    String msg =
```

```
JSON.toJSONString(result,SerializerFeature.WriteDateUseDateFormat);
    response.getWriter().append(msg);
}
```

4）测试航班状态查询（根据出发日期）功能

测试航班状态查询（根据出发日期）的结果如图 3-38 所示。

图 3-38　测试航班状态查询（根据出发日期）的结果

3.3.8　航班计划查询（管理员）接口

1. 航班计划查询（管理员）接口功能

管理员可以通过该页面管理航班计划，能够根据出发城市、目的城市、出发日期查询航班计划信息。航班计划信息按照起飞时间升序显示。显示的信息如下。

- Date：日期。

- Time：起飞时间。

- From：出发地，数据加载时以 City Name 或 Airport IATACode 升序显示。

- To：目的地，数据加载时以 City Name 或 Airport IATACode 升序显示。

- Economy Price：经济舱价格。

- Flight Number：航班号。

- Gate：登机口。

- Status：航班状态，取消的航班应以红色背景标识出，有"Confirmed"（确认）和"Canceled"（取消）两种航班状态。

- Detail：详细链接，单击该链接，可以在弹出窗体中查看机票售出详情。

- Aircraft：飞机类型。

2. 航班计划查询（管理员）接口参数说明

航班计划查询（管理员）接口参数说明请详见附录 A。

3. 实现代码

1）航班计划查询（管理员）的 DAO 函数

在第 3.3.7 节中创建的 ScheduleDao 类里添加如下代码：

```
public static List<HashMap<String,Object>> findScheduleByCityAndDate(
    String fromCity,String toCity,String startDate,String endDate) {
        String sql = "select" +
            "`Schedule`.ScheduleId," +
            "`Schedule`.Date," +
            "`Schedule`.Time," +
            "Route.DepartureAirportIATA," +
            "DepartCity.CityName as DepartCityName," +
            "Route.ArrivalAirportIATA," +
            "ArriveCity.CityName as ArriveCityName," +
            "Aircraft.`Name`," +
            "`Schedule`.EconomyPrice," +
            "`Schedule`.FlightNumber," +
            "`Schedule`.Gate," +
            "`Schedule`.'Status'" +
            "from `Schedule`" +
            "left join Aircraft on Aircraft.AircraftId = `Schedule`.AircraftId" +
            "left join Route on `Schedule`.RouteId = Route.RouteId" +
            "left join Airport as DepartAirport on Route.DepartureAirportIATA =
            DepartAirport.IATACode"+
            "left join City as DepartCity on DepartCity.Citycode = DepartAirport.Citycode" +
            "left join Airport as ArriveAirport on Route.ArrivalAirportIATA =
                ArriveAirport.IATACode" +
            "left join City as ArriveCity on ArriveCity.Citycode = ArriveAirport.Citycode" +
            "where DepartCity.CityName = ? and ArriveCity.CityName =
                ? and `Schedule`.Date between ? and ?" +
            "order by `Schedule`.Date";
        return MySqlHelper.executeQueryReturnMap(sql,new Object[]
            {fromCity,toCity,startDate,endDate});
    }
```

2）航班计划查询（管理员）的 Service 函数

在第 3.3.7 节中创建的 ScheduleService 类里添加如下代码：

```
/*
 *获取航班计划（管理员）
 */
public static Result getSchedule(String fromCity,String toCity,
    String startDate,String endDate) {
        List<HashMap<String,Object>> list =
            ScheduleDao.findScheduleByCityAndDate(fromCity,toCity,startDate,endDate);
```

```
            Result result = new Result("success",null,list);
        return result;
    }
```

3）航班计划查询（管理员）的 Servlet 类

新建一个名为 GetScheduleServlet 的类，并在该类中添加如下代码：

```
protected void doPost(HttpServletRequest request,HttpServletResponse response)
    throws ServletException,IOException {
    response.setContentType("text/html;charset = UTF-8");
    String fromCity = request.getParameter("fromCity");
    String toCity = request.getParameter("toCity");
    String startDate = request.getParameter("startDate") + "00:00:00";
    String endDate = request.getParameter("endDate") + "23:59:59";
    Result result = ScheduleService.getSchedule(fromCity,toCity,startDate,endDate);
    String msg = JSON.toJSONString(result,SerializerFeature.WriteDateUseDateFormat);
    response.getWriter().append(msg);
}
```

4）测试航班计划查询（管理员）功能

测试航班计划查询（管理员）的结果如图 3-39 所示。

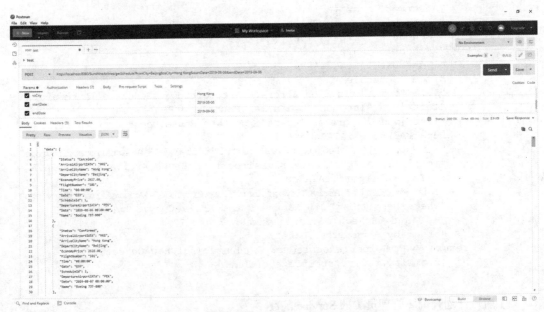

图 3-39 测试航班计划查询（管理员）的结果

3.3.9 机票售出详情接口

1. 机票售出详情接口功能

管理员可以查看机票售出详细，显示信息包括以下几部分。

• 出发机场，目的机场，日期，出发时间，机型。

• 机型座位布局图。

- 显示总票数，售出票数，已经选票的数量，售出率（四舍五入保留 2 位小数）。
- 以图形形式显示各个舱位的机票售出情况，还应将已经选票的座位背景标识为橘色。

2. 机票售出详情接口参数说明

机票售出详情接口参数说明请详见附录 A。

3. 实现代码

1）机票售出详情（根据航班计划的 id）的 DAO 函数

在第 3.3.7 节中创建的 ScheduleDao 类里添加如下代码：

```java
public static HashMap<String,Object> findByScheduleId(int scheduleId) {
    String sql = "select * from `Schedule` " +
        "left join Route on `Schedule`.RouteId = Route.RouteId " +
        "left join Aircraft on Aircraft.AircraftId = `Schedule`.AircraftId " +
        "where `Schedule`.ScheduleId = ?";
    List<HashMap<String,Object>> list = MySqlHelper.executeQueryReturnMap(
        sql,new Object[] {scheduleId});
    if (list != null && list.size() > 0) {
        return list.get(0);
    } else {
        return null;
    }
}
public static List<HashMap<String,Object>> findTicketInfoList(int scheduleId) {
    String sql = "select FlightReservation.CabinTypeId,count(1) as
        SoldCounts,count(SeatLayoutId) as SelectedCounts " +
            "from FlightReservation " +
            "where FlightReservation.ScheduleId = ? " +
            "group by FlightReservation.CabinTypeId";
    return MySqlHelper.executeQueryReturnMap(sql,new Object[] {scheduleId});
}
public static List<HashMap<String,Object>> findSelectedSeatList(int scheduleId) {
    String sql = "select FlightReservation.CabinTypeId,
        SeatLayout.RowNumber,SeatLayout.ColumnName" +
            "from FlightReservation" +
            "left join SeatLayout on SeatLayout.Id =
FlightReservation.SeatLayoutId" +
            "where FlightReservation.SeatLayoutId is not null and
            FlightReservation.ScheduleId = ?";
    return MySqlHelper.executeQueryReturnMap(sql,new Object[] {scheduleId});
}
public static List<HashMap<String,Object>> findSeatLayoutList(int aircraftId) {
    String sql = "select * from SeatLayout where AircraftId = ?";
    return MySqlHelper.executeQueryReturnMap(sql,new Object[] {aircraftId});
}
```

2）机票售出详情的 Service 函数

在第 3.3.7 节中创建的 ScheduleService 类里添加如下代码：

```
/*
 * 获取机票售出详情
 */
public static Result getScheduleDetail(int scheduleId) {
    Result result = new Result("fail",null,null);

    HashMap<String,Object> scheduleInfo =
ScheduleDao.findByScheduleId(scheduleId);
    if (scheduleInfo == null) {
        result.setData("航班计划不存在");
        return result;
    }

    int aircraftId =
        Integer.parseInt(scheduleInfo.get("AircraftId").toString());
    List<HashMap<String,Object>> ticketInfoList =
        ScheduleDao.findTicketInfoList(scheduleId);
    List<HashMap<String,Object>> selectedSeatList =
        ScheduleDao.findSelectedSeatList(scheduleId);
    List<HashMap<String,Object>> seatLayoutList =
        ScheduleDao.findSeatLayoutList(aircraftId);

    HashMap<String,Object> map = new HashMap<String,Object>();
    map.put("ScheduleInfo",scheduleInfo);
    map.put("TicketInfoList",ticketInfoList);
    map.put("SelectedSeatList",selectedSeatList);
    map.put("SeatLayoutList",seatLayoutList);

    result.setFlag("success");
    result.setData(map);
    return result;
}
```

3）机票售出详情的 Servlet 类

新建一个名为 GetScheduleDetailServlet 的类，并在该类中添加如下代码：

```
protected void doPost(HttpServletRequest request,HttpServletResponse response)
    throws ServletException,IOException {
    response.setContentType("text/html;charset=UTF-8");
    int scheduleId = 0;
    try {
        scheduleId = Integer.parseInt(request.getParameter("scheduleId"));
    } catch (Exception e) {
        scheduleId = 0;
    }
    Result result = ScheduleService.getScheduleDetail(scheduleId);
    String msg = JSON.toJSONString(result,SerializerFeature.WriteDateUseDateFormat);
    response.getWriter().append(msg);
}
```

4）测试机票售出详情（根据航班计划的 id）功能

测试机票售出详情（根据航班计划的 id）的结果如图 3-40 所示。

图 3-40　测试机票售出详情（根据航班计划 id）的结果

3.3.10　航班计划状态修改接口

1. 航班计划状态修改接口功能

航班计划查询页面中的 "⇌" 图标能够互换 From 和 To 组合框中的内容。当航班为 "Confirmed" 状态时，可以通过右下方的按钮取消航班；当航班为 "Canceled" 状态时，可以通过右下方的按钮确认航班。

2. 航班计划状态修改接口参数说明

航班计划状态修改接口参数说明请详见附录 A。

3. 实现代码

1）航班计划状态修改的 DAO 函数

在第 3.3.7 节中创建的 ScheduleDao 类里添加如下代码：

```java
public static int updateSchedule(int scheduleId,String status) {
    String sql = "update `Schedule` set Status = ? where ScheduleId = ?";
    return MySqlHelper.executeUpdate(sql,new Object[] {status,scheduleId});
}
```

2）航班计划状态修改的 Service 函数

在第 3.3.7 节中创建的 ScheduleService 类里添加如下代码：

```java
/*
 *航班计划状态修改
 */
public static Result updateSchedule(int scheduleId,String status) {
    Result result = new Result("fail",null,null);
    HashMap<String,Object> scheduleInfo = ScheduleDao.findByScheduleId(scheduleId);
```

```
if(scheduleInfo == null) {
    result.setData("航班计划不存在");
    return result;
}
int updateResult = ScheduleDao.updateSchedule(scheduleId,status);
if (updateResult > 0) {
    result.setFlag("success");
}
return result;
}
```

3）航班计划状态修改的 Servlet 类

新建一个名为 UpdateScheduleServlet 的类，添加如下代码：

```
protected void doPost(HttpServletRequest request,HttpServletResponse response)
    throws ServletException,IOException {
    response.setContentType("text/html;charset = UTF-8");
    int scheduleId = 0;
    try {
        scheduleId = Integer.parseInt(request.getParameter("scheduleId"));
    } catch (Exception e) {
        scheduleId = 0;
    }
    String status = request.getParameter("status");
    Result result = ScheduleService.updateSchedule(scheduleId,status);
    String msg = JSON.toJSONString(result);
    response.getWriter().append(msg);
}
```

4）测试航班计划状态修改功能

测试航班计划状态修改的结果如图 3-41 所示。

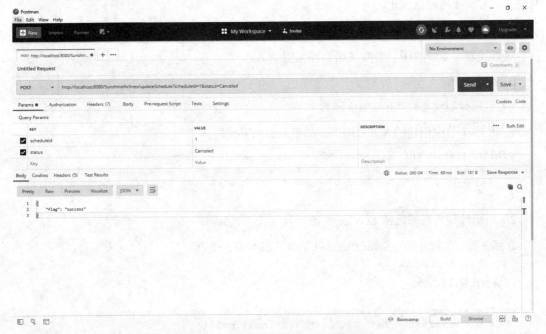

图 3-41　测试航班计划状态修改的结果

3.3.11　航班计划查询（员工）接口

1. 航班计划查询（员工）接口功能

员工可以通过此界面查询航班，查询出的航班按照出发时间升序显示，查询条件包括以下几个。

- From City：出发城市，按照城市名称升序显示。
- To City：目的城市，按照城市名称升序显示。
- Departure Date：出发日期，仅显示今天及之后的日期。
- Return Date：返回日期，仅显示出发日期及其之后的日期。仅在"Round Ways"被选中时才显示。

当 Return Date 不显示时，查询区域应能动态适应，无论 Return Date 显示与否，各控件的布局都应整齐美观。

- Cabin Type：舱位类型。
- Flight Type：航班类型，主要包括以下几种
  - All：全部类型。
  - Non-stop：直达。
  - stop：中转 1 次。

当"Round Ways"复选框被选中时，显示返程航班信息。按照图示显示航班信息，如下。

- Price：价格。
- Cabin Type：舱位类型。
- Flight Number：航班号。
- On-time rate：航班准点率（航班准点率计算方法：在最近 30 天内，航班降落时间比计划降落时间延迟 15 分钟以上或航班取消的情况称为延误。将出现延误情况的航班数除以 30 天内实际执行的航班数得出延误率，准点率=100%−延误率）结果保留整数（四舍五入）。若该航班过去 30 天未运营，则不显示。
- Departure City and Airport IATA Code：出发城市及机场代码。
- Departure DateTime：出发时间。
- Arrival City and Airport IATA Code：到达城市及机场代码。
- Arrival DateTime：到达时间。
- Total Time：总时间。
- Available Tickets：余票数量。当余票数量小于等于 3 时，以红色显示。

对于中转航班，应显示前半程和后半程 2 个航班号，还应显示中转时间和中转机场。商务舱价格是经济舱价格的 1.25 倍，头等舱价格是经济舱价格的 1.5 倍，当出现小数时，需要四舍五入保留 2 位小数。

对于中转航班，前半程航班的到达时间与后半程航班的出发时间应至少有 2 个小时(包含)的时间间隔，以便于客户有足够的时间办理中转手续；最多 9 个小时（包含）的时间间隔，以免客户候机时间过长。

当员工选择的返程航班的出发时间小于出发航班的出发时间时应给予提示。员工查询一次航班之后，系统应记录员工上次查询的出发地和目的地，在下一次打开界面时自动将信息显示出来。

2. 航班计划查询（员工）接口参数说明

航班计划查询（员工）接口参数说明请详见附录 A。

3. 实现代码

1）航班计划查询（员工）的 DAO 函数

在第 3.3.7 节中创建的 ScheduleDao 类里添加如下代码：

```
public static List<HashMap<String,Object>> findNonStopScheduleList(
    String fromCity,String toCity,String startDate,String endDate) {
        String sql = "select"+
        "`Schedule`.ScheduleId,"+
        "`Schedule`.Date,"+
        "`Schedule`.Time,"+
        "DATE_ADD(`Schedule`.Date,INTERVAL Route.FlightTime MINUTE) as PreArrivalTime,"+
        "Route.DepartureAirportIATA,"+
        "DepartCity.CityName as DepartCityName,"+
        "Route.ArrivalAirportIATA,"+
        "ArriveCity.CityName as ArriveCityName,"+
        "Route.FlightTime,"+
        "`Schedule`.EconomyPrice,"+
        "`Schedule`.FlightNumber,"+
        "Aircraft.FirstSeatsAmount,"+
        "Aircraft.BusinessSeatsAmount,"+
        "Aircraft.EconomySeatsAmount,"+
        "FlightCount.AllCount,"+
        "FlightCount.DelayCount,"+
        "FlightCount.NotDelay"+
        "from `Schedule`"+
        "left join Aircraft on Aircraft.AircraftId = `Schedule`.AircraftId"+
        "left join Route on Route.RouteId = `Schedule`.RouteId"+
        "left join Airport as DepartAirport on Route.DepartureAirportIATA =
            DepartAirport.IATACode"+
        "left join Airport as ArriveAirport on Route.ArrivalAirportIATA =
            ArriveAirport.IATACode"+
        "left join City as DepartCity on DepartAirport.CityCode = DepartCity.CityCode"+
        "left join City as ArriveCity on ArriveAirport.CityCode = ArriveCity.CityCode"+
        "left join"+
```

```
        " ("+
        "select AllFlight.FlightNumber,AllFlight.AllCount,DelayFlight.DelayCount,
            (AllFlight.AllCount-DelayFlight.DelayCount) as NotDelay"+
        "from"+
        " ("+
        "select `Schedule`.FlightNumber,count(1) as AllCount from `Schedule`"+
        "where ? between `Schedule`.Date and DATE_ADD(`Schedule`.Date,INTERVAL 30 DAY)"+
        "group by FlightNumber"+
        ") as AllFlight"+
        "left join"+
        " ("+
        "select `Schedule`.FlightNumber,count(1) as DelayCount from `Schedule` "+
        "left join FlightStatus on FlightStatus.ScheduleId = `Schedule`.ScheduleId "+
        "left join Route on Route.RouteId = `Schedule`.RouteId "+
        "where ? between `Schedule`.Date and DATE_ADD(`Schedule`.Date,INTERVAL 30 DAY)
        and (Status = `Canceled` or TIMESTAMPDIFF(MINUTE,DATE_ADD(`Schedule`.Date,
        INTERVAL Route.FlightTime MINUTE),FlightStatus.ActualArrivalTime) >15) "+
        "group by `Schedule`.FlightNumber"+
        ") as DelayFlight"+
        "on AllFlight.flightNumber = DelayFlight.FlightNumber"+
        ") as FlightCount"+
        "on FlightCount.FlightNumber = `Schedule`.FlightNumber"+
        "where DepartCity.CityName = ? and ArriveCity.CityName =
            ? and `Schedule`.Date between ? and ?"+"order by `Schedule`.Date";
    return MySqlHelper.executeQueryReturnMap(sql,new Object[]
        {startDate,startDate,fromCity,toCity,startDate,endDate});
}


public static int findSoldTicketsCount(int scheduleId,int cabinTypeId) {
    String sql = "select count(1) as Counts from FlightReservation where ScheduleId =
        ? and CabinTypeId = ?";
    List<HashMap<String, Object>> list = MySqlHelper.executeQueryReturnMap(sql,
        new Object[] {scheduleId, cabinTypeId});
    if (list != null && list.size() > 0) {
        return Integer.parseInt(list.get(0).get("Counts").toString());
    } else {
        return 0;
    }
}


public static List<HashMap<String,Object>> findOneStopScheduleList(String fromCity,
    String toCity,String startDate,String endDate) {
    String sql = "select"+
        "S1.ScheduleId as S1ScheduleId,"+
        "Route.DepartureAirportIATA as S1DepartureAirportIATA, "+
        "DepartCity.CityName as S1DepartCityName,"+
        "Route.ArrivalAirportIATA as S1ArrivalAirportIATA, "+
        "ArriveCity.CityName as S1ArriveCityName,"+
        "S1.Date as S1Date,"+
        "S1.Time as S1Time,"+
        "DATE_ADD(S1.Date,INTERVAL Route.FlightTime MINUTE) as S1PreArrivalTime,"+
        "Route.FlightTime as S1FlightTime,"+
        "S1.EconomyPrice as S1EconomyPrice,"+
        "S1.FlightNumber as S1FlightNumber,"+
        "Aircraft.FirstSeatsAmount as S1FirstSeatsAmount,"+
        "Aircraft.BusinessSeatsAmount as S1BusinessSeatsAmount,"+
```

```
            "Aircraft.EconomySeatsAmount as S1EconomySeatsAmount,"+
            "S2.* "+
            "from `Schedule` as S1"+
            "left join Aircraft on Aircraft.AircraftId=S1.AircraftId"+
            "left join Route on Route.RouteId=S1.RouteId"+
            "left join Airport as DepartAirport on
                Route.DepartureAirportIATA=DepartAirport.IATACode"+
            "left join Airport as ArriveAirport on
                Route.ArrivalAirportIATA=ArriveAirport.IATACode"+
            "left join City as DepartCity on DepartAirport.CityCode = DepartCity.CityCode"+
            "left join City as ArriveCity on ArriveAirport.CityCode = ArriveCity.CityCode"+
            "left join"+
            " ("+
            "select"+
            "`Schedule`.ScheduleId as S2ScheduleId,"+
            "Route.DepartureAirportIATA as S2DepartureAirportIATA,"+
            "DepartCity.CityName as S2DepartCityName,"+
            "Route.ArrivalAirportIATA as S2ArrivalAirportIATA,"+
            "ArriveCity.CityName as S2ArriveCityName,"+
            "`Schedule`.Date as S2Date,"+
            "`Schedule`.Time as S2Time,"+
            "DATE_ADD(`Schedule`.Date,INTERVAL Route.FlightTime MINUTE) as S2PreArrivalTime,"+
            "Route.FlightTime as S2FlightTime,"+
            "`Schedule`.EconomyPrice as S2EconomyPrice,"+
            "`Schedule`.FlightNumber as S2FlightNumber,"+
            "Aircraft.FirstSeatsAmount as S2FirstSeatsAmount,"+
            "Aircraft.BusinessSeatsAmount as S2BusinessSeatsAmount,"+
            "Aircraft.EconomySeatsAmount as S2EconomySeatsAmount"+
            "from `Schedule` "+
            "left join Aircraft on Aircraft.AircraftId=`Schedule`.AircraftId"+
            "left join Route on Route.RouteId=`Schedule`.RouteId"+
            "left join Airport as DepartAirport on
                Route.DepartureAirportIATA=DepartAirport.IATACode "+
            "left join Airport as ArriveAirport on
                Route.ArrivalAirportIATA=ArriveAirport.IATACode"+
            "left join City as DepartCity on DepartAirport.CityCode = DepartCity.CityCode"+
            "left join City as ArriveCity on ArriveAirport.CityCode = ArriveCity.CityCode"+
            ")"+
            "as S2 "+
            "on Route.ArrivalAirportIATA = S2.S2DepartureAirportIATA"+
            "where DepartCity.CityName = ? and S2.S2ArriveCityName =
                ? and S1.Date between ? and ?"+
            "and TIMESTAMPDIFF(HOUR,DATE_ADD(S1.Date,INTERVAL Route.FlightTime
                MINUTE),S2.S2Date) between 2 and 9"+
            "order by S1.Date";
    return MySqlHelper.executeQueryReturnMap(sql,
        new Object[] {fromCity,toCity,startDate,endDate});
}


public static List<HashMap<String,Object>> findDelayInfoList(String startDate) {
    String sql = "select AllFlight.FlightNumber,AllFlight.AllCount,
        DelayFlight.DelayCount,(AllFlight.AllCount-DelayFlight.DelayCount) as NotDelay"+
        "from"+
        " ("+
        "select `Schedule`.FlightNumber,count(1) as AllCount from `Schedule`"+
        "where ? between `Schedule`.Date and DATE_ADD(`Schedule`.Date,INTERVAL 30 DAY)"+
```

```
        "group by `Schedule`.FlightNumber"+
        ") as AllFlight"+
        "left join"+
        " ("+
        "select `Schedule`.FlightNumber,count(1) as DelayCount from `Schedule`"+
        "left join FlightStatus on FlightStatus.ScheduleId = `Schedule`.ScheduleId"+
        "left join Route on Route.RouteId = `Schedule`.RouteId"+
        "where ? between `Schedule`.Date and DATE_ADD(`Schedule`.Date,INTERVAL 30 DAY)
        and (Status = `Canceled` or TIMESTAMPDIFF(MINUTE,DATE_ADD(`Schedule`.Date,
        INTERVAL Route.FlightTime MINUTE),FlightStatus.ActualArrivalTime) > 15)"+
        "group by `Schedule`.FlightNumber"+
        ") as DelayFlight"+
        "on AllFlight.flightNumber = DelayFlight.FlightNumber";
    return MySqlHelper.executeQueryReturnMap(sql,new Object[] {startDate,startDate});
}
```

2）航班计划查询（员工）的 Service 函数

在第 3.3.7 节中创建的 ScheduleService 类里添加如下代码：

```
/*
 * 航班计划查询（员工）
 */
public static Result getSearchFlight(String fromCity,String toCity,String startDate,
    String endDate,int cabinTypeId,String flightType) {
        Result result = new Result("success",null,null);

    if (flightType.equals("Non-stop")) {
        List<HashMap<String, Object>> list =
            getNonstop(fromCity,toCity,startDate,endDate,cabinTypeId);
        result.setData(list);
    }else if (flightType.equals("1-stop")) {
        List<HashMap<String, Object>> list =
            getOnestop(fromCity,toCity,startDate,endDate,cabinTypeId);
        result.setData(list);
    }else if (flightType.equals("All")) {
        List<HashMap<String Object>> list =
            new ArrayList<HashMap<String,Object>>();
        List<HashMap<String,Object>> nonStopList =
            getNonstop(fromCity,toCity,startDate,endDate,cabinTypeId);
        List<HashMap<String, Object>> oneStopList =
            getOnestop(fromCity,toCity,startDate,endDate,cabinTypeId);
        list.addAll(nonStopList);
        list.addAll(oneStopList);
        result.setData(list);
    }
    return result;
}

/*
 * 无中转
 */
protected static List<HashMap<String,Object>> getNonstop(String fromCity,
    String toCity,String startDate,String endDate,int cabinTypeId) {
    List<HashMap<String,Object>> list =
```

```
    ScheduleDao.findNonStopScheduleList(
        fromCity,toCity,startDate,endDate);
    if(list != null) {
        for (int i = 0;i < list.size();i++) {
            HashMap<String,Object> map = list.get(i);
            int scheduleId = Integer.parseInt(map.get("ScheduleId").toString());
            int soldTickets = ScheduleDao.findSoldTicketsCount(scheduleId,cabinTypeId);
            int allTickets = 0;
            if (cabinTypeId == 1) {
                allTickets = Integer.parseInt(map.get("EconomySeatsAmount").toString());
            }else if (cabinTypeId == 2) {
                allTickets = Integer.parseInt(map.get("BusinessSeatsAmount").toString());
            }else if (cabinTypeId == 3) {
                allTickets = Integer.parseInt(map.get("FirstSeatsAmount").toString());
            }
            int residueTickets = allTickets - soldTickets;
            map.put("ResidueTickets",residueTickets);
            map.put("FlightType","Non-stop");
        }
    }
    return list;
}

/*
 * 有中转
 */
protected static List<HashMap<String,Object>> getOnestop(String fromCity,
    String toCity,String startDate,String endDate,int cabinTypeId) {
        List<HashMap<String,Object>> list =
        ScheduleDao.findOneStopScheduleList(fromCity,toCity,startDate,endDate);
        List<HashMap<String,Object>> delayInfoList =
        ScheduleDao.findDelayInfoList(startDate);
    if(list != null) {
        for (int i = 0;i < list.size();i++) {
            HashMap<String,Object> map = list.get(i);
            int s1ScheduleId = Integer.parseInt(map.get("S1ScheduleId").toString());
            int s2ScheduleId = Integer.parseInt(map.get("S2ScheduleId").toString());
            String s1FlightNumber = map.get("S1FlightNumber").toString();
            String s2FlightNumber = map.get("S2FlightNumber").toString();
            if(delayInfoList != null) {
                for (int j = 0;j < delayInfoList.size();j++) {
                    HashMap<String,Object> delayInfoMap = delayInfoList.get(j);
                    String flightNumber = delayInfoMap.get("FlightNumber").toString();
                    if (flightNumber.equals(s1FlightNumber)) {
                        map.put("S1AllCount",delayInfoMap.get("AllCount"));
                        map.put("S1DelayCount",delayInfoMap.get("DelayCount"));
                        map.put("S1NotDelay",delayInfoMap.get("NotDelay"));
                    }else if(flightNumber.equals(s2FlightNumber)) {
                        map.put("S2AllCount",delayInfoMap.get("AllCount"));
                        map.put("S2DelayCount",delayInfoMap.get("DelayCount"));
                        map.put("S2NotDelay",delayInfoMap.get("NotDelay"));
                    }
                }
            }
        }
```

```
        int s1SoldTickets = ScheduleDao.findSoldTicketsCount(
            s1ScheduleId,cabinTypeId);
        int s2SoldTickets = ScheduleDao.findSoldTicketsCount(
            s2ScheduleId,cabinTypeId);
        int s1AllTickets = 0;
        int s2AllTickets = 0;
        if(cabinTypeId == 1) {
            s1AllTickets =
                Integer.parseInt(map.get("S1EconomySeatsAmount").toString());
            s2AllTickets =
                Integer.parseInt(map.get("S2EconomySeatsAmount").toString());
        } else if (cabinTypeId == 2) {
            s1AllTickets =
                Integer.parseInt(map.get("S1BusinessSeatsAmount").toString());
            s2AllTickets =
                Integer.parseInt(map.get("S2BusinessSeatsAmount").toString());
        } else if (cabinTypeId == 3){
            s1AllTickets =
                Integer.parseInt(map.get("S1FirstSeatsAmount").toString());
            s2AllTickets =
                Integer.parseInt(map.get("S2FirstSeatsAmount").toString());
        }
        int s1ResidueTickets = s1AllTickets-s1SoldTickets;
        int s2ResidueTickets = s2AllTickets-s2SoldTickets;
        map.put("S1ResidueTickets",s1ResidueTickets);
        map.put("S2ResidueTickets",s2ResidueTickets);
        map.put("FlightType","1-stop");
    }
}


    return list;
}
```

3）航班计划查询（员工）的 Servlet 类

新建一个名为 GetSearchFlightServlet 的类，并在该类中添加如下代码：

```
protected void doPost(HttpServletRequest request,HttpServletResponse response)
    throws ServletException,IOException {
    String fromCity = request.getParameter("fromCity");
    String toCity = request.getParameter("toCity");
    String flightType = request.getParameter("flightType");
    String departureDate = request.getParameter("departureDate");
    String startDate = departureDate + "00:00:00";
    String endDate = departureDate + "23:59:59";
    int cabinTypeId = 0;
    try {
        cabinTypeId = Integer.parseInt(request.getParameter("cabinTypeId"));
    } catch (Exception e) {
        cabinTypeId = 0;
    }
    Result result = ScheduleService.getSearchFlight(fromCity,toCity,
        startDate,endDate,cabinTypeId,flightType);
    String msg = JSON.toJSONString(result,SerializerFeature.WriteDateUseDateFormat);
    response.getWriter().append(msg);
}
```

4）测试航班计划查询（员工）功能

测试航班计划查询（员工，无中转）的结果如图 3-42 所示。

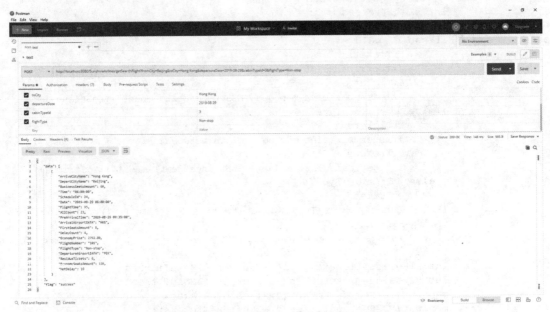

图 3-42　测试航班计划查询（员工，无中转）的结果

测试航班计划查询（员工，有中转）的结果如图 3-43 所示。

图 3-43　测试航班计划查询（员工，有中转）的结果

【附件三】

为了方便你的学习，我们将该章中的相关附件上传到以下所示的二维码，你可以自行扫码查看。

第4章　MyBatis

学习目标：

- MyBatis 简介；
- MyBatis 的核心组件；
- MyBatis 的核心配置文件；
- MyBatis 映射文件。

本章重点介绍 MyBatis 的相关内容，包括 MyBatis 简介、MyBatis 的核心组件、MyBatis 的核心配置文件、MyBatis 映射文件。

4.1　MyBatis 简介

4.1.1　简介

MyBatis 是一个基于 Java 的持久层框架。MyBatis 提供的持久层框架包括 SQL Maps 和 DAO（data access object），它消除了几乎所有的 JDBC（Java database connectivity，Java 数据库连接）代码、参数的手动设置和结果集的检索。MyBatis 使用简单的 XML 或注解用于配置和原始映射，将接口和 Java 的 POJO（plain old Java object）映射成数据库中的记录。

4.1.2　MyBatis 和 JDBC 的区别

MyBatis 是一个持久层 ORM（object relational mapping，对象关系映射）框架，底层是对 JDBC 的封装。JDBC 是 Java 提供的一个操作数据库的 API。

JDBC 给我们提供了快速连接数据库的功能，适合初学者学习。但 JDBC 的工作量相对较大，首先进行连接，然后处理 JDBC 底层事务、数据类型，然后对可能产生的异常进行处理并正确关闭资源。而 MyBatis 对 JDBC 操作数据库进行了一系列的优化，体现在以下几个方面。

（1）MyBatis 使用已有的连接池管理，避免浪费资源，提高程序可靠性。

（2）MyBatis 提供插件自动生成 DAO 层代码，提高编码效率和准确性。

（3）MyBatis 提供了一级缓存和二级缓存，提高了程序性能。

（4）MyBatis 使用动态 SQL 语句，提升了 SQL 维护。

（5）MyBatis 对数据库操作的结果进行自动映射。

基于以上优化，MyBatis 在程序开发中节省了开发成本，适合性能要求高、响应快、需求变更频繁的系统。

4.1.3　MyBatis 工作原理

MyBatis 的工作原理如下。

（1）读取 MyBatis 配置文件 mybatis-config.xml：该配置文件为 MyBatis 的全局配置文件，用于配置 MyBatis 的运行环境等信息，例如数据库连接信息。

（2）加载映射文件 mapper.xml：该文件用于配置操作数据库的 SQL 语句，需要在 MyBatis 配置文件 mybatis-config.xml 中加载。可以加载多个映射文件，每个映射文件对应数据库中的一张表。

（3）构建会话工厂 SqlSessionFactory：通过 MyBatis 的运行环境等配置信息。

（4）创建会话对象 SqlSession：由会话工厂创建 SqlSession 对象，该对象中包含执行 SQL 语句的所有方法。

（5）Executor 执行器：MyBatis 底层定义了一个 Executor 接口来操作数据库，该接口将根据 SqlSession 对象传递的参数动态地生成所需要执行的 SQL 语句，同时负责查询缓存的维护。

（6）MappedStatement 对象：在 Executor 接口的执行方法中有一个 MappedStatement 类型的参数，该参数是对映射信息的封装，用于存储要映射的 SQL 语句的参数信息。

（7）输入参数映射：输入参数类型可以是 Map、List 等集合，也可以是基本数据类型和实体类类型。

（8）输出结果映射：输出结果类型可以是 Map、List 等集合，也可以是基本数据类型和实体类类型。输出结果映射过程类似于 JDBC 对结果集的解析过程。

MyBatis 的工作原理如图 4-1 所示。

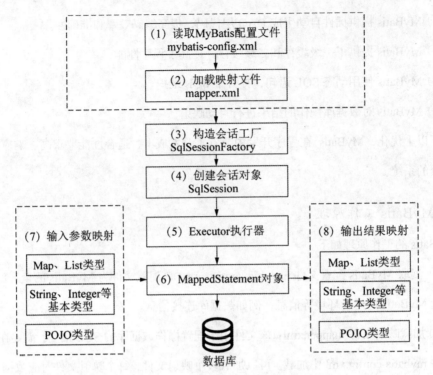

图 4-1 MyBatis 的工作原理

4.1.4 第一个 MyBatis 程序

1. 创建数据表格

本实例使用第 3.1.4 节的 Users 表。

2. 创建 Web 应用，并添加相关的.jar 包

在 Eclipse 中创建一个名为 MyBatisDemo 的动态网站项目，添加 mybatis-3.5.0.jar 包、mysql-connector-java-8.0.16.jar 包和 fastjson-1.2.66.jar 包，可从 http://www.20-80.cn/bookResources/JavaWeb_book 下载。

3. 创建持久化类

在 src 目录下创建 edu.wtbu.pojo 包，在此包路径下创建 Users.java、Page.java、Result.java 等 3 个文件，代码如下：

```
package edu.wtbu.pojo;
public class Users {
    private Integer userId;
    private String email;
    private String firstName;
    private String lastName;
    private String password;
    private String gender;
    private String dateOfBirth;
```

```java
    private String phone;
    private String photo;
    private String address;
    private Integer roleId;
    public Integer getUserId() {
        return userId;
    }
    public void setUserId(Integer userId) {
        this.userId = userId;
    }
    public String getEmail() {
        return email;
    }
    public void setEmail(String email) {
        this.email = email;
    }
    public String getFirstName() {
        return firstName;
    }
    public void setFirstName(String firstName) {
        this.firstName = firstName;
    }
    public String getLastName() {
        return lastName;
    }
    public void setLastName(String lastName) {
        this.lastName = lastName;
    }
    public String getPassword() {
        return password;
    }
    public void setPassword(String password) {
        this.password = password;
    }
    public String getGender() {
        return gender;
    }
    public void setGender(String gender) {
        this.gender = gender;
    }
    public String getDateOfBirth() {
        return dateOfBirth;
    }
    public void setDateOfBirth(String dateOfBirth) {
        this.dateOfBirth = dateOfBirth;
    }
    public String getPhone() {
        return phone;
    }
    public void setPhone(String phone) {
        this.phone = phone;
    }
    public String getPhoto() {
        return photo;
    }
    public void setPhoto(String photo) {
```

```
            this.photo = photo;
        }
    public String getAddress() {
        return address;
    }
    public void setAddress(String address) {
        this.address = address;
    }
    public Integer getRoleId() {
        return roleId;
    }
    public void setRoleId(Integer roleId) {
        this.roleId = roleId;
    }
}


package edu.wtbu.pojo;
public class Page {
    int total;
    int startPage;
    int pageSize;
    public Page() {
    }
    public Page(int total,int startPage,int pageSize) {
        this.total = total;
        this.startPage = startPage;
        this.pageSize = pageSize;
    }
    public int getTotal() {
        return total;
    }
    public void setTotal(int total) {
        this.total = total;
    }
    public int getStartPage() {
        return startPage;
    }
    public void setStartPage(int startPage) {
    this.startPage = startPage;
    }
    public int getPageSize() {
        return pageSize;
    }
    public void setPageSize(int pageSize) {
        this.pageSize = pageSize;
    }
}


package edu.wtbu.pojo;
public class Result {
    String flag;
    Page page;
    Object data;
    public Result() {
    }
    public Result(String flag,Page page,Object data) {
```

```
        this.flag = flag;
        this.page = page;
        this.data = data;
    }
    public String getFlag() {
        return flag;
    }
    public void setFlag(String flag) {
        this.flag = flag;
    }
    public Page getPage() {
        return page;
    }
    public void setPage(Page page) {
        this.page = page;
    }
    public Object getData() {
        return data;
    }
    public void setData(Object data) {
        this.data = data;
    }
}
```

4. 创建映射文件

在 src 目录下创建 edu.wtbu.mapper 包，在此包路径下创建 usersMapper.xml 文件，代码如下：

```xml
<?xml version = "1.0" encoding = "UTF-8" ?>
<!DOCTYPE mapper PUBLIC "-//mybatis.org//DTD Mapper 3.0//
    EN""http://mybatis.org/dtd/mybatis-3-mapper.dtd">
<mapper namespace = "edu.wtbu.dao.UsersDao">
    <select id = "findByEmailAndPassword" parameterType =
        "edu.wtbu.pojo.Users" resultType = "edu.wtbu.pojo.Users">
        select * from Users where Email = #{email} and Password = #{password}
    </select>
</mapper>
```

5. 创建 DAO 文件

在 src 目录下创建 edu.wtbu.dao 包，在此包路径下创建 UsersDao.java 的类文件，代码如下：

```java
package edu.wtbu.dao;

import java.io.InputStream;
import java.util.List;
import org.apache.ibatis.io.Resources;
import org.apache.ibatis.session.SqlSession;
import org.apache.ibatis.session.SqlSessionFactory;
import org.apache.ibatis.session.SqlSessionFactoryBuilder;
import edu.wtbu.pojo.Users;

public class UsersDao {
    public static List<Users> findByEmailAndPassword(Users user) {
        List<Users> list = null;
        try {
            String resource = "mybatis-config.xml";
```

```
        InputStream inputStream = Resources.getResourceAsStream(resource);
        SqlSessionFactory sqlSessionFactory =
            new SqlSessionFactoryBuilder().build(inputStream);
        SqlSession session = sqlSessionFactory.openSession();
        String statement = "edu.wtbu.dao.UsersDao.findByEmailAndPassword";

        list = session.selectList(statement,user);

    } catch (Exception e) {
        e.printStackTrace();
    }
    return list;
    }
}
```

6. 创建 MyBatis 的配置文件

在 src 目录下创建 mybatis-config.xml 文件，代码如下：

```xml
<?xml version = "1.0" encoding = "GBK"?>
<!DOCTYPE configuration PUBLIC "-//mybatis.org//DTD Config 3.0//EN"
    "http://mybatis.org/dtd/mybatis-3-config.dtd">
<configuration>
    <environments default = "development">
        <environment id = "development">
            <!--使用 JDBC 事务管理-->
            <transactionManager type = "JDBC"/>
            <!--数据库连接池-->
            <dataSource type = "POOLED">
                <!--获取驱动-->
                <property name = "driver" value = "com.mysql.cj.jdbc.Driver"/>
                <!--设置数据库地址-->
                <property name = "url"
                value = "jdbc:mysql://localhost:3306/
                    session1?serverTimezone=GMT%2B8"/>
                <!--设置数据库账号-->
                <property name = "username" value = "root"/>
                <!--设置数据库密码-->
                <property name = "password" value="123456"/>
            </dataSource>
        </environment>
    </environments>
    <!--将 mapper 文件加入配置文件中-->
    <mappers>
        <mapper resource = "edu/wtbu/mapper/usersMapper.xml"/>
    </mappers>
</configuration>
```

7.创建测试类

在 src 目录下创建 edu.wtbu.servlet 包，在此包路径下创建 LoginServlet.java 文件，代码如下：

```java
package edu.wtbu.servlet;
import java.io.IOException;
import java.util.List;
import javax.servlet.ServletException;
import javax.servlet.annotation.WebServlet;
import javax.servlet.http.HttpServlet;
```

```java
import javax.servlet.http.HttpServletRequest;
import javax.servlet.http.HttpServletResponse;
import com.alibaba.fastjson.JSON;
import edu.wtbu.dao.UsersDao;
import edu.wtbu.pojo.Result;
import edu.wtbu.pojo.Users;

@WebServlet("/login")
public class LoginServlet extends HttpServlet {
    private static final long serialVersionUID = 1L;
    public LoginServlet() {
        super();
    }
    protected void doGet(HttpServletRequest request,HttpServletResponse response)
        throws ServletException,IOException {
        response.setContentType("text/html;charset = UTF-8");
        String email = request.getParameter("email");
        String password = request.getParameter("password");
        Users user = new Users();
        user.setEmail(email);
        user.setPassword(password);
        List<Users> list = UsersDao.findByEmailAndPassword(user);
        Result result = new Result("success",null,list);
        String msg = JSON.toJSONString(result);
        response.getWriter().append(msg);
    }
    protected void doPost(HttpServletRequest request,HttpServletResponse response)
        throws ServletException,IOException {
        doGet(request,response);
    }
}
```

运行以上代码，在地址栏中可以输入 http://localhost:8080/MyBatisDemo/login?email=behappy@vip.sina.com&password=123456，浏览器页面效果如图 4-2 所示。

图 4-2　浏览器页面效果

4.2　MyBatis 的核心组件

4.2.1　SqlSessionFactoryBuilder

SqlSessionFactoryBuilder 的作用在于创建 SqlSessionFactory，创建成功后，SqlSessionFactory-Builder 就失去了作用，所以它只能存在于创建 SqlSessionFactory 的方法中，不会长期存在。

SqlSessionFactoryBuilder 实例的最佳作用域是方法作用域，也就是局部方法变量，可以重新用 SqlSessionFactoryBuilder 来创建多个 SqlSessionFactory 实例。

4.2.2　SqlSessionFactory

1. SqlSessionFactory 原理

SqlSessionFactory 可以被认为是一个数据库连接池，它的作用是创建 SqlSession 对象。

MyBatis 的本质就是 Java 对数据库的操作，所以 SqlSessionFactory 的生命周期存在于整个 MyBatis 的应用之中，一旦创建了 SqlSessionFactory，就要长期保存它，直至不再应用 MyBatis，可以认为 SqlSessionFactory 的生命周期就等同于 MyBatis 的应用周期。

SqlSessionFactory 是一个接口，在 MyBatis 中它存在两个实现类：SqlSessionManager 和 DefaultSqlSessionFactory。

一般而言，SqlSessionFactory 是由 DefaultSqlSessionFactory 去实现的，而 SqlSessionManager 类用在多线程的环境中，其具体实现依靠 DefaultSqlSessionFactory 类，它们之间的关系如图 4-3 所示。

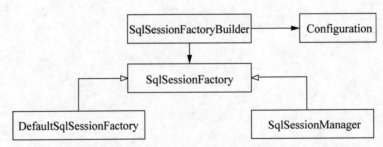

图 4-3　SqlSessionFactory 与 DefaultSqlSessionFactory 之间的关系

MyBatis 组件生命周期如图 4-4 所示。

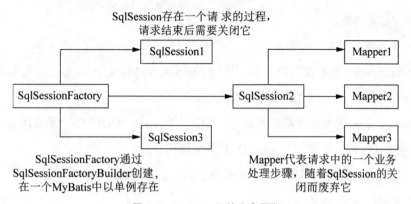

图 4-4　MyBatis 组件生命周期

2. 使用 XML 构建 SqlSessionFactory

1）基础配置文件代码

MyBatis 中的 XML 分为两类：一类是基础配置文件，通常只有一个，主要是配置一些最基本的上下文参数和运行环境；另一类是映射文件，通常配置映射关系、SQL、参数等信息。

下面先介绍基础配置文件，我们将其命名为 myBatis-config.xml，存放在工程类中，代码如下：

```xml
<?xml version = "1.0" encoding = "UTF-8"?>
<!DOCTYPE configuration PUBLIC "-//mybatis.org//DTD Config 3.0//EN"
    "http://mybatis.org/dtd/mybatis-3-config.dtd">
<configuration>
    <!--与 spring 整合后, environments 配置将废除-->
    <environments default = "development">
        <environment id = "development">
            <!--使用 JDBC 事务管理-->
            <transactionManager type = "JDBC"/>
            <!--数据库连接池-->
            <dataSource type = "POOLED">
                <!--获取驱动-->
                <property name = "driver" value = "com.mysql.cj.jdbc.Driver"/>
                <!--设置数据库地址-->
                <property name = "url"
                value = "jdbc:mysql://localhost:3306/session1?serverTimezone =
                    GMT%2B8"/>
                <!--设置数据库账号-->
                <property name = "username" value = "root"/>
                <!--设置数据库密码-->
                <property name = "password" value = "123456"/>
            </dataSource>
        </environment>
    </environments>
    <!--将 mapper 文件加入配置文件中-->
    <mappers>
        <mapper resource = "edu/wtbu/mapper/usersMapper.xml"/>
    </mappers>
</configuration>
```

2）基础配置文件概述

MyBatis 中基础配置文件说明如下。

（1）<environment>元素表示数据库，其中的<transactionManager>元素是配置事务管理器，这里采用的是 MyBatis 的 JDBC 管理器方式。

（2）<dataSource>元素用于配置数据库，其中属性 type="POOLED"表示采用 MyBatis 内部提供的连接池方式，最后定义一些关于 JDBC 的属性信息。

（3）<mapper>元素代表引入的那些映射器，后面会详细讨论映射器。

3）生成 SqlSessionFactory

有了基础配置文件，就可以用一段简短的代码来生成 SqlSessionFactory，如下所示：

```
SqlSessionFactory factory = null;
String resource = "mybatis-config.xml";
InputStream is;
try {
    InputStream is = Resources.getResourceAsStream(resource);
    factory = new SqlSessionFactoryBuilder().build(is);
} catch (IOException e) {
    e.printStackTrace();
}
String resource = "mybatis-config.xml";
    try {
        //通过上面的配置文件创建 SqlSessionFactoy
        SqlSessionFactory sessionFactory = new SqlSessionFactoryBuilder()
            .build(Resources.getResourceAsReader(resource));
    } catch (Exception e) {
        e.printStackTrace();
    }
```

通过 SqlSessionFactoryBuilder 的 build 方法去创建 SqlSessionFactory。MyBatis 采用了 build 模式为开发者隐藏了这些细节，所以看到的过程比较简单。这样，SqlSessionFactory 就被创建出来了。

4.2.3　SqlSession

SqlSession 相当于一个数据库连接，即 Connection 对象，可以在事务中执行多条 SQL 语句，然后提交或者回滚事务。

SqlSession 存活在业务请求中，处理完整个请求后，应该关闭这个连接，让它归还给 SqlSessionFactory，否则数据库资源很快被耗光，系统会瘫痪。可以采用 try{}catch{}finally{} 语句来保证其正确关闭。因此，SqlSession 的最佳作用域是请求作用域或方法作用域。

SqlSession 的作用有以下 3 个。

（1）获取 Mapper 接口。

（2）发送 SQL 给数据库。

（3）控制数据库事务。

SqlSession 的详细代码后面章节会介绍，这里只给出简洁代码，如下：

```
//定义 SqlSession
SqlSession sqlSession = null;
try {
    //打开 SqlSession 会话
    sqlSession = SqlSessionFactory.openSession();
    //some code...
    sqlSession.commit();              //提交事务
} catch (IOException e) {
    sqlSession.rollback();            //回滚事务
} finally {
    //在 finally 语句中确保资源被顺利关闭
    if (sqlSession != null) {
        sqlSession.close();
    }
}
```

4.2.4　发送 SQL 的方式

1. 通过 SqlSession 发送 SQL

在实现"登录"功能时，使用 SqlSession 中的 selectOne()方法发送 SQL。

edu.wtbu.pojo 包中的所有文件的代码请参考第 4.1.4 节中的代码。edu.wtbu.mapper 包中的

usersMapper.xml 文件代码如下：

```
<?xml version = "1.0" encoding = "UTF-8"?>
<!DOCTYPE mapper PUBLIC "-//mybatis.org//DTD Mapper 3.0//EN"
    "http://mybatis.org/dtd/mybatis-3-mapper.dtd">
<mapper namespace = "edu.wtbu.dao.UsersDao">
    <select id = "findByUserId" parameterType = "java.lang.Integer"
        resultType = "edu.wtbu.pojo.Users">
        select * from Users where UserId = #{userId}
    </select>
</mapper>
```

在 src 目录下创建 mybatis-config.xml 文件，代码如下：

```
<?xml version = "1.0" encoding = "GBK"?>
<!DOCTYPE configuration PUBLIC "-//mybatis.org//DTD Config 3.0//EN"
    "http://mybatis.org/dtd/mybatis-3-config.dtd">
<configuration>
    <environments default = "development">
        <environment id = "development">
            <!--使用 JDBC 事务管理-->
            <transactionManager type = "JDBC"/>
            <!--数据库连接池-->
            <dataSource type = "POOLED">
                <!--获取驱动-->
```

```xml
            <property name = "driver" value = "com.mysql.cj.jdbc.Driver"/>
            <!--设置数据库地址-->
            <property name = "url"
            value="jdbc:mysql://localhost:3306/session1?serverTimezone=GMT%2B8"/>
            <!--设置数据库账号-->
            <property name = "username" value="root"/>
            <!--设置数据库密码-->
            <property name = "password" value = "123456"/>
        </dataSource>
    </environment>
</environments>
<!--将 mapper 文件加入配置文件中-->
<mappers>
    <mapper resource = "edu/wtbu/mapper/usersMapper.xml"/>
</mappers>
</configuration>
```

edu.wtbu.dao 包里的 UsersDao.java 文件代码如下：

```java
package edu.wtbu.dao;

import java.io.IOException;
import org.apache.ibatis.io.Resources;
import org.apache.ibatis.session.SqlSession;
import org.apache.ibatis.session.SqlSessionFactory;
import org.apache.ibatis.session.SqlSessionFactoryBuilder;
import edu.wtbu.pojo.Users;

public class UsersDao {
    public static Users findByUserId(Integer userId) {
        Users user = null;
        try {
            String resource = "mybatis-config.xml";
            SqlSessionFactory sessionFactory = new SqlSessionFactoryBuilder()
                build(Resources.getResourceAsReader(resource));
            SqlSession session = sessionFactory.openSession();
            String statement = "edu.wtbu.dao.UsersDao.findByUserId";
            user = session.selectOne(statement,userId);
        } catch (IOException e) {
            e.printStackTrace();
        }
        return user;
    }
}
```

在 edu.wtbu.servlet 包中创建一个名为 GetUserInfoServlet 的 servlet 文件，代码如下：

```java
package edu.wtbu.servlet;

import java.io.IOException;
import javax.servlet.ServletException;
import javax.servlet.annotation.WebServlet;
import javax.servlet.http.HttpServlet;
import javax.servlet.http.HttpServletRequest;
```

```java
import javax.servlet.http.HttpServletResponse;
import com.alibaba.fastjson.JSON;
import edu.wtbu.dao.UsersDao;
import edu.wtbu.pojo.Result;
import edu.wtbu.pojo.Users;

@WebServlet("/getUserInfo")
public class GetUserInfoServlet extends HttpServlet {
    private static final long serialVersionUID = 1L;

    public GetUserInfoServlet() {
        super();
    }

    protected void doGet(HttpServletRequest request,HttpServletResponse response)
        throws ServletException,IOException {
        Integer userId = 0;
        try {
            userId = Integer.parseInt(request.getParameter("userId"));
        }catch(Exception e) {
            userId = 0;
        }
        Users user = UsersDao.findByUserId(userId);
        Result result = new Result("success",null,user);
        String msg = JSON.toJSONString(result);
        response.getWriter().append(msg);
    }

    protected void doPost(HttpServletRequest request,HttpServletResponse response)
        throws ServletException,IOException {
        doGet(request,response);
    }
}
```

mybatis-config.xml 文件的代码请参考第 4.1.4 节中的代码。

运行项目，在地址栏输入 http://localhost:8080/MyBatisDemo/getUserInfo?userId=1，运行效果如图 4-5 所示。

selectOne()方法表示使用查询并且只返回一个对象，而参数则是一个 String 对象和一个 Object 对象。Object 对象传进来的是一个 Integer 类型。

String 对象由一个命名空间加上 SQL 的 id 组合而成，它完全定位了一条 SQL 语句，这样 MyBatis 就会找到对应的 SQL 语句。如果在 MyBatis 中只有一个 id 为 getRole 的 SQL，那么也可以简写为：

```java
Users user = session.selectOne(statement,userId);
```

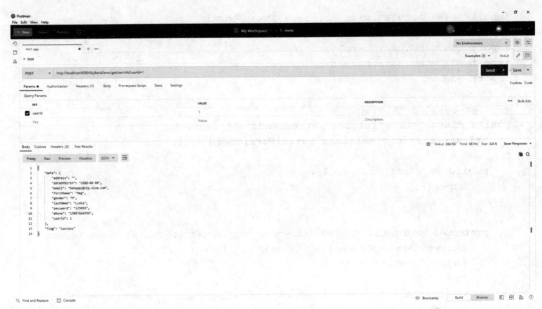

图 4-5　运行效果

2. 通过 SqlSession 获取 Mapper 接口发送 SQL

edu.wtbu.mapper 包的文件、edu.wtbu.pojo 包的文件以及 mybatis-config.xml 文件的代码请参考第 4.2.4 节的代码。

新建 edu.wtbu.mapping 包，在此包路径下新建名为 UsersMapping 的 interface 文件，代码如下：

```java
package edu.wtbu.mapping;
import edu.wtbu.pojo.Users;
public interface UsersMapping {
    public Users findByUserId(Integer userId);
}
```

edu.wtbu.dao 包中的 UsersDao.java 文件代码如下：

```java
package edu.wtbu.dao;
import java.io.IOException;
import org.apache.ibatis.io.Resources;
import org.apache.ibatis.session.SqlSession;
import org.apache.ibatis.session.SqlSessionFactory;
import org.apache.ibatis.session.SqlSessionFactoryBuilder;
import edu.wtbu.mapping.UsersMapping;
import edu.wtbu.pojo.Users;

public class UsersDao {
    public static Users findByUserId(Integer userId) {
        Users user = null;
        try {
            String resource = "mybatis-config.xml";
```

```
        SqlSessionFactory sessionFactory = new SqlSessionFactoryBuilder()
            build(Resources.getResourceAsReader(resource));
        SqlSession session = sessionFactory.openSession();
        UsersMapping usersMapping = session.getMapper(UsersMapping.class);
        user = usersMapping.findByUserId(userId);
    } catch (IOException e) {
        e.printStackTrace();
    }
    return user;
    }
}
```

edu.wtbu.servlet 中文件的代码请参考第 4.2.4 节中的代码。

运行项目，在地址栏输入 http://localhost:8080/MyBatisDemo/getUserInfo?userId=1，运行效果请参考第 4.2.4 节。

SqlSession 还可以获取 Mapper 接口，通过 Mapper 接口发送 SQL，代码如下：

```
UsersMapping usersMapping = session.getMapper(UsersMapping.class);
```

通过 SqlSession 的 getMapper()方法来获取 Mapper 接口，就可以调用其方法了。因为 XML 文件或者接口注解定义的 SQL 都可以通过"类的全限定名+方法名"查找，所以 MyBatis 会启用对应的 SQL 运行，并返回结果。

3. 对比以上两种发送 SQL 的方式

上面分别展示了 MyBatis 存在的两种发送 SQL 的方式，一种通过 SqlSession 直接发送，另外一种通过 SqlSession 获取 Mapper 接口发送。建议采用通过 SqlSession 获取 Mapper 接口的方式，理由如下：使用 Mapper 接口编程可以消除 SqlSession 所带来的功能性代码，提高了可读性；而通过 SqlSession 直接发送 SQL，需要一个 id 去匹配 SQL，代码比较晦涩难懂。

目前使用 Mapper 接口编程已成为主流，尤其在 Spring 中运用 MyBatis 时，Mapper 接口的使用更简单。因此，下面使用 Mapper 接口的方式讨论 MyBatis。

4.3　MyBatis 的核心配置文件

4.3.1　properties 属性配置项

1. properties 属性介绍

properties 属性可以给系统配置一些运行参数，可以放在 XML 文件或者 properties 文件中，而不是放在 Java 编码中，这样的好处是方便修改参数，不会引起代码的重新编译。MyBatis 提供了 property 子元素、properties 文件、程序代码传递 3 种方式让我们使用 properties。

2. property 子元素配置

property 子元素配置代码如下：

```xml
<?xml version = "1.0" encoding = "GBK"?>
<!DOCTYPE configuration PUBLIC "-//mybatis.org//DTD Config 3.0//EN"
    "http://mybatis.org/dtd/mybatis-3-config.dtd">
<configuration>
    <!--与 spring 整合后，environments 配置将废除-->
    <environments default = "development">
        <environment id = "development">
            <!--使用 JDBC 事务管理-->
            <transactionManager type = "JDBC"/>
            <!--数据库连接池-->
            <dataSource type="POOLED">
                <!--获取驱动-->
                <property name = "driver" value = "com.mysql.cj.jdbc.Driver"/>
                <!--设置数据库地址-->
                <property name = "url"
                value="jdbc:mysql://localhost:3306/session1?serverTimezone=GMT%2B8"/>
                <!--设置数据库账号-->
                <property name = "username" value="root"/>
                <!--设置数据库密码-->
                <property name = "password" value="123456"/>
            </dataSource>
        </environment>
    </environments>
    <!--将 mapper 文件加入配置文件中-->
    <mappers>
        <mapper resource = "edu.wtbu.mapper/usersMapper.xml"/>
    </mappers>
</configuration>
```

使用了元素<properties>下的子元素<property>定义，比如使用${database.username}可以在数据库中引入已经定义好的属性参数。

3. properties 文件配置

使用 properties 文件是比较普遍的方法，这个文件十分简单，其逻辑就是键值对应，若配置多个键值，则可以放在一个 properties 文件中，也可以放在多个 properties 文件中，这些都是允许的，方便日后维护和修改。

properties 文件配置代码如下：

```
database.driver = com.mysql.cj.jdbc.Driver
database.url = jdbc:mysql://localhost:3306/session1?serverTimezone = GMT%2B8
database.username = root
database.password = 123456
```

在 MyBatis 中，可以通过<properties>的属性 resource 来引入 properties 文件，代码如下：

```xml
<properties resource = "jdbc.properties"/>
```

当然，也可以按${database.username}的方法引入 properties 文件的属性参数到 MyBatis 配置文件中。这时通过 properties 文件就可以维护配置内容了。

4.3.2　settings 配置项

在 MyBatis 中，settings 是最复杂的配置，它能深刻影响 MyBatis 底层的运行。大部分情况下，使用默认值便可以运行，因此不需要大量配置它，只需要修改一些常用的规则即可，比如自动映射、驼峰命名映射、级联规则、是否启动缓存、执行器类型等。

settings 配置项说明如表 4-1 所示。

表 4-1　settings 配置项说明

配置项	说明	数量	默认值
cacheEnabled	该配置项可以影响所有映射器中配置缓存的全局开关	true|false	true
lazyLoadingEnabled	延迟加载的全局开关。当开启该配置项时，所有关联对象都会延迟加载。在特定关联关系中，可通过设置 fetchType 属性来覆盖该配置项的开关状态	true|false	false
aggressiveLazyLoading	当启用该配置项时，任意延迟属性的调用会使带有延迟加载属性的对象完整加载；反之，每个属性将会按需加载	true|false	版本 3.4.1（不包含）之前为 true，该版本之后为 false
multipleResultSetsEnabled	是否允许单一语句返回多结果集（需要兼容驱动）	true|false	true
useColumnLabel	使用列标签代替列名。不同的驱动会有不同的表现，具体可参考相关的驱动文档，或者通过测试这两种不同的模式来观察所用驱动的结果	true|false	true
useGeneratedKeys	允许 JDBC 支持自动生成主键，需要驱动兼容。如果设置为 true，则强制使用自动生成主键，尽管一些驱动不能兼容，但仍可正常工作（如 Derby）	true|false	false
autoMappingBehavior	用于指定 MyBatis 应如何自动映射从列到字段或属性。NONE 表示取消自动映射；PARTIAL 表示只会自动映射，不定义嵌套结果集和映射结果集；FULL 会自动映射任意复杂的结果集（无论是否嵌套）	NONE、PARTIAL、FULL	PARTIAL

续表

配置项	说明	数量	默认值
autoMappingUnknownColumn-Behavior	用于指定自动映射中未知列（或未知属性类型）的行为。默认是不处理，只有当日志级别达到 WARNING 级别或者以下时，才会显示相关日志，如果处理失败，则会抛出 SqlSession-Exception 异常	NONE、WARNING、FAILING	NONE
defaultExecutorType	用于配置默认的执行器。SIMPLE 是普通的执行器；REUSE 会重用预处理语句（prepared statements）；BATCH 执行器将重用语句并执行批量更新	SIMPLE、REUSE、BATCH	SIMPLE
defaultStatementTimeout	用于设置超时时间，它可以决定驱动等待数据库响应的秒数	任何正整数	Not Set(null)
defaultFetchSize	用于设置数据库驱动程序默认返回的条数限制，此参数可以重新设置	任何正整数	Not Set(null)
safeRowBoundsEnabled	允许在嵌套语句中使用分页（RowBounds）。如果允许，则设置为 false	true|false	false
safeResultHandlerEnabled	允许在嵌套语句中使用分页（ResultHandler）。如果允许，则设置为 false	true|false	true
mapUnderscoreToCamelCase	是否开启自动驼峰命名规则映射，即从经典数据库列名 A_COLUMN 到经典 Java 属性名 aColumn 的类似映射	true|false	false
localCacheScope	MyBatis 利用本地缓存（local cache）机制防止循环引用（circular references）和加速联复嵌套查询		

4.3.3　typeAliases 配置项

1. typeAliases 概述

由于类的全限定名称很长，当需要大量使用的时候，名称总写那么长很不方便，因此，可在 MyBatis 中定义一个简写来代表这个类，这就是别名。别名可分为系统定义别名和自定义别名。

注意：在 MyBatis 中，别名不区分大小写。

2. 系统定义别名

在 MyBatis 的初始化过程中，系统自动初始化了一些别名，如表 4-2 所示。

表 4-2　系统自动初始化别名

别名	Java 类型	是否支持数组
_byte	byte	是
_long	long	是
_short	short	是
_int	int	是
_integer	int	是
_double	double	是
_float	float	是
_boolean	boolean	是
string	String	是
byte	Byte	是
long	Long	是
short	Short	是
int	Integer	是
integer	Integer	是
double	Double	是
float	Float	是
boolean	Boolean	是
date	Date	是
decimal	BigDecimal	是
bigdecimal	BigDecimal	是
object	Object	是
map	Map	否
hashmap	HashMap	否
list	List	否
arraylist	ArrayList	否
collection	Collection	否
iterator	Iterator	否
ResultSet	ResultSet	否

有时要通过代码来实现注册别名，如下：

```java
public TypeAliasRegistry() {
    registerAlias("string",String.class);
    registerAlias("byte",Byte.class);
    registerAlias("long",Long.class);
    registerAlias("byte[]",Byte[].class);registerAlias("long[]",Long[].class);
```

```
registerAlias("map",Map.class);
registerAlias("hashmap",HashMap.class);
registerAlias("list",List.class);registerAlias("arraylist",ArrayList.class);
registerAlias("collection",Collection.class);
registerAlias("iterator",Iterator.class);
registerAlias("ResultSet",ResultSet.class);
}
```

因此，使用 TypeAliasRegistry 的 registerAlias()方法就可以注册别名。一般来说是通过 Configuration 获取 TypeAliasRegistry 类对象，其中 getTypeAliasRegistry()方法可以获得别名。

然后可以通过 registerAlias()方法注册别名。而事实上，Configuration 对象也会给一些常用的配置项配置别名，代码如下：

```
//事务方式别名
typeAliasRegistry.registerAlias("JDBC",JdbcTransactionFactory.class);
typeAliasRegistry.registerAlias("MANAGED",ManagedTransactionFactory.class);
//数据源类型别名
typeAliasRegistry.registerAlias("JNDI",JndiDataSourceFactory.class);
typeAliasRegistry.registerAlias("POOLED",
PooledDataSourceFactory.class);
typeAliasRegistry.registerAlias("UNPOOLED",UnpooledDataSourceFactory.class);
//缓存策略别名
typeAliasRegistry.registerAlias("PERPETUAL",PerpetualCache.class);
typeAliasRegistry.registerAlias("FIFO",FifoCache.class);
typeAliasRegistry.registerAlias("LRU",LruCache.class);typeAliasRegistry.registerAlias(
    "SOFT",SoftCache.class);typeAliasRegistry.registerAlias("WEAK",WeakCache.class);
//数据库标识别名
typeAliasRegistry.registerAlias("DB_VENDOR",
VendorDatabaseIdProvider.class);
//语言驱动类别名
typeAliasRegistry.registerAlias("XML",XMLLanguageDriver.class);
typeAliasRegistry.registerAlias("RAW",RawLanguageDriver.class);
//日志类别名
typeAliasRegistry.registerAlias("SLF4J",Slf4jImpl.class);
typeAliasRegistry.registerAlias("COMMONS_LOGGTNG",JakartmCommonsLogginglmpl.class);
typeAliasRegistry.registerAlias("LOG4J",Log4jImpl.class);
typeAliasRegistry.registerAlias("LOG4J2",Log4j2Impl.class);
typeAliasRegistry.registerAlias("JDK_LOGGING",Jdk14LoggingImpl.class);
typeAliasRegistry.registerAlias("STDOUT_LOGGING",StdOutImpl.class);
typeAliasRegistry.registerAlias("NO_LOGGING",NoLoggingImpl.class);
//动态代理别名
typeAliasRegistry.registerAlias("CGLIB",CglibProxyFactory.class);
typeAliasRegistry.registerAlias("JAVASSIST",JavassistProxyFactory.class);
```

3. 自定义别名

目前，互联网系统中存在许多对象，需要大量重复使用，因此，MyBatis 提供了用户自定义别名的规则。可以通过 TypeAliasRegistry 类的 registerAlias()方法注册，也可以采用配置文件或者扫描方式来自定义别名。

使用配置文件定义，这样就可以定义一个别名了。

```
<typeAliases><!--别名-->
    <typeAlias alias = "role" type = "edu.wtbu.pojo.Role"/>
    <typeAlias alias = "users"type = "edu.wtbu.pojo.Users"/>
</typeAliases>
```

如果有很多类需要定义别名，那么采用这样的方式进行配置比较烦琐。MyBatis 还支持扫描别名。比如，上面的两个类都在包 edu.wtbu.pojo 下，那么就可以定义如下：

```
<typeAliases><!--别名-->
    <package name="edu.wtbu.pojo"/>
</typeAliases>
```

类 Role 的别名会变为 role，而 Users 的别名会变为 users。使用这样的规则，有时会出现重名。edu.wtbu.pojo.Users 这个类，MyBatis 还增加了对包 edu.wtbu.pojo 的扫描，那么就会出现异常，这时可以使用 MyBatis 提供的注解@Alias（"users"）进行区分，这样就能够避免因为别名重名导致扫描失败的问题。代码如下：

```
@Alias("users")
public Class Users {
    ...
}
```

4.3.4　environments 配置项

environments 配置项的主要作用是配置数据库信息，代码如下：

```
<?xml version = "1.0" encoding = "UTF-8" ?>
<!DOCTYPE configuration
    PUBLIC "-//mybatis.org//DTD Config 3.0//EN"
    "http://mybatis.org/dtd/mybatis-3-config.dtd">
<configuration>
    <environments default = "development">
        <environment id = "development">
            <transactionManager type = "JDBC"/>
            <dataSource type = "POOLED">
                <property name = "driver" value = "com.mysql.cj.jdbc.Driver"/>
                <property name = "url"
                    value="jdbc:mysql://localhost:3306/session1?serverTimezone=GMT%2B8"/>
                <property name = "username" value = "root"/>
                <property name = "password" value = "123456"/>
            </dataSource>
        </environment>
    </environments>
</configuration>
```

1. transactionManager 事务管理器

transactionManager 提供了两个实现类，需要实现接口 Transaction，定义代码如下：

```
public interface Transaction {
    Connection getConnection() throws SQLException;
    void commit() throws SQLException;
    void rollback() throws SQLException;
```

```
    void close() throws SQLException;
    Integer getTimeout() throws SQLException;
}
```

从上述代码可以看出，transactionManager 的主要作用是提交（commit）、回滚（rollback）和关闭（close）数据库的事务。MyBatis 为 Transaction 提供了两个实现类：JDBCTransaction 和 ManagedTransaction，如图 4-6 所示。

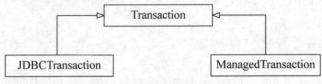

图 4-6　数据库事务的工作方式

transactionManager 配置有 JDBC、MANAGED 两种方式，代码如下：

```
<transactionManager type="JDBC"/>
<transactionManager type="MANAGED"/>
```

注意：JDBC、MANAGED 不区分大小写。

2. 数据源环境

environment 的主要作用是配置数据库，在 MyBatis 中，数据库通过 PooledDataSourceFactory、UnpooledDataSourceFactory 和 JndiDataSourceFactory 等 3 个工厂类来提供，前两者对应产生 PooledDataSource、UnpooledDataSource 类对象，而 JndiDataSourceFactory 则会根据 JNDI 的信息拿到外部容器实现的数据库连接对象。

共有 UNPOOLED、POOLED、JNDI 等 3 种数据源。

（1）UNPOOLED 采用非数据池的管理方式，每次请求都会打开一个新的数据库连接，所以创建会比较慢。在一些性能要求不太高的场合可以使用它。

对一些数据库而言，使用连接池并不重要，那么 UNPOOLED 也是一种比较理想的选择。UNPOOLED 类型的数据源可以配置以下几种属性。

- driver：数据库驱动名，比如 MySQL 的 com.mysql.jdbc.Driver。
- url：连接数据库的 URL。
- username：用户名。
- password：密码。
- defaultTransactionIsolationLevel：默认的连接事务隔离级别。

（2）POOLED 利用"池"的概念将 JDBC 的 Connection 对象组织起来，它开始会有一些空置，并且有已经连接好的数据库，所以请求时，无须再建立和验证，省去了创建新的连接实例时所必需的初始化和认证时间。POOLED 还控制最大连接数，避免过多的连接导致系统瓶颈。

POOLED 属性如表 4-3 所示。

表 4-3 POOLED 属性列表

名称	说明
poolMaximumActiveConnections	为任意时间都存在的（也就是正在使用）活动连接数，默认值为 10
poolMaximumIdleConnections	为任意时间可能存在的空闲连接数
poolMaximumCheckoutTime	在被强制返回之前，连接池中被检出（checked out）的时间，默认值为 20000 毫秒（即 20 秒）
poolTimeToWait	为一个底层设置，如果获取连接花费的时间相当长，则会打印连接池的状态日志，并重新尝试获取一个连接（避免在误配置的情况下一直失败），默认值为 20000 毫秒（即 20 秒）
poolPingQuery	为发送到数据库的侦测查询，用来检验连接是否处在正常工作秩序中，并准备接收请求。默认为 "NO PING QUERY SET"，这会导致大多数数据库驱动失败时带有一条恰当的错误消息
poolPingEnabled	为是否启用侦测查询。若开启，则必须使用可执行的 SQL 语句设置 poolPingQuery 属性（最好是运行速度非常快的 SQL 语句），默认值为 false
poolPingConnectionsNotUsedFor	为配置 poolPingQuery 的使用频度。可以设置为匹配具体的数据库连接超时时间，以避免不必要的侦测，默认值为 0，即所有连接的每个时刻都被侦测——仅当 poolPingEnabled 为 true 时适用

4.3.5 映射器

MyBatis 中最重要、最复杂的组件是映射器。映射器由一个接口和对应的 XML 文件组成。映射器可以配置以下内容。

（1）描述映射规则。

（2）提供 SQL 语句，并可以提供 SQL 参数类型、返回类型等信息。

（3）提供缓存。

（4）提供动态 SQL。

使用 XML 实现映射器创建 SqlSession 的配置文件中有这样一行代码：

```
<mapper resource = "edu/wtbu/mapper/usersMapper.xml"/>
```

这行代码的作用就是引入一个 XML 文件。使用 XML 方式创建映射器，代码如下：

```
<mapper namespace = "edu.wtbu.dao.UsersDao">
<select id = "findByEmailAndPassword"
    resultType = "java.util.HashMap" parameterType = "java.util.HashMap">
    select * from Users where Email = #{email} and Password = #{password}
</select>
</mapper>
```

<mapper>元素中的属性 namespace 所对应的是一个接口的全限定名，因此，MyBatis 上下文也可以通过它找到对应的接口。

4.4 MyBatis 映射文件

4.4.1 <select>元素

1. select 语句及常用属性

<select>元素用于映射 SQL 的 select 语句，代码如下：

```
<?xml version = "1.0" encoding = "UTF-8" ?>
<!DOCTYPE mapper PUBLIC "-//mybatis.org//DTD Mapper 3.0//EN"
    "http://mybatis.org/dtd/mybatis-3-mapper.dtd">
<mapper namespace = "edu.wtbu.dao.UsersDao">
    <select id="findByEmailAndPassword" parameterType="edu.wtbu.pojo.Users"
        resultType = "edu.wtbu.pojo.Users">
        select * from Users where Email = #{email} and Password = #{password}
    </select>
</mapper>
```

在上述代码中，id 的值是唯一标识符，接收 Users 对象类型的参数，返回 Users 类型的对象，结果集自动映射到 Users 属性。

<select>元素除包含上述代码中的几个属性外，还包含其他属性，如表 4-4 所示。

表 4-4　<select>元素包含的属性

属性	说明
id	与 Mapper 的命名空间组合起来使用，是唯一标识符，供 MyBatis 调用
parameterType	表示传入 SQL 语句的参数类型的全限定名或别名。它是一个可选属性，MyBatis 能推断出具体传入语句的参数
resultType	SQL 语句执行后返回的类型（全限定名或别名）。如果是集合类型，则返回集合元素的类型，返回时可以使用 resultType 或 resultMap 之一
resultMap	是映射集的引用，与<resultMap>元素一起使用，返回时可以使用 resultType 或 resultMap 之一
flushCache	用于设置在调用 SQL 语句后是否要求 MyBatis 清空之前查询的本地缓存和二级缓存，默认值为 false。如果设置为 true，任何时候只要 SQL 语句被调用，都将清空本地缓存和二级缓存
useCache	启动二级缓存的开关，默认值为 true，表示将查询结果存入二级缓存中
timeout	用于设置超时参数，单位为秒（s），超时将抛出异常
fetchSize	获取记录的总条数设定
statementType	用于告诉 MyBatis 使用 JDBC 的哪个 Statement 接口工作，取值为 STATEMENT（Statement）、PREPARED（PreparedStatement）、CALLABLE（CallableStatement）
resultSetType	这是针对 JDBC 的 ResultSet 接口而言的，其值可设置为 FORWARD_ONLY（只允许向前访问）、SCROLL_SENSITIVE（双向滚动，但不及时更新）、SCROLLJNSENSITIVE（双向滚动，及时更新）

2. SQL 语句参数传递

（1）使用 JavaBean 传递多个参数的实例。使用 JavaBean 传递多个参数的实例代码请参考第 4.1.4 节的实例代码。

（2）使用 Map 接口传递参数的实例。

在实际开发中，查询 SQL 语句需要多个参数，例如多条件查询。当传递多个参数时，在 MyBatis 中，允许 Map 接口通过键-值对传递多个参数。

在 Eclipse 中创建一个名为 MyBatisDemo 的动态网站项目，添加 mybatis-3.5.0.jar 包、mysql-connector-java-8.0.16.jar 包、fastjson-1.2.66.jar 包，可从 http://www.20-80.cn/bookResources/JavaWeb_book 下载。

在 src 目录下创建 edu.wtbu.pojo 包，在该包路径下创建 Page.java、Result.java 两个文件，其代码请参考第 4.1.4 节的代码。

在 src 目录下创建 mybatis-config.xml 文件，其代码请参考第 4.1.4 节的代码。

在 src 目录下创建 edu.wtbu.mapper 包，在该包路径下创建 usersMapper.xml 文件，代码如下：

```xml
<?xml version = "1.0" encoding = "UTF-8" ?>
<!DOCTYPE mapper PUBLIC "-//mybatis.org//DTD Mapper 3.0//EN"
    "http://mybatis.org/dtd/mybatis-3-mapper.dtd">

<mapper namespace = "edu.wtbu.dao.UsersDao">
    <select id = "findByEmailAndPassword" parameterType = "java.util.HashMap"
        resultType="java.util.HashMap">
        select * from Users where Email = #{email} and Password = #{password}
    </select>
</mapper>
```

在 src 目录下创建 edu.wtbu.dao 包，在该包路径下创建 UsersDao.java 的类文件，代码如下：

```java
package edu.wtbu.dao;

import java.io.InputStream;
import java.util.HashMap;
import java.util.List;
import org.apache.ibatis.io.Resources;
import org.apache.ibatis.session.SqlSession;
import org.apache.ibatis.session.SqlSessionFactory;
import org.apache.ibatis.session.SqlSessionFactoryBuilder;

public class UsersDao {
    public static HashMap<String,Object> findByEmailAndPassword(
        HashMap<String,Object> map) {
        HashMap<String,Object> user = null;
        try {
            String resource = "mybatis-config.xml";
            InputStream inputStream = Resources.getResourceAsStream(resource);
            SqlSessionFactory sqlSessionFactory =
                new SqlSessionFactoryBuilder().build(inputStream);
```

```
        SqlSession session = sqlSessionFactory.openSession();
        String statement = "edu.wtbu.dao.UsersDao.findByEmailAndPassword";

        List<HashMap<String,Object>> list = session.selectList(statement,map);
        if (list != null && list.size() > 0) {
            user = list.get(0);
        }
    } catch (Exception e) {
        e.printStackTrace();
    }
    return user;
}
```

在 src 目录下创建 edu.wtbu.servlet 包，在该包路径下创建 LoginServlet.java 文件，代码如下：

```java
package edu.wtbu.servlet;

import java.io.IOException;
import java.util.HashMap;
import javax.servlet.ServletException;
import javax.servlet.annotation.WebServlet;
import javax.servlet.http.HttpServlet;
import javax.servlet.http.HttpServletRequest;
import javax.servlet.http.HttpServletResponse;
import com.alibaba.fastjson.JSON;
import edu.wtbu.dao.UsersDao;
import edu.wtbu.pojo.Result;

@WebServlet("/login")
public class LoginServlet extends HttpServlet {
    private static final long serialVersionUID = 1L;

    public LoginServlet() {
        super();
    }
    protected void doGet(HttpServletRequest request,HttpServletResponse response)
        throws ServletException,IOException {
        response.setContentType("text/html;charset=UTF-8");
        String email = request.getParameter("email");
        String password = request.getParameter("password");
        HashMap<String,Object> map = new HashMap<String,Object>();
        map.put("email",email);
        map.put("password",password);
        HashMap<String,Object> user = UsersDao.findByEmailAndPassword(map);
        Result result = new Result("success",null,user);
        String msg = JSON.toJSONString(result);
        response.getWriter().append(msg);
    }
    protected void doPost(HttpServletRequest request,
        HttpServletResponse response)
        throws ServletException,IOException {
        doGet(request,response);
    }
}
```

运行项目，在浏览器地址栏中输入 http://localhost:8080/MyBatisDemo/login?email=behappy@
vip.sina.com&password=123456，页面运行效果如图 4-7 所示。

图 4-7　页面运行效果

4.4.2　<insert>、<update>、<delete>和<sql>元素

1. <insert>元素

<insert>元素用于映射插入语句，MyBatis 执行完一条插入语句后将返回一个整数，表示其
影响的行数。它的属性与<select>元素的属性类似。<insert>元素的属性包括以下几个。

（1）keyProperty：该属性的作用是将插入或更新操作时的返回值赋给 POJO 类的某个属
性，通常会设置为主键对应的属性。如果是联合主键，则可以将多个值用逗号隔开。

（2）keyColumn：该属性用于设置第几列是主键，当主键列不是表中的第 1 列时，则需要
设置。如果是联合主键，则可以将多个值用逗号隔开。

（3）useGeneratedKeys：该属性将会让 MyBatis 使用 JDBC 的 getGeneratedKeys()方法获取
由数据库内部产生的主键。

在 Eclipse 中创建一个名为 MyBatisDemo 的动态网站项目，添加 mybatis-3.5.0.jar 包、
mysql-connector-java-8.0.16.jar 包和 fastjson-1.2.66.jar 包，可从 http://www.20-80.cn/bookResources/
JavaWeb_book 下载。

在 src 目录下创建 edu.wtbu.pojo 包，在此包路径下创建 Page.java、Result.java 两个文件，
其代码请参考第 4.1.4 节的代码。

在 src 目录下创建 mybatis-config.xml 文件，其代码请参考第 4.1.4 节的代码。

在 src 目录下创建 edu.wtbu.mapper 包，在此包路径下创建 usersMapper.xml 文件，代码如下：

```xml
<?xml version = "1.0" encoding = "UTF-8" ?>
<!DOCTYPE mapper PUBLIC "-//mybatis.org//DTD Mapper 3.0//EN"
    "http://mybatis.org/dtd/mybatis-3-mapper.dtd">

<mapper namespace = "edu.wtbu.dao.UsersDao">
    <insert id = "addUser" parameterType = "java.util.HashMap">
    insert into
    Users(Email,Password,FirstName,LastName,DateOfBirth,
        Address,Phone,Photo,Gender,RoleId)
    values(#{email},#{password},#{firstName},#{lastName},#{dateOfBirth},
        #{address},#{phone},#{photo},#{gender},#{roleId})
    </insert>
</mapper>
```

在 src 目录下创建 edu.wtbu.dao 包，在此包路径下创建 UsersDao.java 的类文件，代码如下：

```java
package edu.wtbu.dao;

import java.io.InputStream;
import java.util.HashMap;
import org.apache.ibatis.io.Resources;
import org.apache.ibatis.session.SqlSession;
import org.apache.ibatis.session.SqlSessionFactory;
import org.apache.ibatis.session.SqlSessionFactoryBuilder;

public class UsersDao {
    public static int addUser(HashMap<String,Object> map) {
        int result = 0;
        try {
            String resource = "mybatis-config.xml";
            InputStream inputStream = Resources.getResourceAsStream(resource);
            SqlSessionFactory sqlSessionFactory =
                new SqlSessionFactoryBuilder().build(inputStream);
            SqlSession session = sqlSessionFactory.openSession();
            String statement = "edu.wtbu.dao.UsersDao.addUser";
            result = session.insert(statement,map);
            session.commit();
            session.close();
        } catch (Exception e) {
            e.printStackTrace();
        }
        return result;
    }
}
```

在 src 目录下创建 edu.wtbu.servlet 包，在此包路径下创建 AddUserServlet.java 文件，代码如下：

```java
package edu.wtbu.servlet;

import java.io.IOException;
import java.util.HashMap;
import javax.servlet.ServletException;
import javax.servlet.annotation.WebServlet;
```

```java
import javax.servlet.http.HttpServlet;
import javax.servlet.http.HttpServletRequest;
import javax.servlet.http.HttpServletResponse;
import com.alibaba.fastjson.JSON;
import edu.wtbu.dao.UsersDao;
import edu.wtbu.pojo.Result;

@WebServlet("/addUser")
public class AddUserServlet extends HttpServlet {
    private static final long serialVersionUID = 1L;
    public AddUserServlet() {
        super();
    }
    protected void doGet(HttpServletRequest request,HttpServletResponse response)
        throws ServletException,IOException {
        response.setContentType("text/html;charset = UTF-8");
        String email = request.getParameter("email");
        String password = request.getParameter("password");
        String firstName = request.getParameter("firstName");
        String lastName = request.getParameter("lastName");
        String gender = request.getParameter("gender");
        String dateOfBirth = request.getParameter("dateOfBirth");
        String phone = request.getParameter("phone");
        String photo = request.getParameter("photo");
        String address = request.getParameter("address");
        int roleId = 0;
        try {
            roleId = Integer.parseInt(request.getParameter("roleId"));
        } catch (Exception e) {
            roleId = 0;
        }
        HashMap<String,Object> user = new HashMap<String,Object>();
        user.put("email",email);
        user.put("firstName",firstName);
        user.put("lastName",lastName);
        user.put("dateOfBirth",dateOfBirth);
        user.put("address",address);
        user.put("gender",gender);
        user.put("password",password);
        user.put("phone",phone);
        user.put("photo",photo);
        user.put("roleId",roleId);
        Result result = new Result("fail",null,null);
        int addResult = UsersDao.addUser(user);
        if (addResult > 0) {
            result.setFlag("success");
        }
        String msg = JSON.toJSONString(result);
        response.getWriter().append(msg);
    }
    protected void doPost(HttpServletRequest request,HttpServletResponse response)
        throws ServletException,IOException {
        doGet(request,response);
    }
}
```

2. <update>元素

<update>元素比较简单，其属性和<insert>元素、<select>元素的属性类似，执行后也返回一

个整数，表示影响了数据库的记录行数。

在 Eclipse 中创建一个名为 MyBatisDemo 的动态网站项目，添加 mybatis-3.5.0.jar 包、mysql-connector-java-8.0.16.jar 包和 fastjson-1.2.66.jar 包，可从 http://www.20-80.cn/bookResources/JavaWeb_book 下载。

在 src 目录下创建 edu.wtbu.pojo 包，在此包路径下创建 Page.java、Result.java 两个文件，其代码请参考第 4.1.4 节的代码。

在 src 目录下创建 mybatis-config.xml 文件，其代码请参考第 4.1.4 节的代码。

在 src 目录下创建 edu.wtbu.mapper 包，在此包路径下创建 usersMapper.xml 文件，代码如下：

```xml
<?xml version = "1.0" encoding = "UTF-8" ?>
<!DOCTYPE mapper PUBLIC "-//mybatis.org//DTD Mapper 3.0//EN"
    "http://mybatis.org/dtd/mybatis-3-mapper.dtd">

<mapper namespace = "edu.wtbu.dao.UsersDao">
    <update id = "updateUser" parameterType = "java.util.HashMap">
    update Users set Email = #{email},Password = #{password},
        FirstName = #{firstName},LastName = #{lastName},
    Gender=#{gender},DateOfBirth=#{dateOfBirth},Phone=#{phone},Photo=#{photo},
        Address = #{address},RoleId = #{roleId} where UserId = #{userId}
    </update>
</mapper>
```

在 src 目录下创建 edu.wtbu.dao 包，在此包路径下创建 UsersDao.java 的类文件，代码如下：

```java
package edu.wtbu.dao;

import java.io.InputStream;
import java.util.HashMap;
import org.apache.ibatis.io.Resources;
import org.apache.ibatis.session.SqlSession;
import org.apache.ibatis.session.SqlSessionFactory;
import org.apache.ibatis.session.SqlSessionFactoryBuilder;

public class UsersDao {
    public static int updateUser(HashMap<String,Object> map) {
        int result = 0;
        try {
            String resource = "mybatis-config.xml";
            InputStream inputStream = Resources.getResourceAsStream(resource);
            SqlSessionFactory sqlSessionFactory =
                new SqlSessionFactoryBuilder().build(inputStream);
            SqlSession session = sqlSessionFactory.openSession();
            String statement = "edu.wtbu.dao.UsersDao.updateUser";
            result = session.update(statement,map);
            session.commit();
            session.close();
        } catch (Exception e) {
            e.printStackTrace();
        }
        return result;
```

```
    }
}
```

在 src 目录下创建 edu.wtbu.servlet 包，在此包路径下创建 UpdateUserServlet.java 文件，代码如下：

```java
package edu.wtbu.servlet;

import java.io.IOException;
import java.util.HashMap;
import javax.servlet.ServletException;
import javax.servlet.annotation.WebServlet;
import javax.servlet.http.HttpServlet;
import javax.servlet.http.HttpServletRequest;
import javax.servlet.http.HttpServletResponse;
import com.alibaba.fastjson.JSON;
import edu.wtbu.dao.UsersDao;
import edu.wtbu.pojo.Result;

@WebServlet("/updateUser")
public class UpdateUserServlet extends HttpServlet {
    private static final long serialVersionUID = 1L;

    public UpdateUserServlet() {
        super();
    }
    protected void doGet(HttpServletRequest request,
        HttpServletResponse response)
            throws ServletException,IOException {
        doPost(request,response);
    }
    protected void doPost(HttpServletRequest request,HttpServletResponse response)
        throws ServletException,IOException {
        response.setContentType("text/html;charset=UTF-8");
        String email = request.getParameter("email");
        String password = request.getParameter("password");
        String firstName = request.getParameter("firstName");
        String lastName = request.getParameter("lastName");
        String gender = request.getParameter("gender");
        String dateOfBirth = request.getParameter("dateOfBirth");
        String phone = request.getParameter("phone");
        String photo = request.getParameter("photo");
        String address = request.getParameter("address");
        int userId = 0;
        try {
            userId = Integer.parseInt(request.getParameter("userId"));
        } catch (Exception e) {
            userId = 0;
        }
        int roleId = 0;
        try {
            roleId = Integer.parseInt(request.getParameter("roleId"));
        } catch (Exception e) {
            roleId = 0;
        }
```

```
        HashMap<String,Object> map = new HashMap<String,Object>();
        map.put("userId",userId);
        map.put("email",email);
        map.put("firstName",firstName);
        map.put("lastName",lastName);
        map.put("dateOfBirth",dateOfBirth);
        map.put("address",address);
        map.put("gender",gender);
        map.put("password",password);
        map.put("phone",phone);
        map.put("photo",photo);
        map.put("roleId",roleId);
        Result result = new Result("fail",null,null);
        int updateResult = UsersDao.updateUser(map);
        if (updateResult > 0) {
            result.setFlag("success");
        }
        String msg = JSON.toJSONString(result);
        response.getWriter().append(msg);
    }
}
```

3. <delete>元素

<delete>元素比较简单，其属性和<insert>元素、<select>元素的属性类似，执行后也返回一个整数，表示影响了数据库的记录行数。

在 Eclipse 中创建一个名为 MyBatisDemo 的动态网站项目，添加 mybatis-3.5.0.jar 包、mysql-connector-java-8.0.16.jar 包和 fastjson-1.2.66.jar 包，可从 http://www.20-80.cn/bookResources/JavaWeb_book 下载。

在 src 目录下创建 edu.wtbu.pojo 包，在此包路径下创建 Page.java、Result.java 两个文件，其代码请参考第 4.1.4 节的代码。

在 src 目录下创建 mybatis-config.xml 文件，其代码请参考第 4.1.4 节的代码。

在 src 目录下创建 edu.wtbu.mapper 包，在此包路径下创建 usersMapper.xml 文件，代码如下：

```
<?xml version = "1.0" encoding = "UTF-8" ?>
<!DOCTYPE mapper PUBLIC "-//mybatis.org//DTD Mapper 3.0//EN"
    "http://mybatis.org/dtd/mybatis-3-mapper.dtd">

<mapper namespace = "edu.wtbu.dao.UsersDao">
    <delete id = "deleteUser" parameterType = "java.lang.Integer">
        delete from Users where UserId = #{userId}
    </delete>
</mapper>
```

在 src 目录下创建 edu.wtbu.dao 包，在此包路径下创建 UsersDao.java 的类文件，代码如下：

```
package edu.wtbu.dao;

import java.io.InputStream;
import org.apache.ibatis.io.Resources;
```

```java
import org.apache.ibatis.session.SqlSession;
import org.apache.ibatis.session.SqlSessionFactory;
import org.apache.ibatis.session.SqlSessionFactoryBuilder;

public class UsersDao {
    public static int deleteUser(int userId) {
        int result = 0;
        try {
            String resource = "mybatis-config.xml";
            InputStream inputStream = Resources.getResourceAsStream(resource);
            SqlSessionFactory sqlSessionFactory =
                new SqlSessionFactoryBuilder().build(inputStream);
            SqlSession session = sqlSessionFactory.openSession();
            String statement = "edu.wtbu.dao.UsersDao.deleteUser";
            result = session.delete(statement,userId);
            session.commit();
            session.close();
        } catch (Exception e) {
            e.printStackTrace();
        }
        return result;
    }
}
```

在 src 目录下创建 edu.wtbu.servlet 包，在此包路径下创建 DeleteUserServlet.java 文件，代码如下：

```java
package edu.wtbu.servlet;

import java.io.IOException;
import javax.servlet.ServletException;
import javax.servlet.annotation.WebServlet;
import javax.servlet.http.HttpServlet;
import javax.servlet.http.HttpServletRequest;
import javax.servlet.http.HttpServletResponse;
import com.alibaba.fastjson.JSON;
import edu.wtbu.dao.UsersDao;
import edu.wtbu.pojo.Result;

@WebServlet("/deleteUser")
public class DeleteUserServlet extends HttpServlet {
    private static final long serialVersionUID = 1L;
    public DeleteUserServlet() {
        super();
    }
    protected void doGet(HttpServletRequest request,HttpServletResponse response)
        throws ServletException,IOException {
        response.setContentType("text/html;charset = UTF-8");
        int userId = 0;
        try {
            userId = Integer.parseInt(request.getParameter("userId"));
        } catch (Exception e) {
            userId = 0;
        }
        Result result = new Result("fail",null,null);
```

```
        int deleteResult = UsersDao.deleteUser(userId);
        if (deleteResult > 0) {
            result.setFlag("success");
        }
        String msg = JSON.toJSONString(result);
        response.getWriter().append(msg);
    }
    protected void doPost(HttpServletRequest request,HttpServletResponse response)
            throws ServletException,IOException {
        doGet(request,response);
    }
}
```

4. <sql>元素

<sql>元素的作用在于可以定义 SQL 语句的一部分（代码片段），以方便后面的 SQL 语句引用它，例如反复使用的列名。

在 MyBatis 中，只需使用<sql>元素编写一次便能在其他元素中引用它。

在 Eclipse 中创建一个名为 MyBatisDemo 的动态网站项目，添加 mybatis-3.5.0.jar 包、mysql-connector-java-8.0.16.jar 包和 fastjson-1.2.66.jar 包，可从 http://www.20-80.cn/bookResources/JavaWeb_book 下载。

在 src 目录下创建 edu.wtbu.pojo 包，在此包路径下创建 Page.java、Result.java 两个文件，其代码请参考第 4.1.4 节的代码。

在 src 目录下创建 mybatis-config.xml 文件，其代码请参考第 4.1.4 节的代码。

在 src 目录下创建 edu.wtbu.mapper 包，在此包路径下创建 usersMapper.xml 文件，代码如下：

```xml
<?xml version = "1.0" encoding = "UTF-8" ?>
<!DOCTYPE mapper PUBLIC "-//mybatis.org//DTD Mapper 3.0//EN"
    "http://mybatis.org/dtd/mybatis-3-mapper.dtd">

<mapper namespace = "edu.wtbu.dao.UsersDao">
    <sql id = "userColumns">
    userId,email,firstName,lastName,password,gender,
        dateOfBirth,phone,photo,address,roleId
    </sql>

    <select id = "findByEmailAndPassword" parameterType = "java.util.HashMap"
        resultType = "java.util.HashMap">
        select <include refid = "userColumns"/> from Users where Email =
            #{email} and Password = #{password}
    </select>

    <select id = "findByEmail" parameterType = "java.lang.String"
        resultType = "java.util.HashMap">
        select <include refid="userColumns"/> from Users where Email=#{email}
    </select>
</mapper>
```

在 src 目录下创建 edu.wtbu.dao 包，在此包路径下创建 UsersDao.java 的类文件，代码如下：

```java
package edu.wtbu.dao;

import java.io.InputStream;
import java.util.HashMap;
import java.util.List;
import org.apache.ibatis.io.Resources;
import org.apache.ibatis.session.SqlSession;
import org.apache.ibatis.session.SqlSessionFactory;
import org.apache.ibatis.session.SqlSessionFactoryBuilder;

public class UsersDao {
    public static HashMap<String,Object> findByEmailAndPassword(
        String email,String password) {
        HashMap<String,Object> user = null;
        try {
            String resource = "mybatis-config.xml";
            InputStream inputStream = Resources.getResourceAsStream(resource);
            SqlSessionFactory sqlSessionFactory =
                new SqlSessionFactoryBuilder().build(inputStream);
            SqlSession session = sqlSessionFactory.openSession();
            String statement = "edu.wtbu.dao.UsersDao.findByEmailAndPassword";
            HashMap<String,Object> map = new HashMap<String,Object>();
            map.put("email",email);
            map.put("password",password);
            List<HashMap<String,Object>> list = session.selectList(statement,map);
            if (list != null && list.size() > 0) {
                user = list.get(0);
            }
        } catch (Exception e) {
            e.printStackTrace();
        }
        return user;
    }

    public static List<HashMap<String,Object>> findByEmail(String email) {
        List<HashMap<String,Object>> list = null;
        try {
            String resource = "mybatis-config.xml";
            InputStream inputStream = Resources.getResourceAsStream(resource);
            SqlSessionFactory sqlSessionFactory =
                new SqlSessionFactoryBuilder().build(inputStream);
            SqlSession session = sqlSessionFactory.openSession();
            String statement = "edu.wtbu.dao.UsersDao.findByEmail";
            list = session.selectList(statement,email);
        } catch (Exception e) {
            e.printStackTrace();
        }
        return list;
    }
}
```

在 src 目录下创建 edu.wtbu.service 包，在此包路径下创建 UsersService.java 文件，代码如下：

```java
package edu.wtbu.service;
```

```
import java.util.HashMap;
import java.util.List;
import edu.wtbu.dao.UsersDao;
import edu.wtbu.pojo.Result;

public class UsersService {
    /*
     * 判断邮箱
     */
    public static Boolean findByEmail(String email) {
        List<HashMap<String,Object>> list = UsersDao.findByEmail(email);
        if (list != null && list.size() > 0) {
            return true;
        } else {
            return false;
        }
    }

    /*
     * 登录
     */
    public static Result login(String email,String password) {
        Result result = new Result("fail",null,null);
        HashMap<String,Object> user = UsersDao.findByEmailAndPassword(email,password);
        if (user != null) {
            result.setFlag("success");
            result.setData(user);
        } else {
            Boolean isEmail = UsersService.findByEmail(email);
            if (isEmail) {
                result.setData("密码错误");
            } else {
                result.setData("邮箱不存在");
            }
        }
        return result;
    }
}
```

在 src 目录下创建 edu.wtbu.servlet 包，在此包路径下创建 LoginServlet.java 文件，代码如下：

```
package edu.wtbu.servlet;

import java.io.IOException;
import javax.servlet.ServletException;
import javax.servlet.annotation.WebServlet;
import javax.servlet.http.HttpServlet;
import javax.servlet.http.HttpServletRequest;
import javax.servlet.http.HttpServletResponse;
import com.alibaba.fastjson.JSON;
import edu.wtbu.pojo.Result;
import edu.wtbu.service.UsersService;

@WebServlet("/login")
public class LoginServlet extends HttpServlet {
    private static final long serialVersionUID = 1L;
    public LoginServlet() {
        super();
    }
```

```java
protected void doGet(HttpServletRequest request,HttpServletResponse response)
        throws ServletException,IOException {
    response.setContentType("text/html;charset=UTF-8");
    String email = request.getParameter("email");
    String password = request.getParameter("password");
    Result result = UsersService.login(email,password);
    String msg = JSON.toJSONString(result);
    response.getWriter().append(msg);
}
protected void doPost(HttpServletRequest request,HttpServletResponse response)
        throws ServletException,IOException {
    doGet(request,response);
}
}
```

4.4.3 实现高级结果映射

1. <resultMap>元素的结构与使用

1）<resultMap>元素的结构

<resultMap>元素中包含一些子元素，结构如下：

```xml
<resultMap id = "" type = "">
    <constructor><!--类实例化时用来注入结果到构造方法-->
        <idArg/><!--id 参数，结果为 id-->
        <arg/><!--注入构造方法的一个普通结果-->
    </constructor>
    <id/><!--用于表示哪个列是主键-->
    <result/><!--注入字段或 JavaBean 属性的普通结果-->
    <association property = ""/><!--用于一对一关联-->
    <collection property = ""/><!--用于一对多、多对多关联-->
    <discriminator javaType = ""><!--用结果值来决定使用哪个结果映射-->
        <case value=""/><!--基于某些值的结果映射-->
    </discriminator>
</resultMap>
```

子元素的解释与说明如下。

（1）<resultMap>元素的 type 属性表示需要的 POJO，id 属性是 resultMap 的唯一标识。

（2）子元素<constructor>用于配置构造方法（当 POJO 未定义无参数的构造方法时使用）。

（3）子元素<id>用于表示哪个列是主键。

（4）子元素<result>用于表示 POJO 和数据表普通列的映射关系。

（5）子元素<association>、<collection>和<discriminator>用在级联的情况下。

执行一条 SQL 查询语句后将返回结果，而结果可以使用 Map 存储，也可以使用 POJO 存储。

2）使用 Map 存储结果集

任何 select 语句都可以使用 Map 存储结果，mybatis-config.xml 文件的代码如下：

```xml
<?xml version = "1.0" encoding = "GBK"?>
<!DOCTYPE configuration PUBLIC "-//mybatis.org//DTD Config 3.0//EN"
    "http://mybatis.org/dtd/mybatis-3-config.dtd">
```

```
<configuration>
    <!--和 spring 整合后, environments 配置将废除-->
    <environments default = "development">
        <environment id = "development">
            <!--使用 JDBC 事务管理-->
            <transactionManager type = "JDBC"/>
            <!--数据库连接池-->
            <dataSource type = "POOLED">
                <!--获取驱动-->
                <property name = "driver" value = "com.mysql.cj.jdbc.Driver"/>
                <!--设置数据库地址-->
                <property name = "url"
                value="jdbc:mysql://localhost:3306/session1?serverTimezone=GMT%2B8"/>
                <!--设置数据库账号-->
                <property name = "username" value = "root"/>
                <!--设置数据库密码-->
                <property name = "password" value = "123456"/>
            </dataSource>
        </environment>
    </environments>
    <!--将 mapper 文件加入配置文件中-->
    <mappers>
        <mapper resource = "edu/wtbu/mapper/cityMapper.xml"/>
    </mappers>
</configuration>
```

edu.wtbu.pojo 包下的 Result.java 文件与 Page.java 文件保持不变，其代码请参考第 4.1.4 节的代码。需要新建名为 City.java 文件，代码如下：

```
package edu.wtbu.pojo;

public class City {
    private String cityCode;
    private String cityName;
    private String countryCode;
    public String getCityCode() {
        return cityCode;
    }
    public void setCityCode(String cityCode) {
        this.cityCode = cityCode;
    }
    public String getCityName() {
        return cityName;
    }
    public void setCityName(String cityName) {
        this.cityName = cityName;
    }
    public String getCountryCode() {
        return countryCode;
    }
    public void setCountryCode(String countryCode) {
        this.countryCode = countryCode;
    }

}
```

在 edu.wtbu.mapper 包下创建名为 cityMapper.xml 文件，代码如下：

```xml
<?xml version = "1.0" encoding = "UTF-8"?>
<!DOCTYPE mapper PUBLIC "-//mybatis.org//DTD Mapper 3.0//EN"
    "http://mybatis.org/dtd/mybatis-3-mapper.dtd">
<mapper namespace = "edu.wtbu.dao.CityDao">
    <resultMap type = "edu.wtbu.pojo.City" id = "findCityByCode">
        <id property = "cityCode" column = "CityCode"/>
        <result property = "cityName" column = "CityName"/>
        <result property = "countryCode" column = "CountryCode"/>
    </resultMap>
    <select id = "findCityByCode" parameterType = "String"
        resultMap = "findCityByCode">
        select * from city where city.CityCode = #{cityCode}
    </select>
</mapper>
```

在 edu.wtbu.dao 包下创建 CityDao.java 文件，代码如下：

```java
package edu.wtbu.dao;

import java.io.IOException;
import org.apache.ibatis.io.Resources;
import org.apache.ibatis.session.SqlSession;
import org.apache.ibatis.session.SqlSessionFactory;
import org.apache.ibatis.session.SqlSessionFactoryBuilder;
import edu.wtbu.pojo.City;

public class CityDao {
    public static City findCityByCode(String cityCode) {
        City city = null;
        try {
            String resource = "mybatis-config.xml";
            SqlSessionFactory sessionFactory = new SqlSessionFactoryBuilder()
                .build(Resources.getResourceAsReader(resource));
            SqlSession session = sessionFactory.openSession();
            String statement = "edu.wtbu.dao.CityDao.findCityByCode";
            city = session.selectOne(statement,cityCode);
        } catch (IOException e) {
            e.printStackTrace();
        }
        return city;
    }
}
```

然后在 edu.wtbu.servlet 包下创建 GetCityInfoServlet.java 类中的调用接口方法，具体代码如下：

```java
package edu.wtbu.servlet;

import java.io.IOException;
import javax.servlet.ServletException;
import javax.servlet.annotation.WebServlet;
import javax.servlet.http.HttpServlet;
import javax.servlet.http.HttpServletRequest;
import javax.servlet.http.HttpServletResponse;
import com.alibaba.fastjson.JSON;
import edu.wtbu.dao.CityDao;
import edu.wtbu.pojo.City;
import edu.wtbu.pojo.Result;

@WebServlet("/getCityInfo")
```

```
public class GetCityInfoServlet extends HttpServlet {
    private static final long serialVersionUID = 1L;
    public GetCityInfoServlet() {
        super();
    }
    protected void doGet(HttpServletRequest request,HttpServletResponse response)
        throws ServletException,IOException {
        String cityCode = request.getParameter("cityCode");
        City city = CityDao.findCityByCode(cityCode);
        Result result = new Result("success",null,city);
        String msg = JSON.toJSONString(result);
        response.getWriter().append(msg);
    }
    protected void doPost(HttpServletRequest request,HttpServletResponse response)
        throws ServletException,IOException {
        doGet(request,response);
    }
}
```

在浏览器中输入 http://localhost:8080/MyBatisDemo/getCityInfo?cityCode=ABV，页面会显示相应的城市信息，如图 4-8 所示。

图 4-8　页面显示相应的城市信息

2. 级联查询详解

1) 一对一级联查询

一对一级联关系在现实生活中是十分常见的，例如一个公民持有一个身份证。

在 MyBatis 中，通过<resultMap>元素的子元素<association>处理这种一对一级联关系。

在<association>元素中通常使用以下属性。

- property：指定映射到实体类的对象属性。

- column：指定表中对应的字段，即查询返回的列名。

- javaType：指定映射到实体对象属性的类型。

- select：指定引入嵌套查询的子 SQL 语句，该属性用于关联映射中的嵌套查询。

（1）创建持久化类。

在项目的 edu.wtbu.pojo 包中创建 Page、Result 文件，其代码请参考第 4.1.4 节的代码。另外，还需创建名为 City.java 和 Country.java 两个文件。代码如下：

```java
package edu.wtbu.pojo;

public class Country {
    private String countryCode;
    private String countryName;
    public String getCountryCode() {
        return countryCode;
    }
    public void setCountryCode(String countryCode) {
        this.countryCode = countryCode;
    }
    public String getCountryName() {
        return countryName;
    }
    public void setCountryName(String countryName) {
        this.countryName = countryName;
    }
}
```

```java
package edu.wtbu.pojo;

public class City {
    private String cityCode;
    private String cityName;
    private Country country;
    public String getCityCode() {
        return cityCode;
    }
    public void setCityCode(String cityCode) {
        this.cityCode = cityCode;
    }
    public String getCityName() {
        return cityName;
    }
    public void setCityName(String cityName) {
        this.cityName = cityName;
    }
    public Country getCountry() {
        return country;
    }
    public void setCountry(Country country) {
        this.country = country;
    }
}
```

（2）创建映射文件。

mybatis-config.xml 文件的代码请参考第 4.4.3 节的第一个实例。

edu.wtbu.mapper 包中的 cityMapper.xml 文件的代码如下：

```xml
<?xml version = "1.0" encoding = "UTF-8"?>
<!DOCTYPE mapper PUBLIC "-//mybatis.org//DTD Mapper 3.0//EN"
    "http://mybatis.org/dtd/mybatis-3-mapper.dtd">
<mapper namespace = "edu.wtbu.dao.CityDao">
    <resultMap type = "edu.wtbu.pojo.City" id = "cityAndCountry">
        <id property = "cityCode" column = "CityCode"/>
        <result property = "cityName" column = "CityName"/>
        <association property = "country" javaType = "edu.wtbu.pojo.Country">
            <id property = "countryCode" column = "CountryCode"/>
            <result property = "countryName" column = "CountryName"/>
        </association>
    </resultMap>
    <select id="findCityByCode" parameterType="String" resultMap="cityAndCountry">
        select city.*,country.*
        from city left join country on city.CountryCode =
            country.CountryCode where city.CityCode = #{cityCode}
    </select>
</mapper>
```

（3）调用接口方法及测试。

edu.wtbu.dao 与 edu.wtbu.servlet 包中的全部文件的代码请参考第 4.4.3 节的第一个实例。

（4）测试结果图。

在浏览器中输入 http://localhost:8080/MyBatisDemo/getCityInfo?cityCode=ABV，页面会查询出来的城市信息，如图 4-9 所示。

图 4-9　页面会查询出来的城市信息

2）一对多级联查询

（1）创建持久化类。

在项目的 edu.wtbu.pojo 包中创建 Page、Result 文件，其代码请参考第 4.4.3 节的代码。另外，还需创建名为 City.java 和 Country.java 两个文件。代码如下：

```java
package edu.wtbu.pojo;

public class City {
    private String cityCode;
    private String cityName;

    public String getCityCode() {
        return cityCode;
    }
    public void setCityCode(String cityCode) {
        this.cityCode = cityCode;
    }
    public String getCityName() {
        return cityName;
    }
    public void setCityName(String cityName) {
        this.cityName = cityName;
    }
}
```

```java
package edu.wtbu.pojo;

import java.util.List;

public class Country {
    private String countryCode;
    private String countryName;
    private List<City> cityList;
    public String getCountryCode() {
        return countryCode;
    }
    public void setCountryCode(String countryCode) {
        this.countryCode = countryCode;
    }
    public String getCountryName() {
        return countryName;
    }
    public void setCountryName(String countryName) {
        this.countryName = countryName;
    }
    public List<City> getCityList() {
        return cityList;
    }
    public void setCityList(List<City> cityList) {
        this.cityList = cityList;
    }
}
```

（2）创建映射文件。

mybatis-config.xml 文件的代码如下：

```xml
<?xml version = "1.0" encoding = "GBK"?>
<!DOCTYPE configuration PUBLIC "-//mybatis.org//DTD Config 3.0//EN"
    "http://mybatis.org/dtd/mybatis-3-config.dtd">
<configuration>
    <!--和 Spring 整合后，environments 配置将废除-->
    <environments default = "development">
        <environment id = "development">
            <!--使用 JDBC 事务管理-->
            <transactionManager type = "JDBC"/>
            <!--数据库连接池-->
            <dataSource type = "POOLED">
                <!--获取驱动-->
                <property name = "driver" value = "com.mysql.cj.jdbc.Driver"/>
                <!--设置数据库地址-->
                <property name = "url"
                value="jdbc:mysql://localhost:3306/session1?serverTimezone=
                    GMT%2B8"/>
                <!--设置数据库账号-->
                <property name = "username" value = "root"/>
                <!--设置数据库密码-->
                <property name = "password" value = "123456"/>
            </dataSource>
        </environment>
    </environments>
    <!--将 mapper 文件加入配置文件中-->
    <mappers>
        <mapper resource = "edu/wtbu/mapper/countryMapper.xml"/>
    </mappers>
</configuration>
```

在 edu.wtbu.mapper 包中创建 countryMapper.xml 文件。代码如下：

```xml
<?xml version = "1.0" encoding = "UTF-8"?>
<!DOCTYPE mapper PUBLIC "-//mybatis.org//DTD Mapper 3.0//EN"
    "http://mybatis.org/dtd/mybatis-3-mapper.dtd">
<mapper namespace = "edu.wtbu.dao.CountryDao">
    <resultMap type = "edu.wtbu.pojo.Country" id = "countryAndCity">
        <id property = "countryCode" column = "CountryCode"/>
        <result property = "countryName" column = "CountryName"/>
        <collection property = "cityList" ofType = "edu.wtbu.pojo.City">
            <id property = "cityCode" column = "CityCode"/>
            <result property = "cityName" column = "CityName"/>
        </collection>
    </resultMap>
    <select id = "findCountryByCode" parameterType = "String"
        resultMap = "countryAndCity">
        select city.CityCode,city.CityName,country.*
        from country
        left join city on
        city.CountryCode = country.CountryCode where
        country.CountryCode = #{countryCode}
    </select>
</mapper>
```

（3）调用接口方法及测试。

在 edu.wtbu.dao 包中创建名为 CountryDao.java 文件。代码如下：

```java
package edu.wtbu.dao;  `

import java.io.IOException;
import org.apache.ibatis.io.Resources;
import org.apache.ibatis.session.SqlSession;
import org.apache.ibatis.session.SqlSessionFactory;
import org.apache.ibatis.session.SqlSessionFactoryBuilder;
import edu.wtbu.pojo.Country;

public class CountryDao {
    public static Country findCountryByCode(String countryCode) {
        Country country = null;
        try {
            String resource = "mybatis-config.xml";
            SqlSessionFactory sessionFactory = new SqlSessionFactoryBuilder()
                .build(Resources.getResourceAsReader(resource));
            SqlSession session = sessionFactory.openSession();
            String statement = "edu.wtbu.dao.CountryDao.findCountryByCode";
            country = session.selectOne(statement,countryCode);
        } catch (IOException e) {
            e.printStackTrace();
        }
        return country;
    }
}
```

在 edu.wtbu.servlet 包中创建名为 GetCountryInfoServlet.java 文件。代码如下：

```java
package edu.wtbu.servlet;

import java.io.IOException;
import javax.servlet.ServletException;
import javax.servlet.annotation.WebServlet;
import javax.servlet.http.HttpServlet;
import javax.servlet.http.HttpServletRequest;
import javax.servlet.http.HttpServletResponse;
import com.alibaba.fastjson.JSON;
import edu.wtbu.dao.CountryDao;
import edu.wtbu.pojo.Country;
import edu.wtbu.pojo.Result;

@WebServlet("/getCountryInfo")
public class GetCountryInfoServlet extends HttpServlet {
    private static final long serialVersionUID = 1L;
    public GetCountryInfoServlet() {
        super();
    }
    protected void doGet(HttpServletRequest request,HttpServletResponse response)
        throws ServletException,IOException {
        String countryCode = request.getParameter("countryCode");
        Country country = CountryDao.findCountryByCode(countryCode);
        Result result = new Result("success",null,country);
```

```
        String msg = JSON.toJSONString(result);
        response.getWriter().append(msg);
    }
    protected void doPost(HttpServletRequest request,HttpServletResponse response)
        throws ServletException,IOException {
        doGet(request,response);
    }
}
```

（4）测试结果图。

在浏览器中输入 http://localhost:8080/MyBatisDemo/getCountryInfo?countryCode=US，页面会查询出相应的国家信息，如图 4-10 所示。

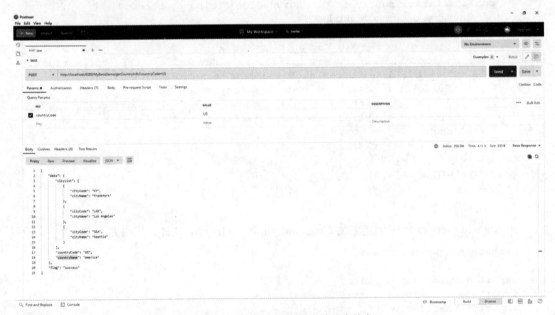

图 4-10　页面会查询出相应的国家信息

4.4.4　动态 SQL 元素

1. <if>元素

MyBatis 中，<if>元素是最常用的元素，它类似于 Java 中的 if 语句。在 MyBatisDemo 应用中测试<if>元素，具体过程如下。

（1）添加 SQL 映射语句。

mybatis-config.xml 文件的代码如下：

```
<?xml version = "1.0" encoding = "GBK"?>
<!DOCTYPE configuration PUBLIC "-//mybatis.org//DTD Config 3.0//EN"
    "http://mybatis.org/dtd/mybatis-3-config.dtd">
<configuration>
    <environments default = "development">
        <environment id = "development">
```

```xml
        <!--使用 JDBC 事务管理-->
        <transactionManager type = "JDBC"/>
        <!--数据库连接池-->
        <dataSource type = "POOLED">
            <!--获取驱动-->
            <property name = "driver" value = "com.mysql.cj.jdbc.Driver"/>
            <!--设置数据库地址-->
            <property name="url"
            value="jdbc:mysql://localhost:3306/session1?serverTimezone=GMT%2B8"/>
            <!--设置数据库账号-->
            <property name = "username" value = "root"/>
            <!--设置数据库密码-->
            <property name = "password" value = "123456"/>
        </dataSource>
    </environment>
</environments>
<!--将 mapper 文件加入配置文件中-->
<mappers>
    <mapper resource = "edu/wtbu/mapper/usersMapper.xml"/>
</mappers>
</configuration>
```

在 edu.wtbu.mapper 包的 usersMapper.xml 文件中添加如下 SQL 映射语句：

```xml
<?xml version = "1.0" encoding="UTF-8"?>
<!DOCTYPE mapper PUBLIC "-//mybatis.org//DTD Mapper 3.0//EN"
    "http://mybatis.org/dtd/mybatis-3-mapper.dtd">

<mapper namespace = "edu.wtbu.dao.UsersDao">
    <select id = "findByCondition" resultType = "java.util.HashMap"
        parameterType = "java.util.HashMap">
        select * from users where 1 = 1
        <if test = "email!=null and email != ''">
            and Email = #{email}
        </if>
        <if test = "password !=null and password != ''">
            and Password = #{password}
        </if>
    </select>
</mapper>
```

（2）添加数据操作接口方法。

edu.wtbu.dao 包中的 UsersDao.java 文件代码如下：

```java
package edu.wtbu.dao;
import java.io.InputStream;
import java.util.HashMap;
import java.util.List;
import org.apache.ibatis.io.Resources;
import org.apache.ibatis.session.SqlSession;
import org.apache.ibatis.session.SqlSessionFactory;
import org.apache.ibatis.session.SqlSessionFactoryBuilder;
public class UsersDao {
```

```
public static List<HashMap<String,Object>>
findByCondition(HashMap<String,Object> map) {
    List<HashMap<String,Object>> list = null;
    try {
        String resource = "mybatis-config.xml";
        InputStream inputStream = Resources.getResourceAsStream(resource);
        SqlSessionFactory sqlSessionFactory =
            new SqlSessionFactoryBuilder().build(inputStream);
        SqlSession session = sqlSessionFactory.openSession();
        String statement = "edu.wtbu.dao.UsersDao.findByCondition";
        list = session.selectList(statement,map);
    } catch (Exception e) {
        e.printStackTrace();
    }
    return list;
}
```

创建一个 edu.wtbu.service 包，在此包路径下创建一个名为 UsersService.java 的文件，代码如下：

```
package edu.wtbu.service;

import java.util.HashMap;
import java.util.List;
import edu.wtbu.dao.UsersDao;
import edu.wtbu.pojo.Result;

public class UsersService {
    /*
     * 判断邮箱
     */
    public static Boolean findByEmail(String email) {
        HashMap<String,Object> map = new HashMap<String,Object>();
        map.put("email",email);
        List<HashMap<String,Object>> list = UsersDao.findByCondition(map);
        if (list == null || list.size() == 0) {
            return false;
        } else {
            return true;
        }
    }

    public static HashMap<String,Object> findByEmailAndPassword(
        String email,String password) {
        HashMap<String,Object> map = new HashMap<String,Object>();
        map.put("email",email);
        map.put("password",password);
        List<HashMap<String,Object>> list = UsersDao.findByCondition(map);
        HashMap<String,Object> users = null;
        if(list != null && list.size() > 0) {
            users = list.get(0);
        }
        return users;
    }
```

```java
    /*
     * 登录
     */
    public static Result login(String email,String password) {
        Result result = new Result("fail",null,null);
        HashMap<String,Object> user =
            UsersService.findByEmailAndPassword(email,password);
        if (user != null) {
            result.setFlag("success");
            result.setData(user);
        } else {
            Boolean isEmail = UsersService.findByEmail(email);
            if (isEmail) {
                result.setData("密码错误");
            } else {
                result.setData("邮箱不存在");
            }
        }
        return result;
    }
}
```

（3）调用数据操作接口方法。

在 edu.wtbu.servlet 包的 LoginServlet.java 文件中添加如下程序，调用数据操作接口方法。

```java
package edu.wtbu.servlet;

import java.io.IOException;
import javax.servlet.ServletException;
import javax.servlet.annotation.WebServlet;
import javax.servlet.http.HttpServlet;
import javax.servlet.http.HttpServletRequest;
import javax.servlet.http.HttpServletResponse;
import com.alibaba.fastjson.JSON;
import edu.wtbu.pojo.Result;
import edu.wtbu.service.UsersService;

@WebServlet("/login")
public class LoginServlet extends HttpServlet {
    private static final long serialVersionUID = 1L;
    public LoginServlet() {
        super();
    }

    protected void doGet(HttpServletRequest request,HttpServletResponse response)
            throws ServletException,IOException {
        response.setContentType("text/html;charset = UTF-8");
        String email = request.getParameter("email");
        String password = request.getParameter("password");
        Result result = UsersService.login(email,password);
        String msg = JSON.toJSONString(result);
        response.getWriter().append(msg);
    }
    protected void doPost(HttpServletRequest request,HttpServletResponse response)
```

```
    throws ServletException,IOException {
    doGet(request,response);
    }
}
```

在 Servlet 类代码中，如果只向对象设置"email"的值，则 SQL 语句会走向带有 email 的 if 判断语句；同样，如果只向对象设置"password"的值，则 SQL 语句会走向带有 password 的 if 判断语句。如果向对象同时设置"email"和"password"的值，SQL 语句则依次进入两个 if 判断语句。在浏览器中输入 http://localhost:8080/MyBatisDemo/login?email=behappy@vip.sina.com&password=123456，页面会显示查询出来的用户信息，如图 4-11 所示。

图 4-11　页面会显示查询出来的用户信息

2. <choose>、<when>、<otherwise>元素

有时不想用到所有的条件语句，只想从中择取一两个条件语句，针对这种情况，MyBatis 提供了<choose>元素，该元素像 Java 中的 switch 语句。在 MyBatisDemo 应用中测试<choose>元素，具体过程如下。

（1）添加 SQL 映射语句。

mybatis-config.xml 文件的代码请参考第 4.4.4 节的代码。

在 edu.wtbu.mapper 包的 usersMapper.xml 文件中添加如下 SQL 映射语句：

```
<?xml version = "1.0" encoding = "UTF-8"?>
<!DOCTYPE mapper PUBLIC "-//mybatis.org//DTD Mapper 3.0//EN"
    "http://mybatis.org/dtd/mybatis-3-mapper.dtd">
```

```
<mapper namespace = "edu.wtbu.dao.UsersDao">
    <select id = "findUserListByPage" resultType = "java.util.HashMap"
        parameterType = "java.util.HashMap">
        select * from Users where 1 = 1
        <choose>
            <when test = "roleId == 0">
                and (FirstName like concat('%',#{name},'%')
                    or LastName like concat('%',#{name},'%'))
            </when>
            <otherwise>
                and RoleId = #{roleId} and (FirstName like concat('%',#{name},'%')
                    or LastName like concat('%',#{name},'%'))
            </otherwise>
        </choose>
        limit #{startIndex},#{pageSize}
    </select>

    <select id = "findUserCount" resultType = "java.lang.Integer"
        parameterType = "java.util.HashMap">
        select count(*) as total from Users where 1 = 1
        <choose>
            <when test="roleId == 0">
                and (FirstName like concat('%',#{name},'%')
                    or LastName like concat('%',#{name},'%') )
            </when>
            <otherwise>
                and RoleId = #{roleId} and (FirstName like concat('%',#{name},'%')
                    or LastName like concat('%',#{name},'%'))
            </otherwise>
        </choose>
    </select>
</mapper>
```

（2）添加数据操作接口方法。

edu.wtbu.dao 包中的 UsersDao.java 文件代码如下：

```java
package edu.wtbu.dao;

import java.io.InputStream;
import java.util.HashMap;
import java.util.List;
import org.apache.ibatis.io.Resources;
import org.apache.ibatis.session.SqlSession;
import org.apache.ibatis.session.SqlSessionFactory;
import org.apache.ibatis.session.SqlSessionFactoryBuilder;

public class UsersDao {
    public static List<HashMap<String,Object>> findUserListByPage(
        String name,int roleId,int startPage,int pageSize) {
        List<HashMap<String,Object>> list = null;
        try {
            String resource = "mybatis-config.xml";
            InputStream inputStream = Resources.getResourceAsStream(resource);
            SqlSessionFactory sqlSessionFactory =
                new SqlSessionFactoryBuilder().build(inputStream);
```

```
            SqlSession session = sqlSessionFactory.openSession();
            String statement = "edu.wtbu.dao.UsersDao.findUserListByPage";
            HashMap<String,Object> map = new HashMap<String,Object>();
            map.put("name",name);
            map.put("roleId",roleId);
            map.put("startIndex",(startPage-1)*pageSize);
            map.put("pageSize",pageSize);
            list = session.selectList(statement,map);
        } catch (Exception e) {
            e.printStackTrace();
        }
        return list;
    }

    public static int findUserCount(String name,int roleId) {
        int total = 0;
        try {
            String resource = "mybatis-config.xml";
            InputStream inputStream = Resources.getResourceAsStream(resource);
            SqlSessionFactory sqlSessionFactory =
                new SqlSessionFactoryBuilder().build(inputStream);
            SqlSession session = sqlSessionFactory.openSession();
            String statement = "edu.wtbu.dao.UsersDao.findUserCount";
            HashMap<String,Object> map = new HashMap<String,Object>();
            map.put("name",name);
            map.put("roleId",roleId);
            total = session.selectOne(statement,map);
        } catch (Exception e) {
            e.printStackTrace();
        }
        return total;
    }
}
```

edu.wtbu.service 包中的 UsersService.java 文件代码如下：

```
package edu.wtbu.service;

import java.util.HashMap;
import java.util.List;
import edu.wtbu.dao.UsersDao;
import edu.wtbu.pojo.Page;
import edu.wtbu.pojo.Result;

public class UsersService {

    /*
     *查询用户
     */
    public static Result userList(String name,int roleId,int startPage,int pageSize) {
        List<HashMap<String,Object>> list =
            UsersDao.findUserListByPage(name,roleId,startPage,pageSize);
        int total = UsersDao.findUserCount(name,roleId);
        Page page = new Page(total,startPage,pageSize);
        Result result = new Result("success",page,list);
        return result;
```

```
        }
}
```

（3）调用数据操作接口方法。

在 edu.wtbu.servlet 包中新建一个名为 UserListServlet.java 的文件。代码如下：

```java
package edu.wtbu.servlet;

import java.io.IOException;
import javax.servlet.ServletException;
import javax.servlet.annotation.WebServlet;
import javax.servlet.http.HttpServlet;
import javax.servlet.http.HttpServletRequest;
import javax.servlet.http.HttpServletResponse;
import com.alibaba.fastjson.JSON;
import edu.wtbu.pojo.Result;
import edu.wtbu.service.UsersService;

@WebServlet("/userList")
public class UserListServlet extends HttpServlet {
    private static final long serialVersionUID = 1L;

    public UserListServlet() {
        super();
    }

    protected void doGet(HttpServletRequest request,HttpServletResponse response)
        throws ServletException,IOException {
        doPost(request,response);
    }

    protected void doPost(HttpServletRequest request,HttpServletResponse response)
        throws ServletException,IOException {
        response.setContentType("text/html;charset = UTF-8");
        String name = request.getParameter("name");
        int roleId = 0;
        try {
            roleId = Integer.parseInt(request.getParameter("roleId"));
        } catch (Exception e) {
            roleId = 0;
        }
        int startPage = 1;
        try {
            startPage = Integer.parseInt(request.getParameter("startPage"));
        } catch (Exception e) {
            startPage = 1;
        }
        int pageSize = 10;
        try {
            pageSize = Integer.parseInt(request.getParameter("pageSize"));
        } catch (Exception e) {
            pageSize = 10;
        }
        Result result = UsersService.userList(name,roleId,startPage,pageSize);
        String msg = JSON.toJSONString(result);
```

```
        response.getWriter().append(msg);
    }
}
```

在浏览器中输入 http://localhost:8080/MyBatisDemo/userList?roleId=2&name=So&startPage=1&pageSize=10，查询结果如图 4-12 所示。当 roleId 不等于 0 时，恰好属于 otherwise 情况，使用 roleId 作为补充条件进行筛选。

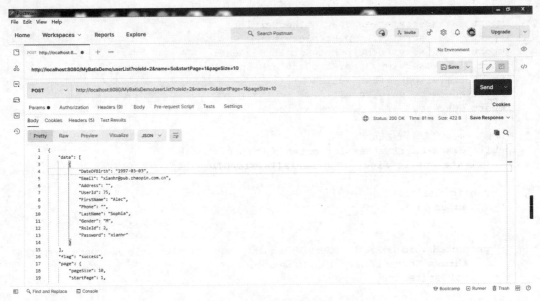

图 4-12　页面查询结果

3. <trim>、<where>、<set>元素

1）<where>元素

<where>元素的作用是会在写入<where>元素的地方输出一条 where 语句，另外一个好处是不需要考虑<where>元素里的条件输出是什么样子的，MyBatis 将智能处理。如果所有的条件都不满足，那么 MyBatis 就会查出所有的记录，如果输出后是以 and 开头的，则 MyBatis 会把第一个 and 忽略掉。

当然，如果是以 or 开头的，MyBatis 也会把 or 忽略掉。此外，在<where>元素中不需要考虑空格的问题，MyBatis 将智能加上。

（1）添加 SQL 映射语句。

mybatis-config.xml 文件的代码请参考第 4.4.4 节的代码。

在 edu.wtbu.mapper 包的 usersMapper.xml 文件中添加如下 SQL 映射语句：

```xml
<?xml version = "1.0" encoding = "UTF-8"?>
<!DOCTYPE mapper PUBLIC "-//mybatis.org//DTD Mapper 3.0//EN"
    "http://mybatis.org/dtd/mybatis-3-mapper.dtd">
<mapper namespace = "edu.wtbu.dao.UsersDao">
    <select id = "findByCondition" resultType = "java.util.HashMap"
        parameterType = "java.util.HashMap">
        select * from users
        <where>
            <if test = "email!= null and email != ''">
                and Email = #{email}
            </if>
            <if test = "password != null and password != ''">
                and Password = #{password}
            </if>
        </where>
    </select>
</mapper>
```

（2）添加数据操作接口方法。

edu.wtbu.dao 包中的 UsersDao.java 文件的代码请参考第 4.4.4 节的代码。

edu.wtbu.service 包中的 UsersService.java 文件的代码请参考第 4.4.4 节的代码。

（3）调用数据操作接口方法。

edu.wtbu.servlet 包中的 LoginServlet.java 文件的代码请参考第 4.4.4 节的代码。

在浏览器中输入 http://localhost:8080/MyBatisDemo/login?email=behappy@vip.sina.com&password=123456，页面会显示查询出来的用户信息。页面效果请参考第 4.4.4 节。

2）<set>元素

（1）添加 SQL 映射语句。

mybatis-config.xml 文件的代码请参考第 4.4.4 节的代码。

在 edu.wtbu.mapper 包的 usersMapper.xml 文件中添加如下 SQL 映射语句：

```xml
<?xml version = "1.0" encoding = "UTF-8"?>
<!DOCTYPE mapper PUBLIC "-//mybatis.org//DTD Mapper 3.0//EN"
    "http://mybatis.org/dtd/mybatis-3-mapper.dtd">
<mapper namespace = "edu.wtbu.dao.UsersDao">
    <update id = "updateUser" parameterType = "java.util.HashMap">
        update users
        <set>
            <if test = "email! = null">Email = #{email},</if>
            <if test = "firstName != null">FirstName = #{firstName},</if>
            <if test = "lastName != null">LastName = #{lastName},</if>
            <if test = "gender != null">Gender = #{gender},</if>
            <if test = "dateOfBirth != null">DateOfBirth = #{dateOfBirth},</if>
            <if test = "address != null">Address = #{address},</if>
            <if test = "phone != null">Phone = #{phone},</if>
            <if test = "photo != null">Photo = #{photo},</if>
            <if test = "roleId != null">RoleId = #{roleId},</if>
            <if test = "password != null">Password = #{password}</if>
        </set>
```

```
        where UserId = #{userId}
    </update>
</mapper>
```

（2）添加数据操作接口方法。

edu.wtbu.dao 包中的 UsersDao.java 文件代码如下：

```
package edu.wtbu.dao;
import java.io.InputStream;
import java.util.HashMap;
import org.apache.ibatis.io.Resources;
import org.apache.ibatis.session.SqlSession;
import org.apache.ibatis.session.SqlSessionFactory;
import org.apache.ibatis.session.SqlSessionFactoryBuilder;
public class UsersDao {
    public static int updateUser(HashMap<String,Object> map) {
        int result = 0;
        try {
            String resource = "mybatis-config.xml";
            InputStream inputStream = Resources.getResourceAsStream(resource);
            SqlSessionFactory sqlSessionFactory =
                new SqlSessionFactoryBuilder().build(inputStream);
            SqlSession session = sqlSessionFactory.openSession();
            String statement = "edu.wtbu.dao.UsersDao.updateUser";
            result = session.update(statement,map);
            session.commit();
            session.close();
        } catch (Exception e) {
            e.printStackTrace();
        }
        return result;
    }
}
```

（3）调用数据操作接口方法。

在 edu.wtbu.servlet 包中新建一个名为 UpdateUserServlet.java 文件。代码如下：

```
package edu.wtbu.servlet;
import java.io.IOException;
import java.util.HashMap;
import javax.servlet.ServletException;
import javax.servlet.annotation.WebServlet;
import javax.servlet.http.HttpServlet;
import javax.servlet.http.HttpServletRequest;
import javax.servlet.http.HttpServletResponse;
import com.alibaba.fastjson.JSON;
import edu.wtbu.dao.UsersDao;
import edu.wtbu.pojo.Result;

@WebServlet("/updateUser")
public class UpdateUserServlet extends HttpServlet {
    private static final long serialVersionUID = 1L;
    public UpdateUserServlet() {
        super();
    }
    protected void doGet(HttpServletRequest request,HttpServletResponse response)
        throws ServletException,IOException {
```

```
        //TODO 自动生成方法存根
        doPost(request,response);
    }
    protected void doPost(HttpServletRequest request,HttpServletResponse response)
        throws ServletException,IOException {
        response.setContentType("text/html;charset = UTF-8");

        String email = request.getParameter("email");
        String password = request.getParameter("password");
        String firstName = request.getParameter("firstName");
        String lastName = request.getParameter("lastName");
        String gender = request.getParameter("gender");
        String dateOfBirth = request.getParameter("dateOfBirth");
        String phone = request.getParameter("phone");
        String photo = request.getParameter("photo");
        String address = request.getParameter("address");
        int userId = 0;
        try {
            userId = Integer.parseInt(request.getParameter("userId"));
        } catch (Exception e) {
            userId = 0;
        }
        int roleId = 0;
        try {
            roleId = Integer.parseInt(request.getParameter("roleId"));
        } catch (Exception e) {
            roleId = 0;
        }
        HashMap<String,Object> map = new HashMap<String,Object>();
        map.put("userId",userId);
        map.put("email",email);
        map.put("firstName",firstName);
        map.put("lastName",lastName);
        map.put("dateOfBirth",dateOfBirth);
        map.put("address",address);
        map.put("gender",gender);
        map.put("password",password);
        map.put("phone",phone);
        map.put("photo",photo);
        map.put("roleId",roleId);
        Result result = new Result("fail",null,null);
        int updateResult = UsersDao.updateUser(map);
        if (updateResult > 0) {
            result.setFlag("success");
        }
        String msg = JSON.toJSONString(result);
        response.getWriter().append(msg);
    }
}
```

在浏览器中输入 http://localhost:8080/MyBatisDemo/updateUser?email=645@qq.com&password=555555&firstName=op&lastName=art&gender=M&userId=99，更新用户成功后页面出现 "success"，如图 4-13 所示。

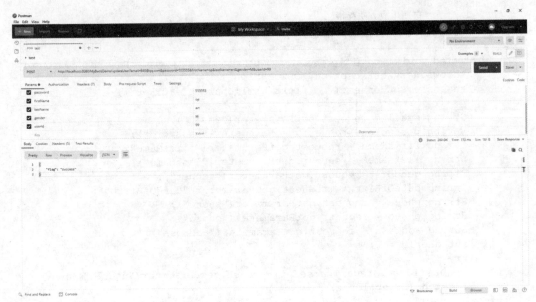

图 4-13　更新用户成功后页面出现"success"

3）<trim>元素

<trim>元素的主要功能是可以在自己包含的内容前加上某些前缀，也可以在其后加上某些后缀，与之对应的属性是 prefix 和 suffix。

可以把首部的某些内容覆盖掉，即忽略掉，也可以把尾部的某些内容覆盖掉，对应的属性是 prefixOverrides 和 suffixOverrides。正因为<trim>元素有这样的功能，所以也可以非常简单地利用<trim>元素来代替<set>、<where>元素的功能。

（1）<trim>元素代替<set>元素。

①添加 SQL 映射语句。

mybatis-config.xml 文件的代码请参考第 4.4.4 节的代码。

在 edu.wtbu.mapper 包的 usersMapper.xml 文件中添加如下 SQL 映射语句：

```xml
<?xml version="1.0" encoding = "UTF-8"?>
<!DOCTYPE mapper PUBLIC "-//mybatis.org//DTD Mapper 3.0//EN"
    "http://mybatis.org/dtd/mybatis-3-mapper.dtd">
<mapper namespace = "edu.wtbu.dao.UsersDao">
    <update id = "updateUser" parameterType = "java.util.HashMap">
        update users
        <trim prefix = "set" suffix="where UserId = #{userId}">
        <if test = "email! = null">Email = #{email},</if>
        <if test = "firstName != null">FirstName = #{firstName},</if>
        <if test = "lastName != null">LastName = #{lastName},</if>
        <if test = "gender != null">Gender = #{gender},</if>
        <if test = "dateOfBirth != null">DateOfBirth = #{dateOfBirth},</if>
        <if test = "address != null">Address = #{address},</if>
        <if test = "phone != null">Phone = #{phone},</if>
        <if test = "photo != null">Photo = #{photo},</if>
```

```
            <if test = "roleId != null">RoleId = #{roleId},</if>
            <if test = "password != null">Password = #{password}</if>
        </trim>
    </update>
</mapper>
```

②添加数据操作接口方法。

edu.wtbu.dao 包中的 UsersDao.java 文件的代码请参考 "<set>元素" 中的内容。

③调用数据操作接口方法。

edu.wtbu.servlet 包中的 UpdateUserServlet.java 文件的代码请参考 "<set>元素" 中的内容。

在浏览器中输入 http://localhost:8080/MyBatisDemo/updateUser?email=6456@qq.com&password=555555&firstName=op&lastName=art&gender=M&userId=98,更新用户成功后页面出现 "success"。页面效果请参考 "<set>元素" 中的内容。

（2）<trim>元素代替<where>元素。

①添加 SQL 映射语句。

mybatis-config.xml 文件的代码请参考第 4.4.4 节的代码。

在 edu.wtbu.mapper 包的 usersMapper.xml 文件中添加如下 SQL 映射语句：

```
<?xml version = "1.0" encoding = "UTF-8"?>
<!DOCTYPE mapper PUBLIC "-//mybatis.org//DTD Mapper 3.0//EN"
    "http://mybatis.org/dtd/mybatis-3-mapper.dtd">
<mapper namespace = "edu.wtbu.dao.UsersDao">
    <select id = "findByCondition" resultType = "java.util.HashMap"
        parameterType = "java.util.HashMap">
        select * from users
        <trim prefix = "where" prefixOverrides = "and | or">
            <if test = "email != null and email != ''">
                and Email = #{email}
            </if>
            <if test = "password != null and password != ''">
                and Password = #{password}
            </if>
        </trim>
    </select>
</mapper>
```

②添加数据操作接口方法。

edu.wtbu.dao 包中的 UsersDao.java 文件的代码请参考 "<where>元素" 中的内容。

③调用数据操作接口方法。

edu.wtbu.servlet 包中的 LoginServlet.java 文件的代码请参考 "<where>元素" 中的内容。

在浏览器中输入 http://localhost:8080/MyBatisDemo/login?email=behappy@vip.sina.Com&password=123456,页面会显示查询出来的用户信息。页面效果请参考 "<where>元素" 中的内容。

4. <foreach>元素

<foreach>元素主要用在构建 in 条件中，它可以在 SQL 语句中迭代一个集合。

<foreach>元素的属性主要有 item、index、open、separator、close、collection 等。

（1）item 表示集合中每个元素进行迭代时的别名。

（2）index 指定一个名字，表示在迭代过程中每次迭代到的位置。

（3）open 表示该语句以什么开始。

（4）separator 表示在每次进行迭代时以什么符号作为分隔符。

（5）close 表示以什么结束。

当使用<foreach>元素时，最关键也最容易出错的是 collection 属性，该属性是必选的，但在不同的情况下，该属性的值是不一样的，主要有以下 3 种情况。

（1）如果传入的是单参数且参数类型是一个 List，则 collection 的属性值为 list。

（2）如果传入的是单参数且参数类型是一个 array 数组，则 collection 的属性值为 array。

（3）如果传入的参数为多个，则需要把它们封装成一个 Map。当然，单参数也可以封装成 Map。Map 的 key 是参数名，collection 的属性值是传入的 List 或 array 对象在自己封装的 Map 中的 key。

在 Eclipse 中创建一个名为 MyBatisDemo 的动态网站项目，添加 mybatis-3.5.0.jar 包、mysql-connector-java-8.0.16.jar 包和 fastjson-1.2.66.jar 包，可从 http://www.20-80.cn/bookResources/JavaWeb_book 下载。

在 src 目录下创建 edu.wtbu.pojo 包，在此包路径下创建 Page.java、Result.java 两个文件，其代码请参考第 4.1.4 节的代码。

在 src 目录下创建 mybatis-config.xml 文件，其代码请参考第 4.1.4 节的代码。

在 src 目录下创建 edu.wtbu.mapper 包，在此包路径下创建 usersMapper.xml 文件，代码如下：

```xml
<?xml version = "1.0" encoding = "UTF-8" ?>
<!DOCTYPE mapper PUBLIC "-//mybatis.org//DTD Mapper 3.0//EN"
    "http://mybatis.org/dtd/mybatis-3-mapper.dtd">
<mapper namespace = "edu.wtbu.dao.UsersDao">
    <select id = "findUsersByIds" parameterType = "java.util.List"
        resultType = "java.util.HashMap">
        select * from Users where UserId in
        <foreach item = "item" index = "index" collection = "list"
            open = "(" separator = ","close = ")">
            #{item}
        </foreach>
    </select>
</mapper>
```

在 src 目录下创建 edu.wtbu.dao 包，在此包路径下创建 UsersDao.java 的类文件，代码如下：

```java
package edu.wtbu.dao;
import java.io.InputStream;
import java.util.HashMap;
import java.util.List;
import org.apache.ibatis.io.Resources;
import org.apache.ibatis.session.SqlSession;
import org.apache.ibatis.session.SqlSessionFactory;
import org.apache.ibatis.session.SqlSessionFactoryBuilder;
public class UsersDao {
    public static List<HashMap<String,Object>> findUsersByIds(List<Integer> idList) {
        List<HashMap<String,Object>> users = null;
        try {
            String resource = "mybatis-config.xml";
            InputStream inputStream = Resources.getResourceAsStream(resource);
            SqlSessionFactory sqlSessionFactory =
                new SqlSessionFactoryBuilder().build(inputStream);
            SqlSession session = sqlSessionFactory.openSession();
            String statement = "edu.wtbu.dao.UsersDao.findUsersByIds";
            users = session.selectList(statement,idList);
        } catch (Exception e) {
            e.printStackTrace();
        }
        return users;
    }
}
```

在 src 目录下创建 edu.wtbu.servlet 包，并创建 GetUserListByIdsServlet.java 文件，代码如下：

```java
package edu.wtbu.servlet;
import java.io.IOException;
import java.util.ArrayList;
import java.util.HashMap;
import java.util.List;
import javax.servlet.ServletException;
import javax.servlet.annotation.WebServlet;
import javax.servlet.http.HttpServlet;
import javax.servlet.http.HttpServletRequest;
import javax.servlet.http.HttpServletResponse;
import com.alibaba.fastjson.JSON;
import edu.wtbu.dao.UsersDao;
import edu.wtbu.pojo.Result;

@WebServlet("/getUserListByIds")
public class GetUserListByIdsServlet extends HttpServlet {
    private static final long serialVersionUID = 1L;
    public GetUserListByIdsServlet() {
        super();
    }
    protected void doGet(HttpServletRequest request,HttpServletResponse response)
        throws ServletException,IOException {
        response.setContentType("text/html;charset = UTF-8");
        String userIdStr = request.getParameter("userIdStr");
        List<Integer> idList = new ArrayList<Integer>();
        try {
            String[] ids = userIdStr.split(",");
            for (int i = 0;i < ids.length;i++) {
```

```
                idList.add(Integer.parseInt(ids[i]));
            }
        } catch (Exception e) {
            e.printStackTrace();
        }
        List<HashMap<String,Object>> users = UsersDao.findUsersByIds(idList);
        Result result = new Result("success",null,users);
        String msg = JSON.toJSONString(result);
        response.getWriter().append(msg);
    }
    protected void doPost(HttpServletRequest request,HttpServletResponse response)
        throws ServletException,IOException {
        doGet(request,response);
    }
}
```

5. <bind>元素

在进行模糊查询时，如果使用"${}"拼接字符串，则无法防止 SQL 注入问题。如果使用字符串拼接函数或连接符号，那么不同数据库的拼接函数或连接符号不同。

例如 MySQL 的 concat 函数、Oracle 的连接符号 "||"，这样，SQL 映射文件就需要根据不同的数据库提供不同的实现，显然比较麻烦且不利于代码的移植。MyBatis 提供了<bind>元素来解决这一问题。

在 Eclipse 中创建一个名为 MyBatisDemo 的动态网站项目，添加 mybatis-3.5.0.jar 包、mysql-connector-java-8.0.16.jar 包和 fastjson-1.2.66.jar 包，可从 http://www.20-80.cn/bookResources/JavaWeb_book 下载。

在 src 目录下创建 edu.wtbu.pojo 包，在此包路径下创建 Page.java、Result.java 两个文件，其代码请参考第 4.1.4 节的代码。

在 src 目录下创建 mybatis-config.xml 文件，其代码请参考第 4.1.4 节的代码。

在 src 目录下创建 edu.wtbu.mapper 包，在此包路径下创建 usersMapper.xml 文件，代码如下：

```xml
<?xml version = "1.0" encoding = "UTF-8" ?>
<!DOCTYPE mapper PUBLIC "-//mybatis.org//DTD Mapper 3.0//EN"
    "http://mybatis.org/dtd/mybatis-3-mapper.dtd">

<mapper namespace = "edu.wtbu.dao.UsersDao">
    <!--不使用 bind 元素进行模糊查询-->
    <!--
    <select id = "findUserListByPage" parameterType =
        "java.util.HashMap" resultType = "java.util.HashMap">
        select * from Users where FirstName like concat('%',#{name},'%')
            or LastName like concat('%',#{name},'%') limit #{startIndex},#{pageSize}
    </select>

    <select id = "findUserCount" parameterType =
        "java.util.HashMap" resultType = "java.lang.Integer">
        select count(*) as total from Users where FirstName like concat(
```

```
                '%',#{name},'%') or LastName like concat('%',#{name},'%')
    </select>
    -->

    <!--使用 bind 元素进行模糊查询-->
    <select id = "findUserListByPage" parameterType =
        "java.util.HashMap" resultType = "java.util.HashMap">
        <!--bind 中的 name 是 key, value 是传送过来的参数-->
        <bind name = "param_name" value = "'%'+name+'%'"/>
        select * from Users where FirstName like #{param_name}
            or LastName like #{param_name} limit #{startIndex},#{pageSize}
    </select>

    <select id = "findUserCount" parameterType =
        "java.util.HashMap" resultType = "java.lang.Integer">
        <bind name = "param_name" value = "'%'+name+'%'"/>
        select count(*) as total from Users where FirstName like #{param_name}
            or LastName like #{param_name}
    </select>
</mapper>
```

在 src 目录下创建 edu.wtbu.dao 包，在此包路径下创建 UsersDao.java 的类文件，代码如下：

```java
package edu.wtbu.dao;

import java.io.InputStream;
import java.util.HashMap;
import java.util.List;
import org.apache.ibatis.io.Resources;
import org.apache.ibatis.session.SqlSession;
import org.apache.ibatis.session.SqlSessionFactory;
import org.apache.ibatis.session.SqlSessionFactoryBuilder;

public class UsersDao {
    public static List<HashMap<String,Object>> findUserListByPage(
        String name,int startPage,int pageSize) {
        List<HashMap<String,Object>> users = null;
        try {
            String resource = "mybatis-config.xml";
            InputStream inputStream = Resources.getResourceAsStream(resource);
            SqlSessionFactory sqlSessionFactory =
                new SqlSessionFactoryBuilder().build(inputStream);
            SqlSession session = sqlSessionFactory.openSession();
            String statement = "edu.wtbu.dao.UsersDao.findUserListByPage";
            HashMap<String,Object> map = new HashMap<String,Object>();
            map.put("name",name);
            map.put("startIndex",(startPage-1)*pageSize);
            map.put("pageSize",pageSize);
            users = session.selectList(statement,map);
        } catch (Exception e) {
            e.printStackTrace();
        }
        return users;
    }

    public static int findUserCount(String name) {
        int total = 0;
```

```
    try {
        String resource = "mybatis-config.xml";
        InputStream inputStream = Resources.getResourceAsStream(resource);
        SqlSessionFactory sqlSessionFactory =
            new SqlSessionFactoryBuilder().build(inputStream);
        SqlSession session = sqlSessionFactory.openSession();
        String statement = "edu.wtbu.dao.UsersDao.findUserCount";
        HashMap<String,Object> map = new HashMap<String,Object>();
        map.put("name",name);
        total = session.selectOne(statement,map);
    } catch (Exception e) {
        e.printStackTrace();
    }
    return total;
    }
}
```

在 src 目录下创建 edu.wtbu.service 包，在此包路径下创建 UserService.java 文件，代码如下：

```
package edu.wtbu.service;

import java.util.HashMap;
import java.util.List;
import edu.wtbu.dao.UsersDao;
import edu.wtbu.pojo.Page;
import edu.wtbu.pojo.Result;

public class UsersService {
    public static Result userList(String name,int startPage,int pageSize) {
        List<HashMap<String,Object>> list =
            UsersDao.findUserListByPage(name,startPage,pageSize);
        int total = UsersDao.findUserCount(name);
        Page page = new Page(total,startPage,pageSize);
        Result result = new Result("success",page,list);
        return result;
    }
}
```

在 src 目录下创建 edu.wtbu.servlet 包，在此包路径下创建 UserListServlet.java 文件，代码如下：

```
package edu.wtbu.servlet;

import java.io.IOException;
import javax.servlet.ServletException;
import javax.servlet.annotation.WebServlet;
import javax.servlet.http.HttpServlet;
import javax.servlet.http.HttpServletRequest;
import javax.servlet.http.HttpServletResponse;
import com.alibaba.fastjson.JSON;
import edu.wtbu.pojo.Result;
import edu.wtbu.service.UsersService;

@WebServlet("/userList")
public class UserListServlet extends HttpServlet {
    private static final long serialVersionUID = 1L;

    public UserListServlet() {
```

```
        super();
    }

    protected void doGet(HttpServletRequest request,HttpServletResponse response)
        throws ServletException,IOException {
        doPost(request,response);
    }

    protected void doPost(HttpServletRequest request,HttpServletResponse response)
        throws ServletException,IOException {
        response.setContentType("text/html;charset = UTF-8");
        String name = request.getParameter("name");
        int startPage = 1;
        try {
            startPage = Integer.parseInt(request.getParameter("startPage"));
        } catch (Exception e) {
            startPage = 1;
        }
        int pageSize = 10;
        try {
            pageSize = Integer.parseInt(request.getParameter("pageSize"));
        } catch (Exception e) {
            pageSize = 10;
        }
        Result result = UsersService.userList(name,startPage,pageSize);
        String msg = JSON.toJSONString(result);
        response.getWriter().append(msg);
    }
}
```

【附件四】

为了方便你的学习，我们将该章中的相关附件上传到下面所示的二维码，你可以自行扫码查看。

第 5 章　Servlet+MyBatis 项目开发

学习目标：

- 开发框架；
- 利用 Servlet+MyBatis 框架完成航空管理系统的接口开发。

在第 3 章 Servlet+JDBC 项目的开发中，使用了 JDBC 来实现数据库的功能，不仅代码量大，而且效率不高。本章使用 MyBatis 代替 JDBC 与数据库连接的方式，消除了 JDBC 大量冗余的代码，提高了开发效率。

5.1　开发框架

5.1.1　开发框架概述

航空管理系统采用 Servlet+MyBatis 框架开发，数据持久化使用 MyBatis 完成。这个框架是目前流行的 Java 开源框架之一。

5.1.2　开发环境的搭建

1. 航空管理系统说明

航空管理系统可在 http://www.20-80.cn/bookResources/JavaWeb_book 中直接下载第 3 章的代码，并在第 3 章项目代码的基础上进行变动，关键步骤如下。

- 添加 jar 包。
- 创建 MyBatis 数据库持久化类 MybatisHelper。
- 创建项目包（package）。
- 创建 Mapper 以及 Dao 层方法。
- 替换 service 中的 Dao 方法。

2. 添加 jar 包

在 http://www.20-80.cn/bookResources/JavaWeb_book 中下载 mybatis-3.5.0.jar 文件，并拷贝到 WebContent/ WEB-INF/lib 目录下。

3. 创建 MyBatis 数据库持久化类 MybatisHelper

新建一个名为 MybatisHelper 的类，该类的存放目录请参考第 3.2.2 节中创建文件的存放目录，在该类中添加如下代码：

```
package edu.wtbu.helper;
import java.util.HashMap;
import java.util.List;
import org.apache.ibatis.io.Resources;
import org.apache.ibatis.session.SqlSession;
import org.apache.ibatis.session.SqlSessionFactory;
import org.apache.ibatis.session.SqlSessionFactoryBuilder;
public class MybatisHelper {
    public static SqlSession getSqlSession() {
        SqlSession session = null;
        String resource = "mybatis-config.xml";
        try {
            //通过上面的配置文件创建 SqlSessionFactory
            SqlSessionFactory sessionFactory = new SqlSessionFactoryBuilder()
                .build(Resources.getResourceAsReader(resource));
            //通过 SqlSessionFactory 创建 sqlSession
            session = sessionFactory.openSession();
        } catch(Exception e) {
            e.printStackTrace();
        }
        return session;
    }
    public static int insert(String statement,HashMap<String,Object> parameter) {
        int result = 0;
        try {
            SqlSession session = getSqlSession();
            result = session.insert(statement,parameter);
            session.commit();
            session.close();
        } catch (Exception e) {
            e.printStackTrace();
        }
        return result;
    }
    public static int update(String statement,HashMap<String,Object> parameter) {
        int result = 0;
        try {
            SqlSession session = getSqlSession();
            result = session.update(statement,parameter);
            session.commit();
            session.close();
        } catch (Exception e) {
            e.printStackTrace();
        }
        return result;
    }
    public static List<HashMap<String,Object>> selectList(
        String statement,HashMap<String,Object> param){
        List<HashMap<String,Object>> list = null;
```

```
    try {
        SqlSession session = getSqlSession();
        list = session.selectList(statement,param);
        session.close();
    } catch (Exception e) {
        e.printStackTrace();
    }
    return list;
}
public static Object selectOne(String statement,HashMap<String,Object> parameter){
    Object result = null;
    try {
        SqlSession session = getSqlSession();
        result = session.selectOne(statement,parameter);
        session.close();
    } catch (Exception e) {
        e.printStackTrace();
    }
    return result;
}
}
```

4. 创建项目包

新建两个名为 edu.wtbu.mybatisDao 和 edu.wtbu.mapper 的包，包里的类或文件的代码请参考第 5.2.1 节中的代码。

5.2 接口开发

5.2.1 用户登录接口

1. Mapper 代码

在 edu.wtbu.mapper 包下新建一个名为 usersMapper.xml 的文件，并在该文件中添加如下代码：

```xml
<?xml version = "1.0" encoding = "UTF-8" ?>
<!DOCTYPE mapper PUBLIC "-//mybatis.org//DTD Mapper 3.0//EN"
    "http://mybatis.org/dtd/mybatis-3-mapper.dtd">
<mapper namespace = "edu.wtbu.dao.UsersDao">
    <select id = "findByEmailAndPassword" parameterType =
        "java.util.HashMap" resultType = "java.util.HashMap">
        select * from Users where Email = #{email} and Password = #{password}
    </select>
    <select id = "findByEmail" parameterType =
        "java.util.HashMap" resultType = "java.util.HashMap">
        select * from Users where Email = #{email}
    </select>
</mapper>
```

2. Dao 层代码

在 edu.wtbu.mybatisDao 包下新建一个名为 UsersDao 的类，并在该类中添加如下代码：

```java
package edu.wtbu.mybatisDao;
import java.util.HashMap;
import java.util.List;
import edu.wtbu.helper.MybatisHelper;
public class UsersDao {
    public static HashMap<String,Object> findByEmailAndPassword(
        String email,String password) {
        HashMap<String,Object> param = new HashMap<String,Object>();
        param.put("email",email);
        param.put("password",password);
        List<HashMap<String,Object>> list = MybatisHelper.selectList(
            "edu.wtbu.dao.UsersDao.findByEmailAndPassword",param);
        if (list != null && list.size() > 0) {
            return list.get(0);
        } else {
            return null;
        }
    }
    public static List<HashMap<String,Object>> findByEmail(String email) {
        HashMap<String,Object> param = new HashMap<String,Object>();
        param.put("email",email);
        return MybatisHelper.selectList("edu.wtbu.dao.UsersDao.findByEmail",param);
    }
}
```

3. mybatis-config.xml 配置文件

在航空管理系统的 src 目录下创建一个名为 mybatis-config.xml 的配置文件，用此配置文件
与数据库连接，具体代码如下：

```xml
<?xml version = "1.0" encoding = "UTF-8" ?>
<!DOCTYPE configuration PUBLIC "-//mybatis.org//DTD Config 3.0//EN"
    "http://mybatis.org/dtd/mybatis-3-config.dtd">
<configuration>
    <environments default = "development">
        <environment id = "development">
            <transactionManager type = "JDBC"/>
            <dataSource type = "POOLED">
                <property name = "driver" value = "com.mysql.cj.jdbc.Driver"/>
                <property name = "url" value = "jdbc:mysql://localhost:3306/
                    session1?serverTimezone = GMT%2B8&amp;
                    useOldAliasMetadataBehavior = true"/>
            <property name = "username" value = "root"/>
            <property name = "password" value = "123456"/>
            </dataSource>
        </environment>
    </environments>
    <mappers>
        <mapper resource = "edu/wtbu/mapper/usersMapper.xml"/>
    </mappers>
</configuration>
```

5.2.2　用户查询接口

1. Mapper 代码

在第 5.2.1 节中创建的 usersMapper.xml 文件里添加如下代码：

```xml
<select id = "findUserListByPage" parameterType =
    "java.util.HashMap" resultType = "java.util.HashMap">
    select * from Users where (FirstName like concat('%',#{name},'%')
    or LastName like concat('%',#{name},'%')) order by FirstName asc
    limit #{startIndex},#{pageSize}
</select>
<select id = "findUserListByPageAndRoleId" parameterType =
    "java.util.HashMap" resultType = "java.util.HashMap">
    select * from Users where RoleId = #{roleId} and (FirstName like concat(
    '%',#{name},'%') or LastName like concat('%',#{name},'%')) order by FirstName
    asc limit #{startIndex},#{pageSize}
</select>
<select id = "findUserCount" parameterType =
    "java.util.HashMap" resultType = "java.lang.Integer">
    select count(1) as Total from Users where FirstName like concat('%',#{name},'%')
    or LastName like concat('%',#{name},'%')
</select>
<select id = "findUserCountAndRoleId" parameterType =
    'java.util.HashMap" resultType = "java.lang.Integer">
    select count(1) as Total from Users where RoleId = #{roleId} and (
    FirstName like concat('%',#{name},'%') or LastName like concat('%',#{name},'%'))
</select>
```

2. Dao 层代码

在第 5.2.1 节中创建的 UsersDao 类里添加如下代码：

```java
public static List<HashMap<String,Object>> findUserListByPage(
    String name,int startPage,int pageSize) {
    HashMap<String,Object> param = new HashMap<String,Object>();
    param.put("name",name);
    param.put("startIndex",(startPage-1)*pageSize);
    param.put("pageSize",pageSize);
    return MybatisHelper.selectList("edu.wtbu.dao.UsersDao.findUserListByPage",param);
}
public static List<HashMap<String,Object>> findUserListByPageAndRoleId(
    String name,int roleId,int startPage,int pageSize) {
    HashMap<String,Object> param = new HashMap<String,Object>();
    param.put("name",name);
    param.put("roleId",roleId);
    param.put("startIndex",(startPage-1)*pageSize);
    param.put("pageSize",pageSize);
    return MybatisHelper.selectList(
        "edu.wtbu.dao.UsersDao.findUserListByPageAndRoleId",param);
}
public static int findUserCount(String name) {
    HashMap<String,Object> param = new HashMap<String,Object>();
    param.put("name",name);
    Object result = MybatisHelper.selectOne("edu.wtbu.dao.UsersDao.findUserCount",param);
    int total = 0;
```

```
    if(result != null) {
        total = Integer.parseInt(result.toString());
    }
    return total;
}
public static int findUserCountAndRoleId(String name,int roleId) {
    HashMap<String,Object> param = new HashMap<String,Object>();
    param.put("name",name);
    param.put("roleId",roleId);
    Object result = MybatisHelper.selectOne(
        "edu.wtbu.dao.UsersDao.findUserCountAndRoleId",param);
    int total = 0;
    if(result != null) {
        total = Integer.parseInt(result.toString());
    }
    return total;
}
```

5.2.3　用户增加接口

1. Mapper 代码

在第 5.2.1 节中创建的 usersMapper.xml 文件里添加如下代码：

```
<insert id = "addUser" parameterType = "java.util.HashMap">
    insert into Users
    (Email,Password,FirstName,LastName,Gender,DateOfBirth,Phone,Photo,Address,RoleId)
    values
    (#{email},#{password},#{firstName},#{lastName},#{gender},
        #{dateOfBirth},#{phone},#{photo},#{address},#{roleId})
</insert>
```

2.Dao 层代码

在第 5.2.1 节中创建的 UsersDao 类里添加如下代码：

```
public static int addUser(HashMap<String,Object> map) {
    return MybatisHelper.insert("edu.wtbu.dao.UsersDao.addUser",map);
}
```

5.2.4　获取用户信息接口

1. Mapper 代码

在第 5.2.1 节中创建的 usersMapper.xml 文件里添加如下代码：

```
<select id = "findByUserId" parameterType =
    "java.util.HashMap" resultType = "java.util.HashMap">
    select * from Users where UserId = #{userId}
</select>
```

2. Dao 层代码

在第 5.2.1 节中创建的 UsersDao 类里添加如下代码：

```
public static HashMap<String,Object> findByUserId(int userId) {
    HashMap<String,Object> param = new HashMap<String,Object>();
    param.put("userId",userId);
```

```
HashMap<String,Object> user = null;
Object result = MybatisHelper.selectOne("edu.wtbu.dao.UsersDao.findByUserId",param);
if(result != null) {
user = (HashMap<String,Object>) result;
}
return user;
}
```

5.2.5 用户更新接口

1. Mapper 代码

在第 5.2.1 节中创建的 usersMapper.xml 里添加如下代码:

```
<select id = "findByEmailAndUserId" parameterType = "java.util.HashMap"
    resultType = "java.util.HashMap">
    select * from Users where Email = #{email} and UserId != #{userId}
</select>
<update id = "updateUser" parameterType = "java.util.HashMap">
    update Users set
    Email = #{email},FirstName = #{firstName},LastName = #{lastName},
        Gender = #{gender},DateOfBirth = #{dateOfBirth},Phone = #{phone},
        Photo = #{photo},Address = #{address},RoleId = #{roleId}
    where UserId = #{userId}
</update>
```

2. Dao 层代码

在第 5.2.1 节中创建的 UsersDao 类里添加如下代码:

```
public static List<HashMap<String,Object>> findByEmailAndUserId(
        String email,int userId) {
    HashMap<String,Object> param = new HashMap<String,Object>();
    param.put("email",email);
    param.put("userId",userId);
    return MybatisHelper.selectList("edu.wtbu.dao.UsersDao.findByEmailAndUserId",param);
}
public static int updateUser(HashMap<String,Object> map) {
    return MybatisHelper.update("edu.wtbu.dao.UsersDao.updateUser",map);
}
```

5.2.6 城市查询接口

1. Mapper 代码

在 edu.wtbu.mapper 包下新建一个名为 cityMapper.xml 文件,并在该文件中添加如下代码:

```
<?xml version = "1.0" encoding = "UTF-8"?>
<!DOCTYPE mapper PUBLIC "-//mybatis.org//DTD Mapper 3.0//EN"
    "http://mybatis.org/dtd/mybatis-3-mapper.dtd">
<mapper namespace = "edu.wtbu.dao.CityDao">
    <select id = "getCityNames" resultType = "java.util.HashMap">
        select * from City
    </select>
</mapper>
```

2. Dao 层代码

在 edu.wtbu.mybatisDao 包下新建一个名为 CityDao 的类，并在该类中添加如下代码：

```
package edu.wtbu.mybatisDao;
import java.util.HashMap;
import java.util.List;
import org.apache.ibatis.session.SqlSession;
import edu.wtbu.helper.MybatisHelper;
public class CityDao {
    public static List<HashMap<String,Object>> getCityNames() {
        List<HashMap<String,Object>> cityList = null;
        try {
            SqlSession session = MybatisHelper.getSqlSession();
            String statement = "edu.wtbu.dao.CityDao.getCityNames";
            cityList = session.selectList(statement);
        }catch(Exception e) {
            e.printStackTrace();
        }
        return cityList;
    }
}
```

3. mybatis-config.xml 配置文件

在第 5.2.1 节中创建的 mybatis-config.xml 文件的<mappers>标签里添加如下代码：

```
<mapper resource = "edu/wtbu/mapper/cityMapper.xml"/>
```

5.2.7　航班状态查询接口

1. Mapper 代码

在 edu.wtbu.mapper 包下新建一个名为 scheduleMapper 的 xml 文件，并在该文件中添加如下代码：

```
<?xml version = "1.0" encoding = "UTF-8"?>
<!DOCTYPE mapper PUBLIC "-//mybatis.org//DTD Mapper 3.0//EN"
    "http://mybatis.org/dtd/mybatis-3-mapper.dtd">
<mapper namespace = "edu.wtbu.dao.ScheduleDao">
    <select id = "findScheduleByDate" parameterType = "java.util.HashMap"
        resultType = "java.util.HashMap">
        select
            `Schedule`.ScheduleId,
            `Schedule`.Date,
            `Schedule`.Time,
            FlightStatus.ActualArrivalTime,
            Route.DepartureAirportIATA,
            DepartCity.CityName as DepartCityName,
            Route.ArrivalAirportIATA,
            ArriveCity.CityName as ArriveCityName,
            `Schedule`.FlightNumber,
            `Schedule`.Gate,
            Route.FlightTime
        from `Schedule`
        left join FlightStatus on FlightStatus.ScheduleId = `Schedule`.ScheduleId
```

```
            left join Route on Route.RouteId = `Schedule`.RouteId
            left join Airport as DepartAirport on DepartAirport.IATACode =
                Route.DepartureAirportIATA
            left join Airport as ArriveAirport on ArriveAirport.IATACode =
                Route.ArrivalAirportIATA
            left join City as DepartCity on DepartCity.CityCode = DepartAirport.CityCode
            left join City as ArriveCity on ArriveCity.CityCode = ArriveAirport.CityCode
            where `Schedule`.Date between #{startDate} and #{endDate}
            order by `Schedule`.Date,`Schedule`.FlightNumber limit #{startIndex},#{pageSize}
    </select>
    <select id = "findScheduleCountByDate" parameterType = "java.util.HashMap"
        resultType = "java.lang.Integer">
            select count(1) as Total from `Schedule` where Date between
                #{startDate} and #{endDate}
    </select>
</mapper>
```

2. Dao 层代码

在 edu.wtbu.mybatisDao 包下新建一个名为 ScheduleDao 的类，并在该类中添加如下代码：

```java
package edu.wtbu.mybatisDao;
import java.util.HashMap;
import java.util.List;
import edu.wtbu.helper.MybatisHelper;
public class ScheduleDao {
    public static List<HashMap<String, Object>> findScheduleByDate(
        String startDate,String endDate,int startPage,int pageSize){
        HashMap<String,Object> param = new HashMap<String,Object>();
        param.put("startDate",startDate);
        param.put("endDate",endDate);
        param.put("startIndex",(startPage-1)*pageSize);
        param.put("pageSize",pageSize);
        return MybatisHelper.selectList(
            "edu.wtbu.dao.ScheduleDao.findScheduleByDate",param);
    }
    public static int findScheduleCountByDate(String startDate,String endDate) {
        HashMap<String,Object> param = new HashMap<String,Object>();
        param.put("startDate",startDate);
        param.put("endDate",endDate);
        Object result = MybatisHelper.selectOne(
            "edu.wtbu.dao.ScheduleDao.findScheduleCountByDate",param);
        int count = 0;
        if(result != null) {
            count = Integer.parseInt(result.toString());
        }
        return count;
    }
}
```

3. mybatis-config.xml 配置文件

在第 5.2.1 节中创建的 mybatis-config.xml 文件的<mappers>标签里添加如下代码：

```xml
<mapper resource = "edu/wtbu/mapper/scheduleMapper.xml"/>
```

5.2.8　航班计划查询（管理员）接口

1. Mapper 代码

在第 5.2.7 节中创建的 scheduleMapper.xml 文件里添加如下代码：

```
<select id = "findScheduleByCityAndDate" parameterType = "java.util.HashMap"
    resultType = "java.util.HashMap">
    select
        `Schedule`.ScheduleId,
        `Schedule`.Date,
        `Schedule`.Time,
        Route.DepartureAirportIATA,
        DepartCity.CityName as DepartCityName,
        Route.ArrivalAirportIATA,
        ArriveCity.CityName as ArriveCityName,
        Aircraft.`Name`,
        `Schedule`.EconomyPrice,
        `Schedule`.FlightNumber,
        `Schedule`.Gate,
        `Schedule`.`Status`
    from `Schedule`
    left join Aircraft on Aircraft.AircraftId = `Schedule`.AircraftId
    left join Route on `Schedule`.RouteId = Route.RouteId
    left join Airport as DepartAirport on Route.DepartureAirportIATA =
        DepartAirport.IATACode
    left join City as DepartCity on DepartCity.Citycode = DepartAirport.Citycode
    left join Airport as ArriveAirport on Route.ArrivalAirportIATA =
        ArriveAirport.IATACode
    left join City as ArriveCity on ArriveCity.Citycode = ArriveAirport.Citycode
    where DepartCity.CityName = #{fromCity} and ArriveCity.CityName =
        #{toCity} and `Schedule`.Date between #{startDate} and #{endDate}
    order by `Schedule`.Date
</select>
```

2. Dao 层代码

在第 5.2.7 节中创建的 ScheduleDao 类里添加如下代码：

```
public static List<HashMap<String,Object>> findScheduleByCityAndDate(
    String fromCity,String toCity,String startDate,String endDate) {
        HashMap<String,Object> param = new HashMap<String,Object>();
        param.put("fromCity",fromCity);
        param.put("toCity",toCity);
        param.put("startDate",startDate);
        param.put("endDate",endDate);
    return MybatisHelper.selectList(
        "edu.wtbu.dao.ScheduleDao.findScheduleByCityAndDate",param);
}
```

5.2.9　机票售出详情接口

1. Mapper 代码

在第 5.2.7 节中创建的 scheduleMapper.xml 文件里添加如下代码：

```
<select id = "findByScheduleId" parameterType = "java.util.HashMap"
    resultType = "java.util.HashMap">
    select * from `Schedule`
```

```
        left join Route on `Schedule`.RouteId = Route.RouteId
        left join Aircraft on Aircraft.AircraftId = `Schedule`.AircraftId
        where `Schedule`.ScheduleId = #{scheduleId}
</select>
<select id = "findTicketInfoList" parameterType = "java.util.HashMap"
    resultType = "java.util.HashMap">
    select FlightReservation.CabinTypeId,count(1) as SoldCounts,
        count(SeatLayoutId) as SelectedCounts from FlightReservation
    where FlightReservation.ScheduleId = #{scheduleId}
    group by FlightReservation.CabinTypeId
</select>
<select id = " findSelectedSeatList" parameterType = "java.util.HashMap"
    resultType = "java.util.HashMap">
    select FlightReservation.CabinTypeId,SeatLayout.RowNumber,SeatLayout.ColumnName
    from FlightReservation
    left join SeatLayout on SeatLayout.Id = FlightReservation.SeatLayoutId
    where FlightReservation.SeatLayoutId is not null and
        FlightReservation.ScheduleId = #{scheduleId}
</select>
<select id = "findSeatLayoutList" parameterType = "java.util.HashMap"
    resultType = "java.util.HashMap">
    select * from SeatLayout where AircraftId = #{aircraftId}
</select>
```

2. Dao 层代码

在第 5.2.7 节中创建的 ScheduleDao 类里添加如下代码：

```java
public static HashMap<String,Object> findByScheduleId(int scheduleId) {
    HashMap<String,Object> param = new HashMap<String,Object>();
    param.put("scheduleId",scheduleId);
    HashMap<String,Object> schedule = null;
    Object result = MybatisHelper.selectOne(
        "edu.wtbu.dao.ScheduleDao.findByScheduleId",param);
    if(result != null) {
        schedule = (HashMap<String,Object>) result;
    }
    return schedule;
}
public static List<HashMap<String,Object>> findTicketInfoList(int scheduleId) {
    HashMap<String,Object> param = new HashMap<String,Object>();
    param.put("scheduleId",scheduleId);
    return MybatisHelper.selectList("edu.wtbu.dao.ScheduleDao.findTicketInfoList",param);
}
public static List<HashMap<String,Object>> findSelectedSeatList(int scheduleId) {
    HashMap<String,Object> param = new HashMap<String,Object>();
    param.put("scheduleId",scheduleId);
    return MybatisHelper.selectList(
        "edu.wtbu.dao.ScheduleDao.findSelectedSeatList",param);
}
public static List<HashMap<String,Object>> findSeatLayoutList(int aircraftId) {
    HashMap<String,Object> param = new HashMap<String,Object>();
    param.put("aircraftId",aircraftId);
    return MybatisHelper.selectList("edu.wtbu.dao.ScheduleDao.findSeatLayoutList",param);
}
```

5.2.10　航班计划状态修改接口

1. Mapper 代码

在第 5.2.7 节中创建的 scheduleMapper.xml 文件里添加如下代码：

```
<update id = "updateSchedule" parameterType = "java.util.HashMap">
    update `Schedule` set Status = #{status} where ScheduleId = #{scheduleId}
</update>
```

2. Dao 层代码

在第 5.2.7 节中创建的 ScheduleDao 类里添加如下代码：

```
public static int updateSchedule(int scheduleId,String status) {
    HashMap<String,Object> param = new HashMap<String,Object>();
    param.put("scheduleId",scheduleId);
    param.put("status",status);
    return MybatisHelper.update("edu.wtbu.dao.ScheduleDao.updateSchedule",param);
}
```

5.2.11　航班计划查询（员工）接口

1. Mapper 代码

在第 5.2.7 节中创建的 scheduleMapper.xml 文件里添加如下代码：

```
<select id = "findNonStopScheduleList" parameterType = "java.util.HashMap"
    resultType = "java.util.HashMap">
    select
        `Schedule`.ScheduleId,
        `Schedule`.Date,
        `Schedule`.Time,
        DATE_ADD(`Schedule`.Date,INTERVAL Route.FlightTime MINUTE) as PreArrivalTime,
        Route.DepartureAirportIATA,
        DepartCity.CityName as DepartCityName,
        Route.ArrivalAirportIATA,
        ArriveCity.CityName as ArriveCityName,
        Route.FlightTime,
        `Schedule`.EconomyPrice,
        `Schedule`.FlightNumber,
        Aircraft.FirstSeatsAmount,
        Aircraft.BusinessSeatsAmount,
        Aircraft.EconomySeatsAmount,
        FlightCount.AllCount,
        FlightCount.DelayCount,
        FlightCount.NotDelay
    from `Schedule`
    left join Aircraft on Aircraft.AircraftId = `Schedule`.AircraftId
    left join Route on Route.RouteId = `Schedule`.RouteId
    left join Airport as DepartAirport on Route.DepartureAirportIATA =
        DepartAirport.IATACode
    left join Airport as ArriveAirport on Route.ArrivalAirportIATA =
        ArriveAirport.IATACode
    left join City as DepartCity on DepartAirport.CityCode = DepartCity.CityCode
```

```
        left join City as ArriveCity on ArriveAirport.CityCode = ArriveCity.CityCode
        left join (
            select AllFlight.FlightNumber,AllFlight.AllCount,DelayFlight.DelayCount,
            (AllFlight.AllCount-DelayFlight.DelayCount) as NotDelay from
            (select `Schedule`.FlightNumber,count(1) as AllCount from `Schedule`
            where #{startDate} between `Schedule`.Date and
                DATE_ADD(`Schedule`.Date,INTERVAL 30 DAY)
                group by FlightNumber
                ) as AllFlight
                left join
                (
                    select `Schedule`.FlightNumber,count(1) as DelayCount from `Schedule`
                    left join FlightStatus on FlightStatus.ScheduleId =
                        `Schedule`.ScheduleId
                    left join Route on Route.RouteId = `Schedule`.RouteId
                    where #{startDate} between `Schedule`.Date and
                    DATE_ADD(`Schedule`.Date,INTERVAL 30 DAY) and (Status =
                        `Canceled` or TIMESTAMPDIFF(MINUTE,DATE_ADD(
                            `Schedule`.Date,INTERVAL Route.FlightTime MINUTE),
                            FlightStatus.ActualArrivalTime) > 15)
                            group by `Schedule`.FlightNumber
                    ) as DelayFlight
                on AllFlight.flightNumber = DelayFlight.FlightNumber
            ) as FlightCount
        on FlightCount.FlightNumber = `Schedule`.FlightNumber
        where DepartCity.CityName = #{fromCity} and ArriveCity.CityName =
            #{toCity} and `Schedule`.Date between #{startDate} and #{endDate}
        order by `Schedule`.Date
</select>
<select id = "findSoldTicketsCount" parameterType = "java.util.HashMap"
    resultType = "java.lang.Integer">
        select count(1) as Counts from FlightReservation where ScheduleId =
            #{scheduleId} and CabinTypeId = #{cabinTypeId}
</select>
<select id = "findOneStopScheduleList" parameterType = "java.util.HashMap"
    resultType = "java.util.HashMap">
    select
        S1.ScheduleId as S1ScheduleId,
        Route.DepartureAirportIATA as S1DepartureAirportIATA,
        DepartCity.CityName as S1DepartCityName,
        Route.ArrivalAirportIATA as S1ArrivalAirportIATA,
        ArriveCity.CityName as S1ArriveCityName,
        S1.Date as S1Date,
        S1.Time as S1Time,
        DATE_ADD(S1.Date,INTERVAL Route.FlightTime MINUTE) as S1PreArrivalTime,
        Route.FlightTime as S1FlightTime,
        S1.EconomyPrice as S1EconomyPrice,
        S1.FlightNumber as S1FlightNumber,
        Aircraft.FirstSeatsAmount as S1FirstSeatsAmount,
        Aircraft.BusinessSeatsAmount as S1BusinessSeatsAmount,
        Aircraft.EconomySeatsAmount as S1EconomySeatsAmount,
        S2.*
    from `Schedule` as S1
```

```
        left join Aircraft on Aircraft.AircraftId=S1.AircraftId
        left join Route on Route.RouteId=S1.RouteId
        left join Airport as DepartAirport on Route.DepartureAirportIATA=DepartAirport.IATACode
        left join Airport as ArriveAirport on Route.ArrivalAirportIATA=ArriveAirport.IATACode
        left join City as DepartCity on DepartAirport.CityCode = DepartCity.CityCode
        left join City as ArriveCity on ArriveAirport.CityCode = ArriveCity.CityCode
        left join
          (
            select
                `Schedule`.ScheduleId as S2ScheduleId,
                Route.DepartureAirportIATA as S2DepartureAirportIATA,
                DepartCity.CityName as S2DepartCityName,
                Route.ArrivalAirportIATA as S2ArrivalAirportIATA,
                ArriveCity.CityName as S2ArriveCityName,
                `Schedule`.Date as S2Date,
                `Schedule`.Time as S2Time,
                DATE_ADD(`Schedule`.Date,INTERVAL Route.FlightTime MINUTE)
                as S2PreArrivalTime,Route.FlightTime as S2FlightTime,
                Schedule`.EconomyPrice as S2EconomyPrice,
                `Schedule`.FlightNumber as S2FlightNumber,
                Aircraft.FirstSeatsAmount as S2FirstSeatsAmount,
                Aircraft.BusinessSeatsAmount as S2BusinessSeatsAmount,
                Aircraft.EconomySeatsAmount as S2EconomySeatsAmount
            from `Schedule`
            left join Aircraft on Aircraft.AircraftId = `Schedule`.AircraftId
            left join Route on Route.RouteId = `Schedule`.RouteId
            left join Airport as DepartAirport on Route.DepartureAirportIATA =
                DepartAirport.IATACode
            left join Airport as ArriveAirport on Route.ArrivalAirportIATA =
                ArriveAirport.IATACode
            left join City as DepartCity on DepartAirport.CityCode = DepartCity.CityCode
            left join City as ArriveCity on ArriveAirport.CityCode = ArriveCity.CityCode
          )
        as S2
        on Route.ArrivalAirportIATA = S2.S2DepartureAirportIATA
        where DepartCity.CityName = #{fromCity} and S2.S2ArriveCityName =
            #{toCity} and S1.Date between #{startDate} and #{endDate}
            and TIMESTAMPDIFF(HOUR,DATE_ADD(S1.Date,INTERVAL Route.FlightTime MINUTE),
            S2.S2Date) between 2 and 9
            order by S1.Date
</select>
<select id = "findDelayInfoList" parameterType = "java.util.HashMap"
    resultType = "java.util.HashMap">
    select AllFlight.FlightNumber,AllFlight.AllCount,
        DelayFlight.DelayCount,(AllFlight.AllCount-DelayFlight.DelayCount)
            as NotDelay from
        (
            select `Schedule`.FlightNumber,count(1) as AllCount from `Schedule`
            where #{startDate} between `Schedule`.Date and DATE_ADD(
                `Schedule`.Date,INTERVAL 30 DAY)
            group by `Schedule`.FlightNumber
        ) as AllFlight
    left join
```

```
    (
        select `Schedule`.FlightNumber,count(1) as DelayCount from `Schedule`
        left join FlightStatus on FlightStatus.ScheduleId = `Schedule`.ScheduleId
        left join Route on Route.RouteId = `Schedule`.RouteId
        where #{startDate} between `Schedule`.Date and DATE_ADD(
            `Schedule`.Date,INTERVAL 30 DAY) and (Status =
            `Canceled` or TIMESTAMPDIFF(MINUTE,DATE_ADD(
            `Schedule`.Date,INTERVAL Route.FlightTime MINUTE),
            FlightStatus.ActualArrivalTime) > 15)
        group by `Schedule`.FlightNumber
    ) as DelayFlight
    on AllFlight.flightNumber = DelayFlight.FlightNumber
</select>
```

2. Dao 层代码

在第 5.2.7 节中创建的 ScheduleDao 类里添加如下代码:

```java
public static List<HashMap<String,Object>> findNonStopScheduleList(String fromCity,
    String toCity,String startDate,String endDate) {
    HashMap<String,Object> param = new HashMap<String,Object>();
    param.put("fromCity",fromCity);
    param.put("toCity",toCity);
    param.put("startDate",startDate);
    param.put("endDate",endDate);
    return MybatisHelper.selectList(
        "edu.wtbu.dao.ScheduleDao.findNonStopScheduleList",param);
}
public static int findSoldTicketsCount(int scheduleId,int cabinTypeId) {
    HashMap<String,Object> param = new HashMap<String,Object>();
    param.put("scheduleId",scheduleId);
    param.put("cabinTypeId",cabinTypeId);
    Object result = MybatisHelper.selectOne(
        "edu.wtbu.dao.ScheduleDao.findSoldTicketsCount",param);
    int count = 0;
    if(result != null) {
        count = Integer.parseInt(result.toString());
    }
    return count;
}
public static List<HashMap<String,Object>> findOneStopScheduleList(String fromCity,
    String toCity,String startDate,String endDate) {
    HashMap<String,Object> param = new HashMap<String,Object>();
    param.put("fromCity",fromCity);
    param.put("toCity",toCity);
    param.put("startDate",startDate);
    param.put("endDate",endDate);
    return MybatisHelper.selectList(
        "edu.wtbu.dao.ScheduleDao.findOneStopScheduleList",param);
}
public static List<HashMap<String,Object>> findDelayInfoList(String startDate) {
    HashMap<String,Object> param = new HashMap<String,Object>();
    param.put("startDate",startDate);
    return MybatisHelper.selectList("edu.wtbu.dao.ScheduleDao.findDelayInfoList",param);
}
```

【附件五】

为了方便你的学习，我们将该章中的相关附件上传到以下所示的二维码，你可以自行扫码查看。

第6章 SSM 项目开发

学习目标：

- Spring MVC+Spring+MyBatis 集成框架。
- 利用 Spring MVC+Spring+MyBatis 集成框架的知识来完成航空管理系统的接口开发。

在第5章 Servlet+MyBatis 项目的开发中，只使用了 MyBatis 这一个框架来实现数据持久化。本章使用 Spring MVC+Spring+MyBatis 等 3 个框架的组合可以保证更高的开发效率。

6.1 Spring MVC

6.1.1 Spring MVC 概述

Spring MVC 是基于 Servlet API 构建的原始 Web 框架，并从一开始就包含在 Spring 框架中。Spring Web MVC 框架提供了 MVC（模型-视图-控制器）架构和用于开发灵活及松散耦合的 Web 应用程序的组件。MVC 模式导致应用程序的不同方面（输入逻辑、业务逻辑和 UI 逻辑）分离，同时提供这些元素之间的松散耦合。

6.1.2 DispatcherServlet 组件类

DispatcherServlet 是 Spring MVC 的一个中心 Servlet，它与 Servlet 一样，需要通过 Java 配置或者 web.xml 文件进行声明和映射。DispatcherServlet 通过 Spring 配置可以实现请求映射、视图解析、异常处理等所需的委托组件。

DispatcherServlet 的请求处理顺序如图 6-1 所示。

具体流程如下。

（1）用户向服务器发送请求后会被 DispatcherServlet 捕获。

（2）DispatcherServlet 会对该请求的 URL 进行解析并调用 HandlerMapping 获得 Handler（处理程序，即 controller 函数），以及 Handler 对应的拦截器列表。

（3）DispatcherServlet 提取 Request 中的模型数据，为 Handler 填充参数并执行 Handler。填充参数主要包括以下 4 种方式。

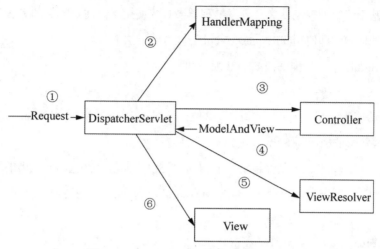

图 6-1　DispatcherServlet 的请求处理顺序

①HttpMessageConverter：将请求消息（如 JSON、xml 等数据）转换成一个对象，再将对象转换为指定的响应信息。

②数据转换：对请求消息进行数据转换。

③数据格式化：对请求消息进行数据格式化。

④数据验证：验证数据的有效性（长度、格式等）。

（4）Handler 执行完成后，向 DispatcherServlet 返回 ModelAndView 对象。

（5）根据返回的 ModelAndView 对象，选择对应的 ViewResolver 并返回给 DispatcherServlet。

（6）ViewResolver 结合 Model 和 View 渲染视图，并将渲染结果返回给客户端。

6.1.3　控制器的注解

Spring MVC 提供了一个基于注解的编程模型，其中@Controller 组件使用注解来表示请求映射、请求输入、异常处理等。带注解的控制器具有灵活的方法签名，并且不必扩展基类，也不必实现特定的接口。

1. 控制器的注解@Controller

@Controller 用于标记在类上，使用它标记的类是一个 Spring MVC Controller 对象，即定义了控制器类。

Controller 注解用于指示 Spring 类的实例是一个控制器，相对于实现 Controller 接口，变得更加简单。而且实现 Controller 接口只能处理一个单一的请求，@Controller 注解可以支持同时处理多个请求动作，更加灵活。

@Controller 定义了控制器类后，还需要将它交给 Spring 管理。Spring 使用扫描机制查找应用程序中所有基于注解的控制器类。分发处理器会扫描使用了该注解的类的方法，并检测出真正处理请求的处理器，即使用@RequestMapping 注解的方法。

其中设置 Spring 自动扫描功能的 xml 配置如下：

```
<context:component-scan/>
```

该配置的功能为：启动包扫描功能，以便注册带@Controller、@Service、@repository、@Component 等注解的类成为 Spring 的 Bean。

也可以利用 base-package 属性指定需要扫描的类包，类包及其递归子包中的所有类都会被扫描处理。例如，控制器类都定义在 edu.wtbu.controller 包下，需要扫描该包下的所有类，配置如下：

```
<context:component-scan base-package = "edu.wtbu.controller">
```

2. 映射请求注解@RequestMapping

@RequestMapping 注解用于将请求映射到控制器类或者控制器处理方法上。它由各种属性来匹配 URL、HTTP 方法、请求参数、头和媒体类型。

@RequestMapping 注解通常用于标记控制器方法级别，而在控制器类级别上标记的映射为该类所有映射器方法的共享映射。换句话说，如果在控制器类注解了@RequestMapping，则每个映射器方法真正的映射为控制器类中的映射路径加上方法中的映射路径。

例如，以下代码在映射器方法中的映射路径为/users/login：

```
@Controller
@RequestMapping("/users")
class UsersController {
@RequestMapping ("/login")
   public String login() {
      // ...
   }
}
```

3. 控制器方法的定义

1）@RequestParam 绑定方法参数

使用@RequestParam 注解将请求参数绑定到控制器中的方法参数。如果目标方法参数的类型不是 String，则自动应用类型转换。

例如，以下代码中的@RequestParam 注解将请求参数 userId 绑定到 login()函数的 userId 形参变量中。使用此注解参数默认是需要的（required），同时也可以通过将@RequestParam 的 required 属性设置为 false 来指定参数是可选的（例如，@RequestParam(name="userId",required= false)）：

```
@Controller
@RequestMapping("/users")
class UsersController {
    @RequestMapping ("/login")
    public String login(@RequestParam("userId")int userId) {
        //...
        return "success";
    }
}
```

在 Map<String,String>或 MultiValueMap<String,String>参数上使用@RequestParam 注释时，Map 将被填充所有请求参数。

2）@RequestBody 注解映射请求体

@RequestBody 注解表明方法参数应该绑定到 HTTP 请求体的值。

Get 请求中没有请求体，因此@RequestBody 只适用于 POST 请求，且请求头对应的数据类型为 ContentType。

@RequestBody 注解的实现是通过 RequestMappingHandlerAdapter 配置的 HttpMessageConverter 来支持的。HttpMessageConverter 负责将 HTTP 请求消息转换为对象，并将对象转换为 HTTP 响应体。

通过@RequestBody 注解将请求体中的 JSON 字符串转化为对象数据，代码如下：

```
@Controller
class UsersController {
    @RequestMapping ("/addUser")
    public String addUser(@RequestBody Users users) {
        // ...
        return "success";
    }
}
```

3）@ResponseBody 注解映射响应体

@ResponseBody 注解用于将 Controller 方法返回的对象，通过 HttpMessageConverter 转换为指定格式后，直接写入 HTTP 响应体中，而不是放在视图模型中。

返回字符串被写入 Response 对象的 body 中，在浏览器中可以直接看到 success 字样，代码如下：

```
@Controller
@ResponseBody
class UsersController {
    @RequestMapping ("/login")
    public String login(@RequestParam("userId")int userId) {
        //...
        return "success";
    }
}
```

6.1.4 使用 Spring MVC 编写 helloWorld 项目实例

创建一个名为 SpringMVCDemo 的动态 Web 项目，详细步骤请参见第 3.2.2 节中的内容，并引入 Spring MVC 框架所需要的.jar 包，如下。

（1）commons-logging-1.2.jar。

（2）spring-aop-5.0.0.RELEASE.jar。

（3）spring-beans-5.0.0.RELEASE.jar。

（4）spring-context-5.0.0.RELEASE.jar。

（5）spring-core-5.0.0.RELEASE.jar。

（6）spring-expression-5.0.0.RELEASE.jar。

（7）spring-web-5.0.0.RELEASE.jar。

（8）spring-webmvc-5.0.0.RELEASE.jar。

读者可以从 http://www.20-80.cn/bookResources/JavaWeb_book 下载所需.jar 包的素材。

在 src 目录下创建名为 edu.wtbu.controller 的包，并在该包路径下创建名为 HelloController.java 的类文件，代码如下：

```java
package edu.wtbu.controller;
import org.springframework.stereotype.Controller;
import org.springframework.web.bind.annotation.RequestMapping;
import org.springframework.web.bind.annotation.ResponseBody;
@Controller
public class HelloController {
    @RequestMapping("/hello")
    @ResponseBody
    public String sayHello() {
        return "Hello SpringMVC";
    }
}
```

在 src 目录下创建名为 spring-mvc.xml 的文件，并在该文件中配置 Spring 自动扫描功能注解，代码如下：

```xml
<?xml version = "1.0" encoding = "UTF-8"?>
<beans xmlns = "http://www.springframework.org/schema/beans"
    xmlns:xsi = "http://www.w3.org/2001/XMLSchema-instance"
    xmlns:context = "http://www.springframework.org/schema/context"
    xmlns:mvc = "http://www.springframework.org/schema/mvc"
    xsi:schemaLocation = "http://www.springframework.org/schema/beans
        http://www.springframework.org/schema/beans/spring-beans.xsd
        http://www.springframework.org/schema/context
        http://www.springframework.org/schema/context/spring-context-4.3.xsd
        http://www.springframework.org/schema/mvc
        http://www.springframework.org/schema/mvc/spring-mvc-4.3.xsd">
    <context:component-scan base-package = "edu.wtbu.controller"/>
</beans>
```

在/WebContent/WEB-INF 路径下新建 web.xml 文件,在该文件中配置 DispatcherServlet 类并初始化加载 spring-mvc.xml 文件, 配置代码如下:

```
<?xml version = "1.0" encoding = "UTF-8"?>
<web-app xmlns:xsi = "http://www.w3.org/2001/XMLSchema-instance"
    xmlns = "http://xmlns.jcp.org/xml/ns/javaee"
    xsi:schemaLocation = "http://xmlns.jcp.org/xml/ns/javaee
    http://xmlns.jcp.org/xml/ns/javaee/web-app_3_1.xsd" id="WebApp_ID" version="3.1">
    <servlet>
        <servlet-name>springDispatcherServlet</servlet-name>
        <servlet-class>org.springframework.web.servlet.DispatcherServlet</servlet-class>
        <init-param>
            <param-name>contextConfigLocation</param-name>
            <param-value>classpath:spring-mvc.xml</param-value>
        </init-param>
        <load-on-startup>1</load-on-startup>
    </servlet>
    <!-- Map all requests to the DispatcherServlet for handling -->
    <servlet-mapping>
        <servlet-name>springDispatcherServlet</servlet-name>
        <url-pattern>/</url-pattern>
    </servlet-mapping>
</web-app>
```

运行该项目, 在浏览器中输入 http://localhost:8080/SpringMVCDemo/hello, 页面运行效果如图 6-2 所示。

图 6-2　页面运行效果

6.2　Maven 介绍

6.2.1　Maven 配置详解

1)下载安装

读者可以从 http://www.20-80.cn/bookResources/JavaWeb_book 下载 Maven 压缩包,并解压文件。

2)配置 Maven

(1)打开 Eclipse, 在菜单中选择 Window→Preferences, 打开 "Preferences" 窗口, 并在该窗口的左侧菜单栏中选择 Maven→Installations, 如图 6-3 所示。

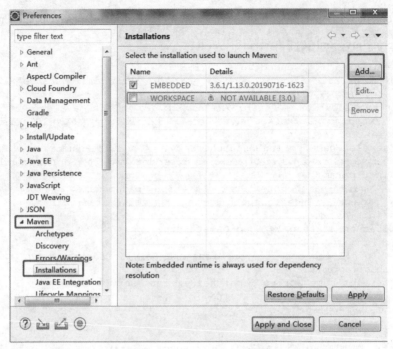

图 6-3 "Preferences" 窗口

（2）点击图 6-3 中的 "Add" 按钮，会弹出 "New Maven Runtime" 窗口，如图 6-4 所示。

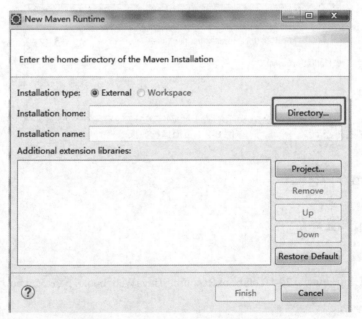

图 6-4 "New Maven Runtime" 窗口

（3）点击图 6-4 中的 "Directory" 按钮，并选择解压后 "Maven" 根目录下的 "apache-maven-3.6.3"，再点击 "Finish" 按钮完成配置，如图 6-5 所示。

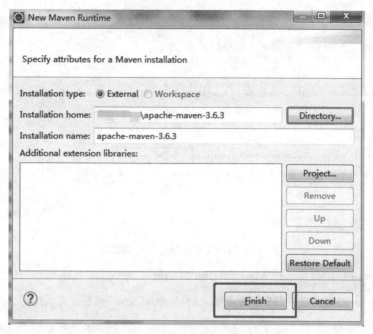

图 6-5　点击 "Finish" 按钮完成配置

（4）选择新添加的 Maven 配置，并点击 "Apply" 按钮，如图 6-6 所示。

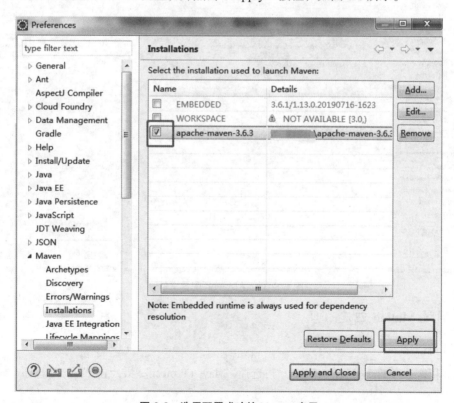

图 6-6　选用配置成功的 Maven 应用

（5）打开解压后的 Maven 文件夹，并打开 conf 子文件，编辑 settings.xml 文件。在其中自定义本地 Maven 仓库路径，如图 6-7 所示。

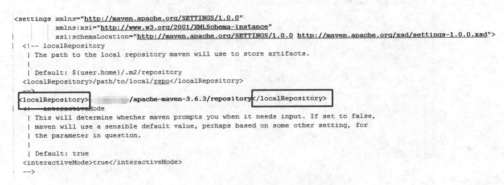

图 6-7　自定义本地 Maven 仓库路径

（6）在图 6-6 中的窗口选择 Maven→User Settings，并点击"Browse"按钮，再选择图 6-7 中修改过的"settings.xml"文件路径，再点击"Apply and Close"按钮，完成配置，如图 6-8 所示。

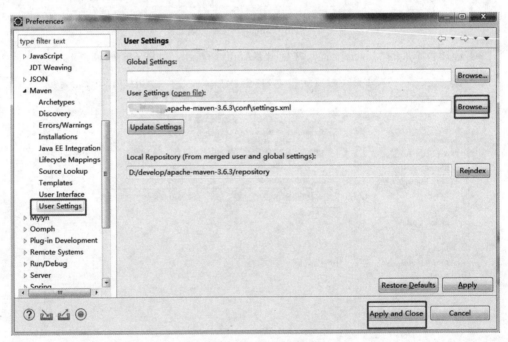

图 6-8　加载 Maven 配置文件

6.2.2　通过 Maven 创建项目

1. 项目创建

（1）依次选择 File→New→Other，再选择"Maven Project"，并点击"Next"按钮，如图 6-9 所示。

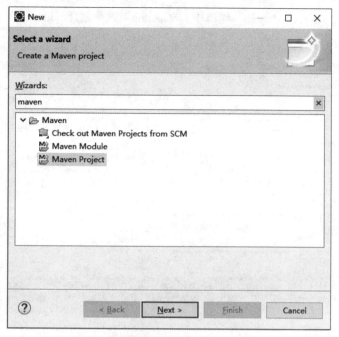

图 6-9　创建项目

（2）点击"Next"按钮，弹出"New Maven Project"窗口，选择"Use default Workspace location"选项，如图 6-10 所示。

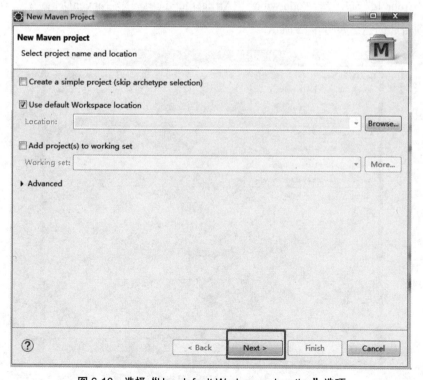

图 6-10　选择"Use default Workspace location"选项

（3）在"New Maven Project"窗口中，"Catalog"选项选择"Internal"，并在列表中选择"maven-archetype-webapp"，点击"Next"按钮，如图 6-11 所示。

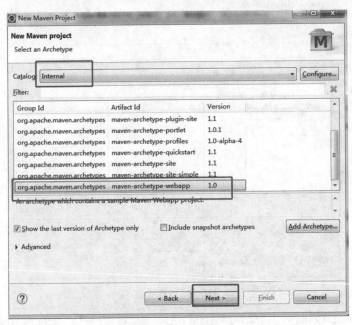

图 6-11　勾选项目选项

（4）"Group Id"选项选择"edu.wtbu"，"Artifact Id"选项选择"MavenDemo"，点击"Finish"按钮完成项目的创建，如图 6-12 所示。

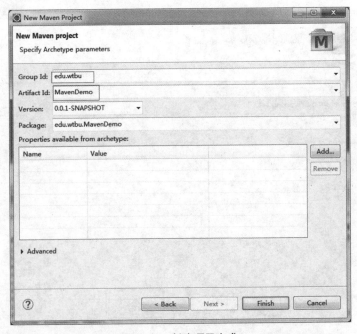

图 6-12　创建项目完成

（5）选中项目，右击"Properties"，弹出"Properties for MavenDemo"窗口，并在左侧的菜单栏中选择"Java Build Path"，如图 6-13 所示。

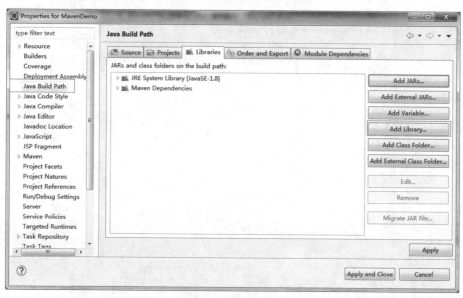

图 6-13　"Properties for MavenDemo"窗口

（6）点击"Add Library"按钮，弹出"Add Library"窗口，选择"Server Runtime"，点击"Next"按钮，如图 6-14 所示。

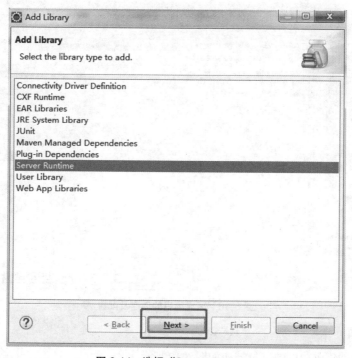

图 6-14　选择"Server Runtime"

（7）选择配置好的 Tomcat，并点击"Finish"按钮，如图 6-15 所示。

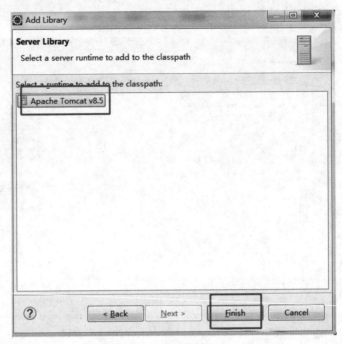

图 6-15　选择配置好的 Tomcat

（8）点击"Apply and Close"按钮，完成项目的创建及配置，如图 6-16 所示。

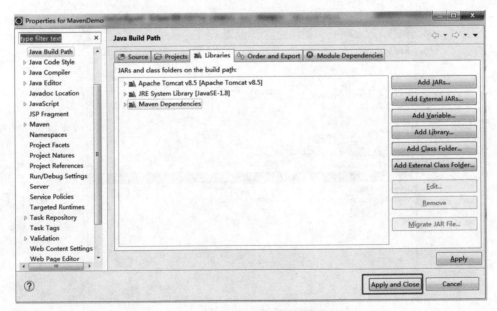

图 6-16　完成项目的创建及配置

2. 项目结构

Maven 项目创建成功后的目录结构如图 6-17 所示。

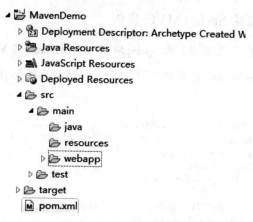

图 6-17　项目目录结构

src/main/java 目录用于存放 Java 代码文件。src/main/resources 目录用于存放资源文件。src/test/java 目录用于存放测试代码文件。src/test/resources 目录用于存放测试资源文件。

在 src/main/webapp 目录下新建 index.html 文件，代码如下：

```
<!DOCTYPE html>
<html>
<head>
<meta charset = "UTF-8">
<title> Hello maven</title>
</head>
<body>
    Hello maven!
</body>
</html>
```

在浏览器中输入 http://localhost:8080/MavenDemo/index.html，运行结果如图 6-18 所示。

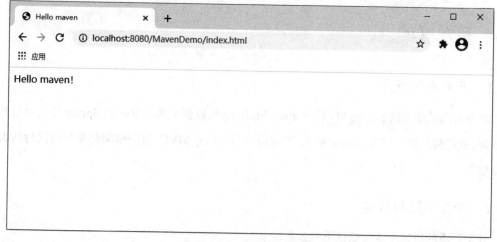

图 6-18　项目运行结果

6.2.3 通过 Maven 创建 Spring MVC 实例

请参照第 6.2.2 节中的步骤创建名为 SpringMVCMavenDemo 的 Maven 项目，在 POM 中引入如下代码。由于引入 springmvc 依赖就会附带将其所依赖的 jar 都引入进来，故 Maven 项目不需要额外引入.jar 文件。

```xml
<project xmlns = "http://maven.apache.org/POM/4.0.0"
    xmlns:xsi = "http://www.w3.org/2001/XMLSchema-instance"
    xsi:schemaLocation = "http://maven.apache.org/POM/4.0.0
    http://maven.apache.org/maven-v4_0_0.xsd">
    <modelVersion>4.0.0</modelVersion>
    <groupId>edu.wtbu</groupId>
    <artifactId>SpringMVCMavenDemo</artifactId>
    <packaging>war</packaging>
    <version>0.0.1-SNAPSHOT</version>
    <name>SpringMVCMavenDemo Maven Webapp</name>
    <url>http://maven.apache.org</url>
    <dependencies>
        <!--Begin:springmvc 依赖-->
        <dependency>
            <groupId>org.springframework</groupId>
            <artifactId>spring-webmvc</artifactId>
            <version>5.0.0.RELEASE</version>
        </dependency>
        <!--End:springmvc 依赖-->
    </dependencies>
    <build>
        <finalName>SpringMVCMavenDemo</finalName>
    </build>
</project>
```

其他代码同第 6.1.4 节的代码，主要包括 HelloController.java 类、spring-mvc.xml 文件、web.xml 文件的代码。编译运行效果同第 6.1.4 节，此处不再赘述。

6.3 开发框架

6.3.1 开发框架概述

航空管理系统采用 Spring MVC+Spring+MyBatis 集成框架来开发。以 Spring 作为项目的核心框架，数据持久化使用 MyBatis 完成，表现层使用 Spring MVC。这些框架都是目前流行的 Java 开源框架。

6.3.2 开发环境的搭建

开发环境的搭建主要包括以下几步。

- 创建 Maven 项目。

- 创建项目包（package）。
- 创建和修改配置文件。
- 创建 POJO 和 Mapper 文件。

1. 创建 Maven 项目

创建 Maven 项目的步骤请参考第 6.2.2 节。

2. 创建项目包（package）

在 src/main/java 目录下分别创建 edu.wtbu.pojo 包、edu.wtbu.dao 包、edu.wtbu.service 包、edu.wtbu.service.impl 包和 edu.wtbu.controller 包；在 src/main/resources 目录下创建 mapper 包。

3. 创建和修改配置文件

在项目根目录下的 pom.xml 配置文件中写入需要依赖的.jar 包，代码如下：

```
<project xmlns = "http://maven.apache.org/POM/4.0.0"
    xmlns:xsi = "http://www.w3.org/2001/XMLSchema-instance"
    xsi:schemaLocation = "http://maven.apache.org/POM/4.0.0
    http://maven.apache.org/maven-v4_0_0.xsd">
    <modelVersion>4.0.0</modelVersion>
    <groupId>edu.wtbu</groupId>
    <artifactId>SunshineAirlines</artifactId>
    <packaging>war</packaging>
    <version>0.0.1-SNAPSHOT</version>
    <name>SunshineAirlines Maven Webapp</name>
    <url>http://maven.apache.org</url>
    <properties>
        <spring.version>5.0.0.RELEASE</spring.version>
        <jdbc.driver.version>8.0.16</jdbc.driver.version>
        <mybatis.version>3.5.0</mybatis.version>
        <mybatis-spring.version>2.0.1</mybatis-spring.version>
        <jackson.version>2.10.0</jackson.version>
    </properties>
    <dependencies>
        <!--Begin:spring 依赖-->
        <dependency>
            <groupId>org.springframework</groupId>
            <artifactId>spring-jdbc</artifactId>
            <version>${spring.version}</version>
        </dependency>
        <!--Begin:springmvc 依赖-->
        <dependency>
            <groupId>org.springframework</groupId>
            <artifactId>spring-webmvc</artifactId>
            <version>${spring.version}</version>
        </dependency>
        <!--End:springmvc 依赖-->

        <!--Begin:mybatis 依赖-->
        <dependency>
            <groupId>org.mybatis</groupId>
```

```xml
            <artifactId>mybatis</artifactId>
            <version>${mybatis.version}</version>
        </dependency>
        <dependency>
            <groupId>org.mybatis</groupId>
            <artifactId>mybatis-spring</artifactId>
            <version>${mybatis-spring.version}</version>
        </dependency>
        <!--End:mybatis 依赖-->

        <!--Begin:数据库依赖包-->
        <dependency>
            <groupId>mysql</groupId>
            <artifactId>mysql-connector-java</artifactId>
            <version>${jdbc.driver.version}</version>
        </dependency>
        <!--End:数据库依赖包-->

        <dependency>
            <groupId>com.fasterxml.jackson.core</groupId>
            <artifactId>jackson-databind</artifactId>
            <version>${jackson.version}</version>
        </dependency>
    </dependencies>
    <build>
        <finalName>SunshineAirlines</finalName>
    </build>
</project>
```

在 src/main/resources 目录下创建 spring-mvc.xml 配置文件，代码如下：

```xml
<?xml version = "1.0" encoding = "UTF-8"?>
<beans xmlns = "http://www.springframework.org/schema/beans"
    xmlns:xsi = "http://www.w3.org/2001/XMLSchema-instance"
    xmlns:context = "http://www.springframework.org/schema/context"
    xmlns:mvc = "http://www.springframework.org/schema/mvc"
    xsi:schemaLocation = "http://www.springframework.org/schema/beans
        http://www.springframework.org/schema/beans/spring-beans.xsd
        http://www.springframework.org/schema/context
        http://www.springframework.org/schema/context/spring-context-4.3.xsd
        http://www.springframework.org/schema/mvc
        http://www.springframework.org/schema/mvc/spring-mvc-4.3.xsd">
<context:component-scan base-package = "edu.wtbu.controller"/>

<mvc:annotation-driven>
    <mvc:message-converters>
        <bean class = "org.springframework.http.converter.json.
            MappingJackson2HttpMessageConverter">
            <property name = "objectMapper">
                <bean class = "com.fasterxml.jackson.databind.ObjectMapper">
                    <property name = "dateFormat">
                        <bean class = "java.text.SimpleDateFormat">
                            <constructor-arg type = "java.lang.String"
                                value = "yyyy-MM-dd HH:mm:ss"/>
                        </bean>
```

```
            </property>
          </bean>
        </property>
      </bean>
    </mvc:message-converters>
  </mvc:annotation-driven>
</beans>
```

在 src/main/resources 目录下创建 applicationContext.xml 配置文件，代码如下：

```xml
<?xml version = "1.0" encoding = "UTF-8"?>
<beans xmlns = "http://www.springframework.org/schema/beans"
    xmlns:xsi = "http://www.w3.org/2001/XMLSchema-instance"
    xmlns:context = "http://www.springframework.org/schema/context"
    xmlns:mvc = "http://www.springframework.org/schema/mvc"
    xsi:schemaLocation = "http://www.springframework.org/schema/beans
        http://www.springframework.org/schema/beans/spring-beans.xsd
        http://www.springframework.org/schema/context
        http://www.springframework.org/schema/context/spring-context-4.3.xsd
        http://www.springframework.org/schema/mvc
        http://www.springframework.org/schema/mvc/spring-mvc-4.3.xsd">
    <!--自动扫描 edu.wtbu 包下所有类的注解-->
    <context:component-scan base-package = "edu.wtbu"/>

    <!--配置数据源-->
     <bean id = "dataSource" class =
        "org.springframework.jdbc.datasource.DriverManagerDataSource">
        <property name="driverClassName" value="com.mysql.cj.jdbc.Driver"/>
        <property name="url" value="jdbc:mysql://localhost:3306/session1?serverTimezone=
            GMT%2B8&amp;useOldAliasMetadataBehavior = true"/>
        <property name = "username" value = "root"/>
        <property name = "password" value = "123456"/>
    </bean>

    <!--配置 mybatis 的 sqlSessionFactory-->
    <bean id="sqlSessionFactory" class="org.mybatis.spring.SqlSessionFactoryBean">
        <!--加载数据源-->
        <property name = "dataSource" ref = "dataSource"/>
        <!--自动扫描 mappers.xml 文件-->
        <property name="mapperLocations" value="classpath:mapper/*.xml"></property>
    </bean>


    <!--DAO 接口所在的包名，Spring 会自动查找其下的类-->
    <bean class = "org.mybatis.spring.mapper.MapperScannerConfigurer">
        <property name = "basePackage" value = "edu.wtbu.dao"/>
        <property name="sqlSessionFactoryBeanName" value="sqlSessionFactory"></property>
    </bean>
</beans>
```

在 src/main/webapp/WEB-INF 目录下修改 web.xml 配置文件，代码如下：

```xml
<?xml version = "1.0" encoding = "UTF-8"?>
<web-app>
```

```xml
<context-param>
    <param-name>contextConfigLocation</param-name>
    <param-value>classpath:applicationContext.xml</param-value>
</context-param>

<!--SpringMVC 的前端控制器-->
<servlet>
    <servlet-name>springDispatcherServlet</servlet-name>
    <servlet-class>org.springframework.web.servlet.DispatcherServlet</servlet-class>
    <!--设置自己定义的控制器 xml 文件-->
    <init-param>
        <param-name>contextConfigLocation</param-name>
        <param-value>classpath:spring-mvc.xml</param-value>
    </init-param>
    <load-on-startup>1</load-on-startup>
</servlet>

<!--拦截设置-->
<servlet-mapping>
    <servlet-name>springDispatcherServlet</servlet-name>
    <!--由 SpringMVC 拦截所有请求-->
    <url-pattern>/</url-pattern>
</servlet-mapping>

<!--spring 监听器-->
<listener><listener-class>org.springframework.web.context.ContextLoaderListener
    </listener-class>
</listener>
</web-app>
```

4. 创建 POJO 和 Mapper 文件

在 pojo 包中，创建一个名为 Page 的类文件和一个名为 Result 的类文件，请参考第 3.2.2 节和第 3.2.2 节的代码。

在 mapper 包中，创建 usersMapper.xml、cityMapper.xml 和 scheduleMapper.xml 文件，请参考第 5 章.xml 文件的代码，下载地址为 http://www.20-80.cn/bookResources/JavaWeb_book。

6.4 接口开发

6.4.1 用户登录接口

1. DAO 层代码

新建一个名为 UsersDao.java 的 Interface 接口，并在该接口中添加如下代码：

```java
package edu.wtbu.dao;

import java.util.HashMap;
```

```
import java.util.List;

public interface UsersDao {
    public List<HashMap<String,Object>> findByEmail(HashMap<String,Object> param);

    public List<HashMap<String,Object>> findByEmailAndPassword(
        HashMap<String,Object> param);
}
```

2. Service 层代码

新建一个名为 UsersService.java 的 Interface 接口，并在该接口中添加如下代码：

```
package edu.wtbu.service;

import java.util.HashMap;
import edu.wtbu.pojo.Result;

public interface UsersService {

    public Boolean findByEmail(String email);

    public Result login(String email,String password);
}
```

新建一个 UsersServiceImpl.java 类，并在该类中添加如下代码：

```
package edu.wtbu.service.impl;

import java.util.HashMap;
import java.util.List;
import javax.annotation.Resource;
import org.springframework.stereotype.Service;
import edu.wtbu.dao.UsersDao;
import edu.wtbu.pojo.Page;
import edu.wtbu.pojo.Result;
import edu.wtbu.service.UsersService;

@Service("usersService")
public class UsersServiceImpl implements UsersService {

    @Resource
    private UsersDao usersDao;

    public Boolean findByEmail(String email) {
        HashMap<String,Object> param = new HashMap<String,Object>();
        param.put("email",email);
        List<HashMap<String,Object>> list = usersDao.findByEmail(param);
        if (list != null && list.size() > 0) {
            return true;
        } else {
            return false;
        }
    }

    //登录接口结果集
```

```
public Result login(String email,String password) {
    Result result = new Result("fail",null,null);

    HashMap<String,Object> param = new HashMap<String,Object>();
    param.put("email",email);
    param.put("password",password);
    List<HashMap<String,Object>> list = usersDao.findByEmailAndPassword(param);
    if (list != null && list.size() > 0) {
        result.setFlag("success");
        HashMap<String,Object> loginInfo = new HashMap<String,Object>();
        loginInfo.put("Email",list.get(0).get("Email"));
        loginInfo.put("RoleId",list.get(0).get("RoleId"));
        //返回登录关键信息（邮箱、角色），过滤敏感信息
        result.setData(loginInfo);
    } else {
        Boolean isEmail = this.findByEmail(email);
        if (isEmail) {
            result.setData("密码错误");
        } else {
            result.setData("邮箱不存在");
        }
    }
    return result;
}
}
```

3. Controller 层代码

新建一个 UsersController.java 类，并在该类中添加如下代码：

```
package edu.wtbu.controller;

import java.util.HashMap;
import javax.annotation.Resource;
import org.springframework.stereotype.Controller;
import org.springframework.web.bind.annotation.RequestMapping;
import org.springframework.web.bind.annotation.ResponseBody;
import edu.wtbu.pojo.Result;
import edu.wtbu.service.UsersService;

@Controller
public class UsersController {
    @Resource
    private UsersService usersService;

    //用户登录接口
    @RequestMapping(value = "/login")
    @ResponseBody
    public Object login(String email,String password) {
        Result result = usersService.login(email,password);
        return result;
    }
}
```

6.4.2 用户查询接口

1. DAO 层代码

在第 6.4.1 节中创建的 UsersDao.java 的 Interface 接口里添加如下代码：

```java
public List<HashMap<String,Object>> findUserListByPage(HashMap<String,Object>
param);

public int findUserCount(HashMap<String,Object> param);

public List<HashMap<String,Object>> findUserListByPageAndRoleId(
    HashMap<String,Object> param);

public int findUserCountAndRoleId(HashMap<String,Object> param);
```

2. Service 层代码

在第 6.4.1 节中创建的 UsersService.java 的 Interface 接口里添加如下代码：

```java
public Result userList(String name,int roleId,int startPage,int pageSize);
```

在第 6.4.1 节中创建的 UsersServiceImpl.java 类里添加如下代码：

```java
public Result userList(String name,int roleId,int startPage,int pageSize) {
    HashMap<String,Object> param = new HashMap<String,Object>();
    param.put("name",name);
    param.put("roleId",roleId);
    param.put("startIndex", (startPage-1)*pageSize);
    param.put("pageSize",pageSize);

    List<HashMap<String,Object>> list = null;
    int total = 0;
    if (roleId == 0) {
        list = usersDao.findUserListByPage(param);
        total = usersDao.findUserCount(param);
    } else {
        list = usersDao.findUserListByPageAndRoleId(param);
        total = usersDao.findUserCountAndRoleId(param);
    }
    Page page = new Page(total,startPage,pageSize);
    Result result = new Result("success",page,list);
    return result;
}
```

3. Controller 层代码

在第 6.4.1 节中创建的 UsersController.java 类里添加如下代码：

```java
//用户查询接口
@RequestMapping(value = "/userList")
@ResponseBody
public Object userList(String name,Integer roleId,Integer startPage,Integer pageSize) {
    if(startPage == null) {
        startPage = 1;
    }
    if(pageSize == null) {
```

```
        pageSize = 10;
    }
    if(roleId == null) {
        roleId = 0;
    }
    if(name == null) {
        name ="";
    }
    Result result = usersService.userList(name,roleId,startPage,pageSize);
    return result;
}
```

6.4.3 用户增加接口

1. DAO 层代码

在第 6.4.1 节中创建的 UsersDao.java 的 Interface 接口里添加如下代码：

```java
public int addUser(HashMap<String,Object> param);
```

2. Service 层代码

在第 6.4.1 节中创建的 UsersService.java 的 Interface 接口里添加如下代码：

```java
public Result addUser(HashMap<String,Object> map);
```

在第 6.4.1 节中创建的 UsersServiceImpl.java 类里添加如下代码：

```java
public Result addUser(HashMap<String,Object> map) {
    Result result = new Result("fail",null,null);
    Boolean isEmail = this.findByEmail(map.get("email").toString());
    if (isEmail) {
        result.setData("邮箱重复");
        return result;
    }

    int addResult = usersDao.addUser(map);
    if (addResult > 0) {
        result.setFlag("success");
    }
    return result;
}
```

3. Controller 层代码

在第 6.4.1 节中创建的 UsersController.java 类里添加如下代码：

```java
//用户增加接口
@RequestMapping(value = "/addUser")
@ResponseBody
public Object addUser(String email,String firstName,String lastName,String gender,
    String dateOfBirth,String phone,String photo,String address,Integer roleId) {

    HashMap<String,Object> map = new HashMap<String,Object>();
    String password = "";
    try {
        password = email.split("@")[0];
```

```
        password = password.length() > 6 ? password.substring(0,6):password;
    } catch (Exception e) {
        password = "123456";
    }
    if(roleId == null) {
        roleId = 0;
    }
    map.put("email",email);
    map.put("password",password);
    map.put("firstName",firstName);
    map.put("lastName",lastName);
    map.put("dateOfBirth",dateOfBirth);
    map.put("address",address);
    map.put("phone",phone);
    map.put("photo",photo);
    map.put("gender",gender);
    map.put("roleId",roleId);
    Result result = usersService.addUser(map);
    return result;
}
```

6.4.4　获取用户信息接口

1. DAO 层代码

在第 6.4.1 节中创建的 UsersDao.java 的 Interface 接口里添加如下代码：

```
public HashMap<String,Object> findByUserId(HashMap<String,Object> param);
```

2. Service 层代码

在第 6.4.1 节中创建的 UsersService.java 的 Interface 接口里添加如下代码：

```
public Result findByUserId(Integer userId);
```

在第 6.4.1 节中创建的 UsersServiceImpl.java 类里添加如下代码：

```
public Result findByUserId(Integer userId) {
    Result result = new Result("fail",null,null);
    HashMap<String,Object> param = new HashMap<String,Object>();
    param.put("userId",userId);
    HashMap<String,Object> user = usersDao.findByUserId(param);

    if (user != null) {
        result.setFlag("success");
        result.setData(user);
    } else {
        result.setData("用户信息不存在");
    }
    return result;
}
```

3. Controller 层代码

在第 6.4.1 节中创建的 UsersController.java 类里添加如下代码：

```
//获取用户信息(根据用户 id)接口
@RequestMapping(value = "/getUserInfo")
```

```
@ResponseBody
public Object getUserInfo(Integer userId) {
    Result result = new Result("fail",null,null);
    if(userId == null) {
        userId = 0;
    }
    result = usersService.findByUserId(userId);
    return result;
}
```

6.4.5 用户更新接口

1. DAO 层代码

在第 6.4.1 节中创建的 UsersDao.java 的 Interface 接口里添加如下代码：

```
public List<HashMap<String,Object>>
findByEmailAndUserId(HashMap<String,Object> param);
public int updateUser(HashMap<String,Object> param);
```

2. Service 层代码

在第 6.4.1 节中创建的 UsersService.java 的 Interface 接口里添加如下代码：

```
public Boolean findByEmailAndUserId(HashMap<String,Object> map);
public Result updateUser(HashMap<String,Object> map);
```

在第 6.4.1 节中创建的 UsersServiceImpl.java 类里添加如下代码：

```
public Boolean findByEmailAndUserId(HashMap<String,Object> map) {
    List<HashMap<String,Object>> list = usersDao.findByEmailAndUserId(map);
    if (list != null && list.size() > 0) {
        return true;
    } else {
        return false;
    }
}

//更新用户结果集
public Result updateUser(HashMap<String,Object> map) {
    Result result = new Result("fail",null,null);
    //判断用户信息是否存在
    HashMap<String,Object> userInfo = usersDao.findByUserId(map);
    if(userInfo == null) {
        result.setData("用户信息不存在");
        return result;
    }
    Boolean isEmail = this.findByEmailAndUserId(map);
    if (isEmail) {
        result.setData("邮箱重复");
        return result;
    }
    int updateResult = usersDao.updateUser(map);
    if (updateResult > 0) {
```

```
        result.setFlag("success");
    }
    return result;
}
```

3. Controller 层代码

在第 6.4.1 节中创建的 UsersController.java 类里添加如下代码：

```java
@RequestMapping(value = "/updateUser")
@ResponseBody
public Object updateUser(Integer userId,String email,String firstName,
    String lastName,String gender,String dateOfBirth,String phone,
    String photo,String address,Integer roleId) {
    Result result = new Result("fail",null,null);
    HashMap<String,Object> map = new HashMap<String,Object>();
    if(userId == null) {
        userId = 0;
    }
    if(roleId == null) {
        roleId = 0;
    }
    map.put("userId",userId);
    map.put("email",email);
    map.put("firstName",firstName);
    map.put("lastName",lastName);
    map.put("dateOfBirth",dateOfBirth);
    map.put("address",address);
    map.put("phone",phone);
    map.put("photo",photo);
    map.put("gender",gender);
    map.put("roleId",roleId);

    result = usersService.updateUser(map);
    return result;
}
```

6.4.6　城市查询接口

1. DAO 层代码

新建一个名为 CityDao.java 的 Interface 接口，并在该接口中添加如下代码：

```java
public interface CityDao {
    public List<HashMap<String,Object>> getCityNames();
}
```

2. Service 层代码

新建一个名为 CityService.java 的 Interface 接口，并在该接口中添加如下代码：

```java
public interface CityService {
    //城市查询结果集
    public Result getCityNames();
}
```

新建一个 CityServiceImpl.java 类，并在该类中添加如下代码：

```
@Service("cityService")
public class CityServiceImpl implements CityService {
    @Resource
    private CityDao cityDao;
    //城市查询结果集
    public Result getCityNames() {
        Result result = new Result("fail",null,null);
        List<HashMap<String,Object>> list = cityDao.getCityNames();
        if(list!=null && list.size()>0){
            result.setFlag("success");
            result.setData(list);
        }
        return result;
    }
}
```

3. Controller 层代码

新建一个 CityController.java 类，并在该类中添加如下代码：

```
@Controller
public class CityController {
    @Resource
    private CityService cityService;

    @RequestMapping(value = "/getCityNames")
    @ResponseBody
    public Object getCityNames() {
        Result result = cityService.getCityNames();
        return result;
    }
}
```

6.4.7 航班状态查询接口

1. DAO 层代码

新建一个名为 ScheduleDao.java 的 Interface 接口，并在该接口中添加如下代码：

```
public interface ScheduleDao {

    public List<HashMap<String,Object>> findScheduleByDate(HashMap<String,Object> param);
    public int findScheduleCountByDate(HashMap<String,Object> param);
}
```

2. Service 层代码

新建一个名为 ScheduleService.java 的 Interface 接口，并在该接口中添加如下代码：

```
public interface ScheduleService {
    public Result getFlightStatus(String startDate,String endDate,
        int startPage,int pageSize);
}
```

新建一个 ScheduleServiceImpl.java 类，并在该类中添加如下代码：

```
@Service("scheduleService")
public class ScheduleServiceImpl implements ScheduleService {
```

```java
@Resource
private ScheduleDao scheduleDao;

public Result getFlightStatus(String startDate,String endDate,
    int startPage,int pageSize)    {
    HashMap<String,Object> param = new HashMap<String,Object>();
    param.put("startDate",startDate);
    param.put("endDate",endDate);
    param.put("startIndex", (startPage-1)*pageSize);
    param.put("pageSize",pageSize);
    List<HashMap<String,Object>> list = scheduleDao.findScheduleByDate(param);
    int total = scheduleDao.findScheduleCountByDate(param);
    Page page = new Page(total,startPage,pageSize);
    Result result = new Result("success",page,list);
    return result;
    }
}
```

3. Controller 层代码

新建一个 ScheduleController.java 类，并在该类中添加如下代码：

```java
@Controller
public class ScheduleController {
    @Resource
    private ScheduleService scheduleService;

    //航班状态查询(根据出发日期)
    @RequestMapping(value = "/getFlightStatus")
    @ResponseBody
    public Object getFlightStatus(String departureDate,
        Integer startPage,Integer pageSize) {
        Result result = new Result("fail",null,null);
        if (startPage == null) {
            startPage = 1;
        }
        if (pageSize == null) {
            pageSize = 10;
        }
        String startDate = "";
        String endDate = "";
        if (departureDate == null) {
            return result;
        } else {
            startDate = departureDate + "00:00:00";
            endDate = departureDate + "23:59:59";
        }
        result = scheduleService.getFlightStatus(startDate,endDate,startPage,pageSize);
        return result;
    }
}
```

6.4.8 航班计划查询（管理员）接口

1. DAO 层代码

在第 6.4.7 节中创建的 ScheduleDao.java 的 Interface 接口里添加如下代码：

```java
public List<HashMap<String,Object>> findScheduleByCityAndDate(
    HashMap<String,Object> param);
```

2. Service 层代码

在第 6.4.7 节中创建的 ScheduleService.java 的 Interface 接口里添加如下代码：

```java
public Result getSchedule(String fromCity,String toCity,String startDate,String endDate);
```

在第 6.4.7 节中创建的 ScheduleServiceImpl.java 类里添加如下代码：

```java
public Result getSchedule(String fromCity,String toCity,
    String startDate,String endDate) {
    HashMap<String,Object> param = new HashMap<String,Object>();
    param.put("fromCity",fromCity);
    param.put("toCity",toCity);
    param.put("startDate",startDate);
    param.put("endDate",endDate);
    List<HashMap<String,Object>> list = scheduleDao.findScheduleByCityAndDate(param);
    Result result = new Result("success",null,list);
    return result;
}
```

3. Controller 层代码

在第 6.4.7 节中创建的 ScheduleController.java 类里添加如下代码：

```java
//航班计划查询(管理员)接口
@RequestMapping(value = "/getSchedule")
@ResponseBody
public Object getSchedule(String fromCity,String toCity,String startDate,String endDate) {
    Result result = new Result("fail",null,null);
    if(startDate == null || endDate == null) {
        return result;
    } else {
        startDate = startDate + "00:00:00";
        endDate = endDate + "23:59:59";
    }

    result = scheduleService.getSchedule(fromCity,toCity,startDate,endDate);
    return result;
}
```

6.4.9 机票售出详情接口

1. DAO 层代码

在第 6.4.7 节中创建的 ScheduleDao.java 的 Interface 接口里添加如下代码：

```java
public HashMap<String,Object> findByScheduleId(HashMap<String,Object> param);

public List<HashMap<String,Object>> findTicketInfoList(HashMap<String,Object>
```

```
param);

public List<HashMap<String,Object>>
findSelectedSeatList(HashMap<String,Object> param);

public List<HashMap<String,Object>> findSeatLayoutList(HashMap<String,Object>
param);
```

2. Service 层代码

在第 6.4.7 节中创建的 ScheduleService.java 的 Interface 接口里添加如下代码：

```java
public Result getScheduleDetail(int scheduleId);
```

在第 6.4.7 节中创建的 ScheduleServiceImpl.java 类里添加如下代码：

```java
public Result getScheduleDetail(int scheduleId) {
    Result result = new Result("fail",null,null);

    HashMap<String,Object> param = new HashMap<String,Object>();
    param.put("scheduleId",scheduleId);
    HashMap<String,Object> scheduleInfo = scheduleDao.findByScheduleId(param);

    if (scheduleInfo == null) {
        result.setData("航班计划不存在");
        return result;
    }

    List<HashMap<String,Object>> ticketInfoList = scheduleDao.findTicketInfoList(param);
    List<HashMap<String,Object>> selectedSeatList =
        scheduleDao.findSelectedSeatList(param);
    param.put("aircraftId",scheduleInfo.get("AircraftId"));
    List<HashMap<String,Object>> seatLayoutList = scheduleDao.findSeatLayoutList(param);

    HashMap<String,Object> map = new HashMap<String,Object>();
    map.put("ScheduleInfo",scheduleInfo);
    map.put("TicketInfoList",ticketInfoList);
    map.put("SelectedSeatList",selectedSeatList);
    map.put("SeatLayoutList",seatLayoutList);

    result.setFlag("success");
    result.setData(map);
    return result;
}
```

3. Controller 层代码

在第 6.4.7 节中创建的 ScheduleController.java 类里添加如下代码：

```java
//查询机票售出详情
@RequestMapping(value = "/getScheduleDetail")
@ResponseBody
public Object getScheduleDetail(Integer scheduleId) {
    Result result = new Result("fail",null,null);
    if (scheduleId == null) {
        scheduleId = 0;
    }
```

```
result = scheduleService.getScheduleDetail(scheduleId);
    return result;
}
```

6.4.10 航班计划状态修改接口

1. DAO 层代码

在第 6.4.7 节中创建的 ScheduleDao.java 的 Interface 接口里添加如下代码：

```
public int updateSchedule(HashMap<String,Object> param);
```

2. Service 层代码

在第 6.4.7 节中创建的 ScheduleService.java 的 Interface 接口里添加如下代码：

```
public Result updateSchedule(int scheduleId,String status);
```

在第 6.4.7 节中创建的 ScheduleServiceImpl.java 类里添加如下代码：

```
public Result updateSchedule(int scheduleId,String status) {
    Result result = new Result("fail",null,null);
    HashMap<String,Object> param = new HashMap<String,Object>();
    param.put("scheduleId",scheduleId);
    param.put("status",status);
    HashMap<String,Object> scheduleInfo = scheduleDao.findByScheduleId(param);
    if(scheduleInfo == null) {
        result.setData("航班计划不存在");
        return result;
    }
    int updateResult = scheduleDao.updateSchedule(param);
    if (updateResult > 0) {
        result.setFlag("success");
    }
    return result;
}
```

3. Controller 层代码

在第 6.4.7 节中创建的 ScheduleController.java 类里添加如下代码：

```
//航班计划状态修改接口
@RequestMapping(value = "/updateSchedule")
@ResponseBody
public Object updateSchedule(Integer scheduleId,String status) {
    if (scheduleId == null) {
        scheduleId = 0;
    }
    Result result = scheduleService.updateSchedule(scheduleId,status);
    return result;
}
```

6.4.11 航班计划查询（员工）接口

1. DAO 层代码

在第 6.4.7 节中创建的 ScheduleDao.java 的 Interface 接口里添加如下代码：

```java
public List<HashMap<String,Object>> findNonStopScheduleList(HashMap<String,Object> param);

public int findSoldTicketsCount(HashMap<String,Object> param);

public List<HashMap<String,Object>> findOneStopScheduleList(
    HashMap<String,Object> param);

public List<HashMap<String,Object>> findDelayInfoList(HashMap<String,Object> param);
```

2. Service 层代码

在第 6.4.7 节中创建的 ScheduleService.java 的 Interface 接口里添加如下代码：

```java
public Result getSearchFlight(String fromCity,String toCity,
    String startDate,String endDate,int cabinTypeId,String flightType);
```

在第 6.4.7 节中创建的 ScheduleServiceImpl.java 类里添加如下代码：

```java
//查询航班计划(员工)结果集
public Result getSearchFlight(String fromCity,String toCity,String startDate,
    String endDate,int cabinTypeId,String flightType) {
    Result result = new Result("success",null,null);

    if (flightType.equals("Non-stop")) {
        List<HashMap<String,Object>> list =
            getNonstop(fromCity,toCity,startDate,endDate,cabinTypeId);
        result.setData(list);
    }else if (flightType.equals("1-stop")) {
        List<HashMap<String,Object>> list =
            getOnestop(fromCity,toCity,startDate,endDate,cabinTypeId);
        result.setData(list);
    }else if (flightType.equals("All")) {
        List<HashMap<String,Object>> list = new ArrayList<HashMap<String,Object>>();
        List<HashMap<String,Object>> nonStopList =
            getNonstop(fromCity,toCity,startDate,endDate,cabinTypeId);
        List<HashMap<String,Object>> oneStopList =
            getOnestop(fromCity,toCity,startDate,endDate,cabinTypeId);
        list.addAll(nonStopList);
        list.addAll(oneStopList);
        result.setData(list);
    }
    return result;
}


public List<HashMap<String,Object>> getNonstop(String fromCity,String
toCity,String startDate,String endDate,int cabinTypeId) {
    HashMap<String,Object> param = new HashMap<String,Object>();
    param.put("fromCity",fromCity);
    param.put("toCity",toCity);
    param.put("startDate",startDate);
    param.put("endDate",endDate);
    List<HashMap<String,Object>> list = scheduleDao.findNonStopScheduleList(param);
    if(list != null) {
        for (int i = 0;i < list.size();i++) {
            HashMap<String,Object> map = list.get(i);
```

```
            param = new HashMap<String,Object>();
            param.put("scheduleId",map.get("ScheduleId"));
            param.put("cabinTypeId",cabinTypeId);
            int soldTickets = scheduleDao.findSoldTicketsCount(param);
            int allTickets = 0;
            if (cabinTypeId == 1) {
                allTickets = Integer.parseInt(map.get("EconomySeatsAmount").toString());
            }else if (cabinTypeId == 2) {
                allTickets = Integer.parseInt(map.get("BusinessSeatsAmount").toString());
            }else if (cabinTypeId == 3) {
                allTickets = Integer.parseInt(map.get("FirstSeatsAmount").toString());
            }
            int residueTickets = allTickets - soldTickets;
            map.put("ResidueTickets",residueTickets);
            map.put("FlightType","Non-stop");
        }
    }
    return list;
}

public List<HashMap<String,Object>> getOnestop(String fromCity,
        String toCity,String startDate,String endDate,int cabinTypeId) {
    HashMap<String,Object> param = new HashMap<String,Object>();
    param.put("fromCity",fromCity);
    param.put("toCity",toCity);
    param.put("startDate",startDate);
    param.put("endDate",endDate);
    List<HashMap<String,Object>> list = scheduleDao.findOneStopScheduleList(param);
    List<HashMap<String,Object>> delayInfoList = scheduleDao.findDelayInfoList(param);
    if(list != null) {
        for (int i = 0;i < list.size();i++) {
            HashMap<String,Object> map = list.get(i);
            String s1FlightNumber = map.get("S1FlightNumber").toString();
            String s2FlightNumber = map.get("S2FlightNumber").toString();
            if(delayInfoList != null) {
                for (int j = 0;j < delayInfoList.size();j++) {
                    HashMap<String,Object> delayInfoMap = delayInfoList.get(j);
                    String flightNumber = delayInfoMap.get("FlightNumber").toString();
                    if (flightNumber.equals(s1FlightNumber)) {
                        map.put("S1AllCount",delayInfoMap.get("AllCount"));
                        map.put("S1DelayCount",delayInfoMap.get("DelayCount"));
                        map.put("S1NotDelay",delayInfoMap.get("NotDelay"));
                    }else if(flightNumber.equals(s2FlightNumber)) {
                        map.put("S2AllCount",delayInfoMap.get("AllCount"));
                        map.put("S2DelayCount",delayInfoMap.get("DelayCount"));
                        map.put("S2NotDelay",delayInfoMap.get("NotDelay"));
                    }
                }
            }
            param = new HashMap<String,Object>();
            param.put("scheduleId",map.get("S1ScheduleId"));
            param.put("cabinTypeId",cabinTypeId);
            int s1SoldTickets = scheduleDao.findSoldTicketsCount(param);

            param = new HashMap<String,Object>();
            param.put("scheduleId",map.get("S2ScheduleId"));
```

```
        param.put("cabinTypeId",cabinTypeId);
        int s2SoldTickets = scheduleDao.findSoldTicketsCount(param);

        int s1AllTickets = 0;
        int s2AllTickets = 0;
        if(cabinTypeId == 1) {
            s1AllTickets = Integer.parseInt(
                map.get("S1EconomySeatsAmount").toString());
            s2AllTickets = Integer.parseInt(
                map.get("S2EconomySeatsAmount").toString());
        }else if(cabinTypeId == 2) {
            s1AllTickets = Integer.parseInt(
                map.get("S1BusinessSeatsAmount").toString());
            s2AllTickets = Integer.parseInt(
                map.get("S2BusinessSeatsAmount").toString());
        }else if(cabinTypeId == 3){
            s1AllTickets = Integer.parseInt(
                map.get("S1FirstSeatsAmount").toString());
            s2AllTickets = Integer.parseInt(
                map.get("S2FirstSeatsAmount").toString());
        }
        int s1ResidueTickets = s1AllTickets-s1SoldTickets;
        int s2ResidueTickets = s2AllTickets-s2SoldTickets;
        map.put("S1ResidueTickets",s1ResidueTickets);
        map.put("S2ResidueTickets",s2ResidueTickets);
        map.put("FlightType","1-stop");
        }
    }
    return list;
}
```

3. Controller 层代码

在第 6.4.7 节中创建的 ScheduleController.java 类里添加如下代码：

```
//查询航班计划(员工)
@RequestMapping(value = "/getSearchFlight")
@ResponseBody
public Object getSearchFlight(String fromCity,String toCity,String departureDate,
    Integer cabinTypeId,String flightType) {
    Result result = new Result("fail",null,null);
    String startDate = "";
    String endDate = "";
    if (departureDate == null) {
        return result;
    } else {
        startDate = departureDate + "00:00:00";
        endDate = departureDate + "23:59:59";
    }
    if(cabinTypeId == null) {
        cabinTypeId = 0;
    }
    result = scheduleService.getSearchFlight(
        fromCity,toCity,startDate,endDate,cabinTypeId,flightType);
    return result;
}
```

【附件六】

为了方便你的学习，我们将该章中的相关附件上传到以下所示的二维码，你可以自行扫码查看。

第 7 章　Servlet 补充知识

学习目标：

- JSP；
- Servlet Session；
- Servlet Cookie；
- Servlet 文件上传；
- Servlet 网页重定向；
- Servlet 调试。

本章主要介绍 Servlet 的补充知识，包括 JSP、Servlet Session、Servlet Cookie、Servlet 文件上传、Servlet 网页重定向和 Servlet 调试等。

7.1　JSP

7.1.1　什么是 JSP

JSP 的全称为 Java Server Pages，是一种动态网页开发技术。它使用 JSP 标签在 HTML 网页中插入 Java 代码。

JSP 主要用于实现 Java Web 应用程序的用户界面部分。网页开发者们通过结合 HTML 代码、XML 元素以及嵌入 JSP 操作和命令来编写 JSP 代码。

JSP 通过网页表单获取用户输入数据、访问数据库及其他数据源，然后动态地创建网页。

7.1.2　JSP 的优势

以下列出了使用 JSP 带来的好处。

（1）与 ASP 相比，JSP 有两大优势：首先，动态部分使用 Java 语言编写，而不是使用 VB 或其他 MS 专用语言编写，所以更加强大与易用。其次是 JSP 易于移植到非 MS 平台上。

（2）与纯 Servlet 相比，JSP 可以很方便地编写或者修改 HTML 网页而不用去面对大量的 println 语句。

（3）与 SSI 相比，SSI 无法使用表单数据，无法进行数据库连接，而 JSP 可以。

（4）与 JavaScript 相比，虽然 JavaScript 可以在客户端动态生成 HTML，但是很难与服务器交互，因此不能提供复杂的服务，比如访问数据库和进行图像处理等。

（5）与静态 HTML 相比，静态 HTML 不包含动态信息。

7.1.3 JSP 生命周期

1. JSP 生命周期概念

JSP 生命周期就是从创建到销毁的整个过程，类似于 Servlet 生命周期，区别在于 JSP 生命周期还包括将 JSP 文件编译成 Servlet。

2. JSP 生命周期示意图

JSP 生命周期示意图如图 7-1 所示。

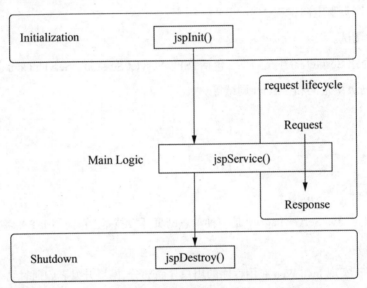

图 7-1　JSP 生命周期示意图

3. JSP 生命周期阶段

1）编译阶段

Servlet 容器编译 Servlet 源文件，生成 Servlet 类。当浏览器请求 JSP 页面时，JSP 引擎会先检查此页面是否需要编译。如果没有被编译过或者被更改过，则编译这个 JSP 文件。

编译的过程包括以下几步。

（1）解析 JSP 文件。

（2）将 JSP 文件转换为 Servlet。

（3）编译 Servlet。

2）初始化阶段

容器载入 JSP 文件后，它会先调用 jspInit()方法。如果需要执行自定义的 JSP 初始化任务，则需重写 jspInit()方法。代码如下：

```
public void jspInit(){
    //初始化代码
}
```

一般情况下只初始化一次。通常情况下，可以在 jspInit()方法中初始化数据库连接、打开文件和创建查询表。

3）执行阶段

调用与 JSP 对应的 Servlet 类的方法。

这一阶段描述了 JSP 生命周期中一切与请求相关的交互行为，直到被销毁。

JSP 初始化后，JSP 引擎将会调用 jspService()方法。该方法需要一个 HttpServletRequest 对象和一个 HttpServletResponse 对象作为它的参数。代码如下：

```
void jspService(HttpServletRequest request,HttpServletResponse response) {
    //服务端处理代码
}
```

4）销毁阶段

调用与 JSP 对应的 Servlet 类的销毁方法。

当需要执行任何清理工作时复写 jspDestroy()方法，比如释放数据库连接或者关闭文件夹等。代码如下：

```
public void jspDestroy(){
    //清理代码
}
```

7.1.4　JSP 结构

1. JSP 结构概念

JSP 引擎为一个容器，用于处理 JSP 页面，容器负责截获对 JSP 页面的请求，容器与 Web 服务器共同为 JSP 的正常运行提供必要的运行环境，以识别出 JSP 特有的元素。

JSP 容器和 JSP 文件在 Web 应用中所处的位置如图 7-2 所示。

2. JSP 处理

以下步骤表明 Web 服务器是如何使用 JSP 来创建网页的。

（1）浏览器发送一个 HTTP 请求给服务器。

（2）Web 服务器识别出这是一个对 JSP 网页的请求，并且将该请求传递给 JSP 引擎。通过使用 URL 或者.jsp 文件来完成。

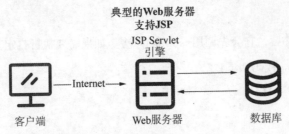

图 7-2　JSP 容器和 JSP 文件

（3）JSP 引擎载入 JSP 文件，然后将它们转化为 Servlet。将所有的 JSP 元素转化成 Java 代码。

（4）JSP 引擎将 Servlet 编译成可执行类，并且将原始请求传递给 Servlet 引擎。

（5）Web 服务器调用 Servlet 引擎，载入并执行 Servlet 类。

（6）Web 服务器以静态 HTML 网页的形式将 HTTP Response 返回到浏览器中。

以上提及的步骤如图 7-3 所示。

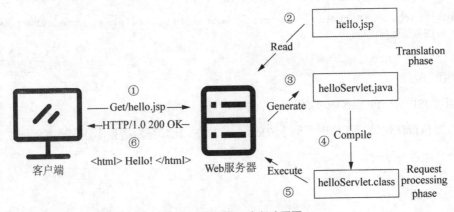

图 7-3　使用 JSP 来创建网页

7.1.5　JSP 语法

1. 脚本程序

脚本程序可以包含任意的 Java 语句、变量、方法或表达式。

脚本程序的语法格式如下：

```
<% /*代码片段*/ %>
```

或者也可以编写与其等价的 XML 语句，如下：

```
<jsp:scriptlet>
    /*代码片段*/
</jsp:scriptlet>
```

新建一个名为 JSPDemo 的 Java 动态网站项目，在 WebContent 目录下新建 index1.jsp 文件，代码如下（注意，任何文本、HTML 标签、JSP 元素必须写在脚本程序的外面）：

```
<%@ page language="java" contentType="text/html;charset=UTF-8" pageEncoding="UTF-8"%>
<!DOCTYPE html>
<html>
<head>
<title>Hello World</title>
</head>
<body>
    Hello World! <br/>
    <%
        out.println("request 请求地址是："+request.getRequestURI());
    %>
</body>
</html>
```

如果要在页面正常显示中文，则需要检查 JSP 文件头部代码是否为 UTF-8，代码如下：

```
<%@ page language="java" contentType="text/html;charset=UTF-8" pageEncoding="UTF-8"%>
```

脚本程序的运行结果如图 7-4 所示。

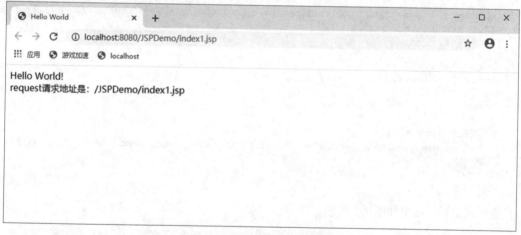

图 7-4　脚本程序的运行结果

2. JSP 声明

一条声明语句可以声明一个或多个变量、方法，以供后面的 Java 代码使用。在 JSP 文件中，必须先声明这些变量和方法，然后才能使用它们。

JSP 声明的语法格式如下：

```
<%! declaration;[declaration;]+...%>
```

或者也可以编写与其等价的 XML 语句，就像下面这样的代码：

```
<jsp:declaration>
    //代码片段
</jsp:declaration>
```

声明代码如下：

```
<%! int i = 0;%>
<%! int a,b,c;%>
<%! Result result = new Result("success",null,null);%>
```

3. JSP 表达式

JSP 表达式中包含的脚本语言表达式先被转换成 String，然后插入适当的地方。表达式元素中可以包含任何符合 Java 语言规范的表达式，但是不能使用分号来结束表达式。

JSP 表达式的语法格式如下：

```
<% = /*表达式*/ %>
```

同样也可以编写与之等价的 XML 语句，如下：

```
<jsp:expression>
    /*表达式*/
</jsp:expression>
```

在第 7.1.5 节 JSPDemo 项目的 WebContent 目录下新建 index2.jsp 文件，代码如下：

```
<%@ page language="java" contentType="text/html;charset=UTF-8"pageEncoding="UTF-8"%>
<!DOCTYPE html>
<html>
<head>
<meta charset="utf-8">
<title>20-80(www.20-80.cn)</title>
</head>
<body>
    <p>
    现在的时间是：
        <%=new java.text.SimpleDateFormat("HH:mm:ss").format(new java.util.Date())%>
    </p>
</body>
</html>
```

表达式的运行结果如图 7-5 所示。

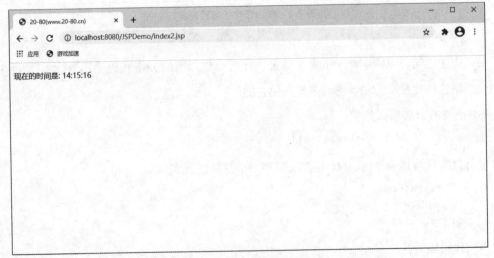

图 7-5　表达式的运行结果

4. JSP 注释

JSP 注释主要有两个作用：为代码作注释以及将某段代码注释掉。

JSP 注释的语法格式如下：

```
<%@ page language="java" contentType="text/html;charset=UTF-8"
pageEncoding="UTF-8"%>
<!DOCTYPE html>
<html>
    <head>
        <meta charset="utf-8">
        <title>20-80(www.20-80.cn)</title>
    </head>
    <body>
        <%--该部分注释在网页中不会被显示--%>
        <p>
    现在的时间是:
        <%=new java.text.SimpleDateFormat("HH:mm:ss").format(
            new java.util.Date())%>
        </p>
    </body>
</html>
```

不同情况下的语法规则如表 7-1 所示。

表 7-1　不同情况下的语法规则

语法	说明
<%--注释--%>	JSP 注释，注释内容不会被发送至浏览器甚至不会被编译
<!--注释-->	HTML 注释，通过浏览器查看网页源代码时可以看见注释内容
</%	代表静态<%常量
%/>	代表静态%>常量
/'	在属性中使用的单引号
/"	在属性中使用的双引号

5.JSP 指令

JSP 指令用来设置与整个 JSP 页面相关的属性。

JSP 指令语法格式如下：

```
<%@ directive attribute="value" %>
```

指令标签如表 7-2 所示。

表 7-2　指令标签

指令	说明
<%@ page...%>	定义页面的依赖属性，比如脚本语言、error 页面、缓存需求等
<%@ include...%>	包含其他文件
<%@ taglib...%>	引入标签库的定义，可以是自定义标签

6. JSP 行为

JSP 行为标签使用 XML 语法结构来控制 Servlet 引擎。它能够动态地插入一个文件、重用 JavaBean 组件、引导用户去另一个页面、为 Java 插件产生相关的 HTML 等。

JSP 行为标签只有一种语法格式，它必须严格遵守 XML 标准：

```
<jsp:action_name attribute="value"/>
```

JSP 行为标签基本上是一些预先就定义好的函数，如表 7-3 所示。

表 7-3　JSP 行为标签函数表

语法	说明
jsp:include	用于在当前页面中包含静态资源或动态资源
jsp:useBean	寻找和初始化一个 JavaBean 组件
jsp:setProperty	设置 JavaBean 组件的值
jsp:getProperty	将 JavaBean 组件的值插入 output 中
jsp:forward	从一个 JSP 文件向另一个文件传递包含用户请求的 request 对象
jsp:plugin	用于在生成的 HTML 页面中包含 Applet 和 JavaBean 对象
jsp:element	动态创建一个 XML 元素
jsp:attribute	定义动态创建的 XML 元素的属性
jsp:body	定义动态创建的 XML 元素的主体
jsp:text	用于封装模板数据

7. JSP 内置对象

JSP 支持 9 个自定义的变量，也称内置对象，这 9 个内置对象及其说明如表 7-4 所示。

表 7-4　9 个内置对象及其说明

对象	说明
request	HttpServletRequest 类的实例
response	HttpServletResponse 类的实例
out	PrintWriter 类的实例，用于将结果输出至网页上
session	HttpSession 类的实例
application	ServletContext 类的实例，与应用上下文有关
config	ServletConfig 类的实例
pageContext	PageContext 类的实例，提供对 JSP 页面所有对象以及命名空间的访问
page	类似于 Java 类中的 this 关键字
exception	Exception 类的对象，代表发生错误的 JSP 页面中对应的异常对象

7.2　Servlet Session

7.2.1　Session 概念

HTTP 是一种"无状态协议"，这意味着每次客户端检索网页时，客户端打开一个单独的连接到 Web 服务器，服务器会自动不保留之前客户端请求的任何记录。

仍然有以下 4 种方式来维持 Web 客户端和 Web 服务器之间的 Session 会话。

1. Cookies

一个 Web 服务器可以分配一个唯一的 Session 会话 id 作为每个 Web 客户端的 Cookie。对于客户端的后续请求，可以使用接收到的 Cookie 来识别。

这可能不是一种有效的方式，因为很多浏览器不支持 Cookie，所以不建议使用这种方式来维持 Session 会话。

2. 隐藏的表单字段

一个 Web 服务器可以发送一个隐藏的 HTML 表单字段，以及一个唯一的 Session 会话 id，语句如下：

```
<input type="hidden" name="sessionid" value="12345">
```

这条语句意味着，当表单被提交时，指定的名称和值会被自动包含在 GET 或 POST 数据中。每次当 Web 浏览器发送回请求时，session_id 值可以用于保持不同的 Web 浏览器的跟踪。

这可能是一种保持 Session 会话跟踪的有效方式，但是点击常规的超文本链接（a 标签）不会导致表单提交。因此，隐藏的表单字段也不支持常规的 Session 会话跟踪。

3. URL 重写

在每个 URL 末尾追加一些额外的数据来标识 Session 会话，服务器会把该 Session 会话标识符与已存储的有关 Session 会话的数据相关联。例如，http://www.20-80.cn/bookResources/JavaWeb_book，Session 会话标识符被附加为 sessionid=12345，标识符可被 Web 服务器访问以识别客户端。

URL 重写是一种更好地维持 Session 会话的方式，它在浏览器不支持 Cookie 时能够很好地工作。但是 URL 重写的缺点是会动态生成每个 URL 来为页面分配一个 Session 会话 id，即使是在很简单的静态 HTML 页面中也会如此。

4. HttpSession 接口

除了上述 3 种方式外，Servlet 还提供了 HttpSession 接口，该接口提供了一种跨多个页面请求或访问网站时识别用户以及存储有关用户信息的方式。

Servlet 容器使用这个对象来创建一个 HTTP 客户端和 HTTP 服务器之间的 Session 会话。会话持续一个指定的时间段，跨多个连接或页面请求。

通过调用 HttpServletRequest 的公共方法 getSession()来获取 HttpSession 对象，如下所示：

```
HttpSession session = request.getSession();
```

在向客户端发送任何文档内容之前需要调用 request.getSession()。表 7-5 总结了 HttpSession 对象中可用的重要方法。

表 7-5　HttpSession 对象的重要方法及其说明

方法	说明
public Object getAttribute(String name)	该方法返回在 Session 会话中具有指定名称的对象，如果没有指定名称的对象，则返回 null
public Enumeration getAttributeNames()	该方法返回 String 对象的枚举，String 对象包含所有绑定到 Session 会话对象的名称
public long getCreationTime()	该方法返回 Session 会话被创建的时间，自格林尼治标准时间 1970 年 1 月 1 日午夜算起，以毫秒为单位
public String getId()	该方法返回一个包含分配给 Session 会话的唯一标识符的字符串
public long getLastAccessedTime()	该方法返回客户端最后一次发送与 Session 会话相关请求的时间，自格林尼治标准时间 1970 年 1 月 1 日午夜算起，以毫秒为单位
public int getMaxInactiveInterval()	该方法返回 Servlet 容器在客户端访问时保持 Session 会话打开的最大时间间隔，以秒为单位
public void invalidate()	该方法指示 Session 会话无效，并解除绑定到它上面的任何对象
public boolean isNew()	如果客户端还不知道 Session 会话，或者如果客户端选择不参加 Session 会话，则该方法返回 true
public void removeAttribute(String name)	该方法将从 Session 会话移除指定名称的对象
public void setAttribute(String name,Object value)	该方法使用指定的名称绑定一个对象到 Session 会话
public void setMaxInactiveInterval(int interval)	该方法在 Servlet 容器指示 Session 会话无效之前，指定客户端请求之间的时间，以秒为单位

7.2.2　Servlet 间传值实例

新建一个名为 ServletDemo 的 Java 动态网站项目，在 src 目录下新建一个名为 edu.wtbu.servlet 的包，在该包路径下新建一个名为 SessionServlet 的 Servlet 文件，代码如下：

```
package edu.wtbu.servlet;
import java.io.IOException;
```

```
import javax.servlet.ServletException;
import javax.servlet.annotation.WebServlet;
import javax.servlet.http.HttpServlet;
import javax.servlet.http.HttpServletRequest;
import javax.servlet.http.HttpServletResponse;
import javax.servlet.http.HttpSession;
@WebServlet("/session")
public class SessionServlet extends HttpServlet {
    private static final long serialVersionUID = 1L;
    public SessionServlet() {
        super();
    }
    protected void doGet(HttpServletRequest request,HttpServletResponse response)
        throws ServletException,IOException {
        HttpSession session = request.getSession();
        String name = request.getParameter("name");
        String url = request.getParameter("url");
        session.setAttribute("name",name);
        session.setAttribute("url",url);
        response.getWriter().append("sessionId:" + session.getId());
    }
    protected void doPost(HttpServletRequest request,HttpServletResponse response)
            throws ServletException,IOException {
        doGet(request,response);
    }
}
```

在 edu.wtbu.servlet 包里再新建一个名为 GetSessionServlet 的 Servlet 文件，用于接收 Session 会话的值，代码如下：

```
package edu.wtbu.servlet;
import java.io.IOException;
import javax.servlet.ServletException;
import javax.servlet.annotation.WebServlet;
import javax.servlet.http.HttpServlet;
import javax.servlet.http.HttpServletRequest;
import javax.servlet.http.HttpServletResponse;
import javax.servlet.http.HttpSession;
@WebServlet("/getSession")
public class GetSessionServlet extends HttpServlet {
    private static final long serialVersionUID = 1L;
    public GetSessionServlet() {
        super();
    }
    protected void doGet(HttpServletRequest request,HttpServletResponse response)
        throws ServletException,IOException {
        HttpSession session = request.getSession();
        String name = session.getAttribute("name").toString();
        String url = session.getAttribute("url").toString();
        response.getWriter().append("name=" + name + ",url=" + url);
    }
    protected void doPost(HttpServletRequest request,HttpServletResponse response)
            throws ServletException,IOException {
        doGet(request,response);
    }
}
```

使用 getAttribute()方法接收会话的值，toString()方法是将值转换成字符串。第一个 Servlet 用于传值，输入 http://localhost:8080/ServletDemo/session?name=2080&url=www.20-80.cn 后的效

果如图 7-6 所示。

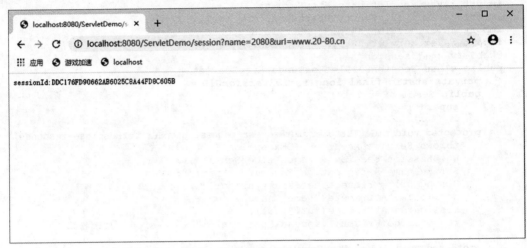

图 7-6 Servlet 用于传值的效果图

第二个 Servlet 用于接收会话的值，并显示 name 和 url 的值，如图 7-7 所示。

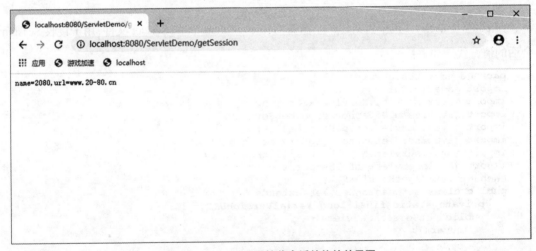

图 7-7 Servlet 用于接收会话的值的效果图

7.2.3 Servlet 向 JSP 传值实例

在 edu.wtbu.servlet 包中再新建一个名为 HelloServlet 的 Servlet 文件，声明两个变量，赋值后保存到 request 中，采用服务器跳转到 JSP 页面，代码如下：

```
package edu.wtbu.servlet;
import java.io.IOException;
import javax.servlet.ServletException;
import javax.servlet.annotation.WebServlet;
import javax.servlet.http.HttpServlet;
import javax.servlet.http.HttpServletRequest;
import javax.servlet.http.HttpServletResponse;
@WebServlet("/hello")
```

```java
public class HelloServlet extends HttpServlet {
    private static final long serialVersionUID = 1L;
    public HelloServlet() {
        super();
    }
    protected void doGet(HttpServletRequest request,HttpServletResponse response)
        throws ServletException,IOException {
        String name = request.getParameter("name");
        String url = request.getParameter("url");
        request.setAttribute("name",name);
        request.setAttribute("url",url);
        request.getRequestDispatcher("/WEB-INF/index.jsp").forward(request,response);
    }
    protected void doPost(HttpServletRequest request,HttpServletResponse response)
        throws ServletException,IOException {
        doGet(request,response);
    }
}
```

在 WebContent 目录下新建 index.jsp 文件，代码如下：

```jsp
<%@ page language="java" contentType="text/html;charset=UTF-8"
    pageEncoding="UTF-8"%>
<!DOCTYPE html>
<html>
<head>
<meta charset="UTF-8">
<title>www.20-80.cn</title>
</head>
<body>
    <%="name=" + request.getAttribute("name") + ",url=" + request.getAttribute("url")%>
</body>
</html>
```

在浏览器中输入 http://localhost:8080/ServletDemo/hello?name=2080&url=www.20-80.cn。向 JSP 页面传值的页面运行效果如图 7-8 所示。

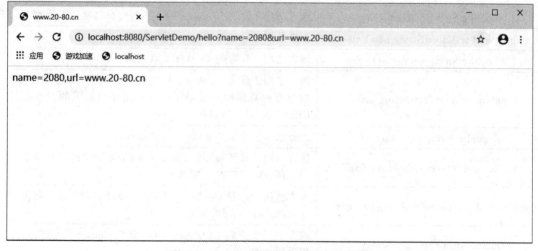

图 7-8　向 JSP 页面传值的页面运行效果

7.3　Servlet Cookie

7.3.1　Cookie 概念

Cookie 是存储在客户端计算机上的文本文件，并保留了各种跟踪信息。Java Servlet 显然支持 HTTP Cookie。

识别返回用户包括以下几步。

（1）服务器脚本向浏览器发送一组 Cookie，例如，姓名、年龄或识别号码等。

（2）浏览器将这些信息存储在本地计算机上，以备将来使用。

（3）当下一次浏览器向 Web 服务器发送任何请求时，浏览器会把这些 Cookie 信息发送到服务器，服务器将使用这些信息来识别用户。

在 Servlet 中操作 Cookie 时可能会用到的 Cookie 方法如表 7-6 所示。

表 7-6　Cookie 方法及其说明

方法	说明
public void setDomain(String pattern)	该方法用于设置 Cookie 适用的域，例如 20-80.cn
public String getDomain()	该方法用于获取 Cookie 适用的域，例如 20-80.cn
public void setMaxAge(int expiry)	该方法用于设置 Cookie 过期的时间（以秒为单位）。如果不这样设置，Cookie 只会在当前 Session 会话中持续有效
public int getMaxAge()	该方法用于返回 Cookie 的最大生存周期（以秒为单位），默认情况下，-1 表示 Cookie 将持续下去，直到浏览器关闭
public String getName()	该方法用于返回 Cookie 的名称。名称在创建后不能改变
public void setValue(String newValue)	该方法用于设置与 Cookie 关联的值
public String getValue()	该方法用于获取与 Cookie 关联的值
public void setPath(String uri)	该方法用于设置 Cookie 适用的路径。如果不指定路径，则与当前页面相同目录下的（包括子目录下的）所有 URL 都会返回 Cookie
public String getPath()	该方法用于获取 Cookie 适用的路径
public void setSecure(boolean flag)	该方法用于设置布尔值，表示 Cookie 是否应该只在加密的（即 SSL）连接上发送
public void setComment(String purpose)	该方法用于设置 Cookie 的注释。该注释在浏览器中向用户呈现 Cookie 时非常有用
public String getComment()	该方法用于获取 Cookie 的注释，如果 Cookie 没有注释，则返回 null

7.3.2 Cookie 实例

本节实例的代码在第 7.2.2 节 Session 实例的代码上进行修改，修改名为 SessionServlet 的文件，代码如下：

```
package edu.wtbu.servlet;
import java.io.IOException;
import javax.servlet.ServletException;
import javax.servlet.annotation.WebServlet;
import javax.servlet.http.Cookie;
import javax.servlet.http.HttpServlet;
import javax.servlet.http.HttpServletRequest;
import javax.servlet.http.HttpServletResponse;
import javax.servlet.http.HttpSession;
@WebServlet("/session")
public class SessionServlet extends HttpServlet {
    private static final long serialVersionUID = 1L;
    public SessionServlet() {
        super();
    }
    protected void doGet(HttpServletRequest request,HttpServletResponse response)
        throws ServletException,IOException {
        HttpSession session = request.getSession();
        String name = request.getParameter("name");
        String url = request.getParameter("url");
        Cookie nameCookie = new Cookie("name",name);
        Cookie urlCookie = new Cookie("url",url);
        response.addCookie(nameCookie);
        response.addCookie(urlCookie);
        response.getWriter().append("sessionId:" + session.getId());
    }
    protected void doPost(HttpServletRequest request,HttpServletResponse response)
        throws ServletException,IOException {
        doGet(request,response);
    }
}
```

新建两个 Cookie 对象，并将 name 和 url 变量的值保存起来，使用 addCookie()方法将 Cookie 对象保存起来。输入 http://localhost:8080/ServletDemo/session?name=2080&url=www.20-80.cn。Cookie 实例的运行效果如图 7-9 所示。

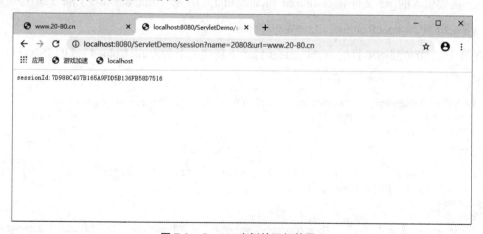

图 7-9 Cookie 实例的运行效果 1

在浏览器中按下"F12"键，进入开发者模式，选择"Application"，操作按指示执行，如图 7-10 所示。

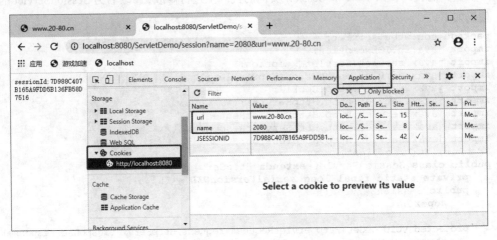

图 7-10　Cookie 的运行效果 2

7.4　Servlet 文件上传

7.4.1　概述

在 Web 应用系统开发中，文件上传是常用的功能之一。浏览器在上传过程中是将文件以流的形式提交到服务器端，采用 Apache 的开源工具 common-fileupload 文件上传组件。

7.4.2　文件上传实例

本实例需要用到的文件有 fileUpload.jsp 文件上传表单、UploadServlet.java 处理上传的 Servlet。需要引入的 jar 文件有 commons-fileupload-1.4.jar 和 commons-io-2.7.jar。jar 包可以从 http://www.20-80.cn/bookResources/JavaWeb_book 下载。

在第 7.2.2 节创建的项目的 WebContent 目录下新建一个名为 fileUpload.jsp 的 JSP 文件，代码如下：

```
<%@ page language = "java" contentType = "text/html;charset=UTF-8"
    pageEncoding = "UTF-8"%>
<!DOCTYPE html>
<html>
<head>
<meta http-equiv = "Content-Type" content = "text/html;"charset = "UTF-8">
<title>Upload File Demo</title>
</head>
<body>
    <form action="/ServletDemo/upload" method="POST" enctype="multipart/form-data">
```

```
            请选择上传文件: <br/>
            <input type = "file" name = "file"/><br/>
            <input type = "submit" value = "save"/>
        </form>
    </body>
    </html>
```

JSP 页面有以下几点要注意。

（1）表单 method 属性设置为 POST 方法，不能使用 GET 方法。

（2）表单 enctype 属性设置为 multipart/form-data。

（3）表单 action 属性设置为处理文件上传的 Servlet 文件。

（4）上传单个文件时，使用单个带有属性 type="file"的<input/>标签。

在项目的 WebContent\WEB-INF\lib 目录下，将 commons-fileupload-1.4.jar 包、commons-io-2.7.jar 包复制到里面。

在第 7.2.2 节的项目的 edu.wtbu.servlet 包里新建一个名为 UploadServlet 的 Servlet 文件，代码如下：

```
package edu.wtbu.servlet;
import java.io.File;
import java.io.FileOutputStream;
import java.io.IOException;
import java.io.InputStream;
import java.io.OutputStream;
import java.io.PrintWriter;
import java.text.DateFormat;
import java.util.Date;
import java.util.List;
import java.util.UUID;
import javax.servlet.ServletException;
import javax.servlet.annotation.WebServlet;
import javax.servlet.http.HttpServlet;
import javax.servlet.http.HttpServletRequest;
import javax.servlet.http.HttpServletResponse;
import org.apache.commons.fileupload.FileItem;
import org.apache.commons.fileupload.FileUploadBase.FileSizeLimitExceededException;
import org.apache.commons.fileupload.FileUploadBase.SizeLimitExceededException;
import org.apache.commons.fileupload.FileUploadException;
import org.apache.commons.fileupload.ProgressListener;
import org.apache.commons.fileupload.disk.DiskFileItemFactory;
import org.apache.commons.fileupload.servlet.ServletFileUpload;
@WebServlet("/upload")
public class UploadServlet extends HttpServlet {
    private static final long serialVersionUID = 1L;
    public UploadServlet() {
        super();
    }
    protected void doGet(HttpServletRequest request,HttpServletResponse response)
        throws ServletException,IOException {
        request.setCharacterEncoding("UTF-8");
```

```java
        response.setContentType("text/html;charset=UTF-8");
        PrintWriter pw = response.getWriter();
        try {
            //设置系统环境
            DiskFileItemFactory factory = new DiskFileItemFactory();
            //文件存储路径(C 盘根目录)
            String path = "c:\\";
            //判断传输方式
            Boolean isMultipart = ServletFileUpload.isMultipartContent(request);
            if (!isMultipart) {
                pw.write("传输方式有错误");
                return;
            }
            ServletFileUpload upload = new ServletFileUpload(factory);
            upload.setFileSizeMax(4 * 1024 * 1024);//设置单个文件的大小不能超过 4M
            //解析
            List<FileItem> items = upload.parseRequest(request);
            for (FileItem item:items) {
                if (item.isFormField()) {                //普通字段，表单提交过来的
                    String name = item.getFieldName();
                    String value = item.getString("UTF-8");
                } else {
                    InputStream in = item.getInputStream();
                    String fileName = item.getName();
                    if (fileName == null || "".equals(fileName.trim())) {
                        continue;
                    }
                    fileName = fileName.substring(fileName.lastIndexOf("\\") + 1);
                    fileName = UUID.randomUUID() + "_" + fileName;
                    String storeFile = path + "\\" + fileName;
                    OutputStream out = new FileOutputStream(storeFile);
                    byte[] b = new byte[1024];
                    int len = -1;
                    while ((len = in.read(b)) != -1) {
                        out.write(b,0,len);
                    }
                    in.close();
                    out.close();
                    response.getWriter().append("文件上传成功");
                }
            }
        } catch (FileSizeLimitExceededException e) {
            pw.write("单个文件不能超过 4M");
        } catch (FileUploadException e) {
            e.printStackTrace();
        }
    }
    protected void doPost(HttpServletRequest request,HttpServletResponse response)
        throws ServletException,IOException {
        doGet(request,response);
    }
}
```

访问 fileUpload.jsp 文件，选择一个文件进行上传,点击 "save" 按钮，在 C 盘根目录下可以找到上传的文件。在浏览器中输入 URL：http://localhost:8080/ServletDemo/fileUpload.jsp，JSP 页面如图 7-11 所示。

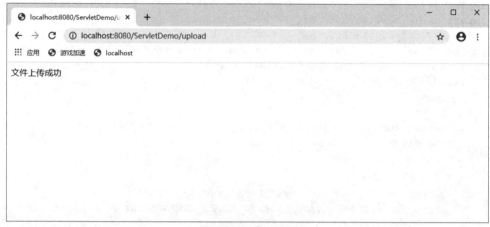

图 7-11　JSP 页面

7.5　Servlet 网页重定向

7.5.1　概述

当文档移动到新的位置并向客户端发送这个新位置时，我们需要用到网页重定向。当然，也可能是为了负载均衡，或者只是为了简单地随机，这些情况都有可能用到网页重定向。

7.5.2　方法定义

重定向请求到另一个网页的最简单方式是使用 response 对象的 sendRedirect()方法。下面是该方法的定义：

```
public HttpServletResponse sendRedirect(String location) throws IOException
```

sendRedirect()方法将响应连同状态码和新的网页位置发送回浏览器。也可以通过将 setStatus()方法和 setHeader()方法一起使用来达到同样的效果，代码如下：

```
String site = "http://www.20-80.cn/";
response.setStatus(response.SC_MOVED_TEMPORARILY);
response.setHeader("Location",site);
```

7.5.3　网页重定向实例

在第 7.2.2 节创建的 edu.wtbu.servlet 包中再新建一个名为 PageRedirectServlet 的 Servlet 文件，代码如下：

```java
package edu.wtbu.servlet;
import java.io.IOException;
import javax.servlet.ServletException;
import javax.servlet.annotation.WebServlet;
import javax.servlet.http.HttpServlet;
import javax.servlet.http.HttpServletRequest;
import javax.servlet.http.HttpServletResponse;
@WebServlet("/pageRedirect")
public class PageRedirectServlet extends HttpServlet {
    private static final long serialVersionUID = 1L;
    public PageRedirectServlet() {
        super();
    }
    protected void doGet(HttpServletRequest request,HttpServletResponse response)
        throws ServletException,IOException {
        response.setContentType("text/html;charset=UTF-8");
        //要重定向的 URL
        String site = new String("http://www.20-80.cn/");
        response.setStatus(response.SC_MOVED_TEMPORARILY);
        response.setHeader("Location",site);
    }
    protected void doPost(HttpServletRequest request,HttpServletResponse response)
        throws ServletException,IOException {
        doGet(request,response);
    }
}
```

在浏览器中输入 URL: http://localhost:8080/ServletDemo/pageRedirect，网页重定向页面运行效果如图 7-12 所示。

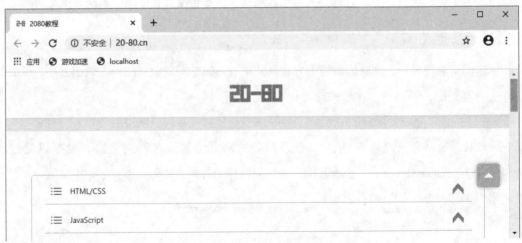

图 7-12　网页重定向页面运行效果图

7.6　Servlet 调试

7.6.1　概述

调试 Servlet 始终是开发过程中的一个难点，因为会涉及大量的客户端和服务器的交互，有时出现的错误也很难体现出来。以下有几种方法可以帮助读者进行调试。

7.6.2　主要方法

1. System.out.println()方法

System.out.println()方法除在控制台显示打印语句外，还可以检测代码是否被执行。System.out.println()方法有两个好处：一是 System 是核心 Java 对象的一部分，不需要额外安装其他类，方便快捷。二是写入到 System.out 不会对应用流程的正常运行产生干扰。

举一个简单的例子，最初学习的 Servlet 请求，HttpServletRequest 对象中的值是什么？可以使用 System.out.println()打印出来看看。

```
System.out.println("Debugging message");
```

启动服务，生成页面，在 URL 中输入响应的值，在控制台可以看到由 HttpServletRequest 声明的变量 request 的值是什么。

2. 消息日志

使用日志记录方法记录所有调试、警告和错误信息。Servlet API 还提供了一种简单的输出信息的方式，即 getServletContext.log()方法，代码如下：

```
ServletContext context = getServletContext();
context.log("Servlet 进入");
context.log("Servlet 执行");
context.log("Servlet 返回");
```

这里要注意一点，如果使用 Eclipse 的 Tomcat 插件，可以在控制台查看打印的信息，如图 7-13 所示。

图 7-13　使用 Eclipse 的 Tomcat 插件查看打印的信息

如果使用的是独立 Tomcat，则需要在 Tomcat 安装目录的 logs 文件夹中找到当天日志文件才能查看信息。

3. 客户端和服务器端头信息

有时编写代码会出错，分不清错误是在客户端还是在服务器端，通过 HTTP 请求和响应信息可以直观地分析出错误原因在哪里，如图 7-14 所示。

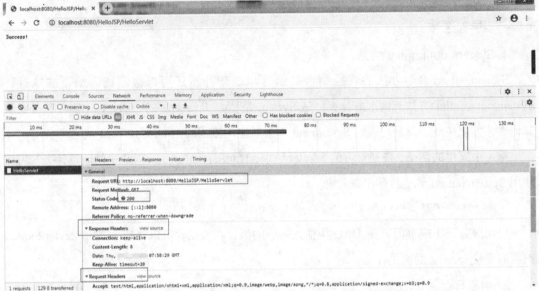

图 7-14　通过 HTTP 请求和响应信息分析错误出在客户端还是服务器端

4. 使用注释

代码中的注释有助于以各种方式进行调试。注释可用于调试过程的很多其他方式中。

比如运行代码控制台报错，代码过多的情况下使用 debug 调试会很耗时间，可以用注释//和</* */>的方式暂时移除部分代码，再一个部分一个部分地去调试，避免遗漏错误来源，仔细找出问题所在。

5. 重要调试技巧

下面列出了一些 Servlet 调试的技巧。

（1）请注意，server_root/classes 不会重载，而 server_root/servlets 可能会重载。

（2）要求浏览器显示它所显示页面的原始内容。这有助于识别格式问题。它通常是"视图"菜单下的一个选项。

（3）通过强制执行完全重新加载页面来确保浏览器还没有缓存前一个请求的输出。在 IE 中，可以使用 Shift+F5。

（4）请确认 Servlet 的 init()方法接受一个 ServletConfig 参数，并调用 super.init(config) 方法。

【附件七】

为了方便你的学习，我们将该章中的相关附件上传到以下所示的二维码，你可以自行扫码查看。

附录 A 航空管理系统 Java 后端测评

1. 用户登录接口

URL	http://localhost:8080/SunshineAirlines/login?email=param1&password=param2
Sample URL	http://localhost:8080/SunshineAirlines/login?email=behappy@vip.sina.com&password=123456
Method	POST
URL Params	param1: email(邮箱) param2: password(密码)
Success Response	<pre>{
"data": {
"DateOfBirth":"1988-06-06",
"Email":"behappy@vip.sina.com",
"Address":"",
"UserId":1,
"FirstName":"Mag",
"Phone":"13087666556",
"LastName":"Lydia",
"Gender":"M",
"RoleId":1,
"Password":"123456"
},
"flag":"success"
}
{
"data":"邮箱不存在",
"flag":"fail"
}
{
"data":"密码错误",
"flag":"fail"
}</pre>
备注	"DateOfBirth":"生日" "Email":"邮箱" "Address":"地址" "UserId":"用户 id" "FirstName":"名" "Phone":"手机号" "Photo":"照片" "LastName":"姓" "Gender":"性别：M-男，F-女" "RoleId":"角色：1-员工，2-管理员" "Password":"密码"

2. 用户查询接口

URL	http://localhost:8080/SunshineAirlines/userList?roleId=param1&name=param2&startPage=param3&pageSize=param4
Sample URL	http://localhost:8080/SunshineAirlines/userList?roleId=2&name=So&startPage=0&pageSize=10
Method	POST
URL Params	param1:roleId（角色 id，1 是员工，2 是管理员） param2:name（根据用户的名字进行模糊搜索） param3:startPage（开始页码） param4:pageSize（每页记录条数，默认为 10）

Success Response	```
	{
	    "data":[{
	        "DateOfBirth":"1997-03-03",
	        "Email":"xianhr@pub.zhaopin.com.cn",
	        "Address":"",
	        "UserId":75,
	        "FirstName":"Alec",
	        "Phone":"",
	        "LastName":"Sophia",
	        "Gender":"M",
	        "RoleId":2,
	        "Password":"xianhr"
	    }],
	    "flag":"success",
	    "page":{
	        "startPage":0,
	        "pageSize":10,
	        "total":1
	    }
	}
	``

备注	"DateOfBirth":"生日" "Email":"邮箱" "Address":地址 "UserId":"用户 id" "FirstName":"名" "Phone":"手机号" "Photo":"照片" "LastName":"姓" "Gender":"性别：M-男，F-女" "RoleId":"角色：1-员工，2-管理员" "Password":"密码"

3. 用户增加接口

URL	http://localhost:8080/SunshineAirlines/addUser?roleId=param1&email=param2&firstName=param3&lastName=param4&gender=param5&dateOfBirth=param6&phone=param7&photo=param8&address=param9
Sample URL	http://localhost:8080/SunshineAirlines/addUser?roleId=1&email=jack@126.com&firstName=alex&lastName=snos&gender=F&dateOfBirth=1988-01-01&phone=13800138000&photo=alexphoto&address=wuhan
Method	POST
URL Params	"roleId":"角色 id" "email":"邮箱" "firstName":"名" "lastName":"姓" "gender":"用户性别:M-男、F-女" "dateOfBirth":"生日" "phone":"手机号" "photo":"照片" "address":"地址"

Success Response	```
	{
	    "flag":"success"
	}
	{
	    "data":"邮箱重复",
	    "flag":"fail"
	}
	``

4. 用户更新接口

URL	http://localhost:8080/SunshineAirlines/updateUser?userId=Param1&roleId=param2&email=param3&firstName=param4&lastName=param5&gender=param6&dateOfBirth=param7&phone=param8&photo=param9&address=param10
Sample URL	http://localhost:8080/SunshineAirlines/updateUser?userId=102&roleId=1&email=jack1@126.com&firstName=alex&lastName=snos&gender=F&dateOfBirth=1988-01-01&phone=13800138000&photo=alexphoto&address=wuhan
Method	POST
URL Params	"userId":"用户 id" "roleId":"角色 id" "email":"邮箱" "firstName":"名" "lastName":"姓" "gender:用户性别":"M-男、F-女" "dateOfBirth":"生日" "phone":"手机号" "photo":"照片" "address":"用户地址"

Success Response	```
	{
	    "flag":"success"
	}
	{
	    "data":"邮箱重复",
	    "flag":"fail"
	}
	{
	    "data":"用户信息不存在",
	    "flag":"fail"
	}
	``

5. 获取用户信息（根据用户 id）接口

URL	http://localhost:8080/SunshineAirlines/getUserInfo?userId=Param1
Sample URL	http://localhost:8080/SunshineAirlines/getUserInfo?userId=1
Method	POST
URL Params	param1:userId(用户 id)

Success Response	```
	{
	    "data":{
	        "DateOfBirth":"1988-06-06",
	        "Email":"behappy@vip.sina.com",
	        "Address":"",
	        "UserId":1,
	        "FirstName":"Mag",
	        "Phone":"13087666556",
	        "LastName":"Lydia",
	        "Gender":"M",
	        "RoleId":1,
	        "Password":"123456"
	    },
	    "flag":"success"
	}
	{
	    "data":"用户信息不存在",
	    "flag":"fail"
	}
	``

备注	"DateOfBirth":"生日" "Email":"邮箱" "Address":地址 "UserId":"用户 id" "FirstName":"名" "Phone":"手机号" "Photo":"照片" "LastName":"姓" "Gender":"性别：M-男，F-女" "RoleId":"角色：1-员工，2-管理员" "Password":"密码"

6. 城市查询接口

URL	http://localhost:8080/SunshineAirlines/getCityNames
Sample URL	http://localhost:8080/SunshineAirlines/getCityNames
Method	POST
URL Params	/

Success Response	<pre>{
	    "data":[{
	        "CityCode":"ABV",
	        "CityName":"Abuja",
	        "CountryCode":"NGA"
	    },{
	        "CityCode":"WLG",
	        "CityName":"Wellington",
	        "CountryCode":"NZ"
	    }],
	    "flag":"success"
	}</pre>

备注	CityCode：城市代码 CityName：城市名 CountyCode：国家代码

7. 航班状态查询（根据出发日期）

URL	http://localhost:8080/SunshineAirlines/getFlightStatus?departureDate=Param1&startPage=Param2&pageSize=Param3
Sample URL	http://localhost:8080/SunshineAirlines/getFlightStatus?departureDate=2019-08-16&startPage=1&pageSize=10
Method	POST
URL Params	Param1:departureDate（出发日期） Param2:startPage（开始页码） param3:pageSize（每页记录条数，默认为 10）

Success Response	<pre>{
	    "data":[{
	"ArriveCityName":"Beijing",
	"DepartCityName":"Los Angeles",
	"FlightNumber":"106",
	"EconomyPrice":1682.00,
	"Gate":"C09",
	"Time":"10:35:00",
	"ScheduleId":316,
	"ActualArrivalTime":"2019-08-16 14:45:00",
	"Date":"2019-08-16 10:35:00",
	"FlightTime":250,
	"ArrivalAirportIATA":"PEK"
	"DepartureAirportIATA":"LAX",
	    }],
	    "flag":"success",
	    "page":{
	        "startPage":1,
	        "pageSize":10,
	        "total":19
	    }
	}</pre>

备注	"Date":"起飞日期" "Time":"起飞时间" "ActualArrivalTime":"实际到达时间" "FlightTime":"飞行时间" "DepartureAirportIATA":"出发机场代码" "DepartCityName":"出发城市名称" "ArrivalAirportIATA":"到达机场代码" "ArriveCityName":"到达城市名称" "FlightNumber":"航班号" "EconomyPrice":"经济舱价格" "Gate":"登机口" "ScheduleId":"航班计划 id"

8. 航班计划查询（管理员）接口

URL	http://localhost:8080/SunshineAirlines/getSchedule?fromCity=Param1&toCity=Param2&startDate=Param3&endDate=Param4
Sample URL	http://localhost:8080/SunshineAirlines/getSchedule?fromCity=Beijing&toCity=Hong Kong&startDate=2019-08-06&endDate=2019-09-06
Method	POST
URL Params	Param1:fromCity（出发地） Param2:toCity(（目的地） Param3:startDate（开始时间） Param4:endDate（结束时间）

Success Response	```
	{
	    "data":[{
	        "Status":"Canceled",
	        "ArriveCityName":"Hong Kong",
	        "DepartCityName":"Beijing",
	        "Gate":"G33",
	        "Time":"08:00:00",
	        "ScheduleId":1,
	        "Date":"2019-08-06 08:00:00",
	        "FlightTime":95,
	        "Name":"Boeing 737-800",
	        "ArrivalAirportIATA":"HKG",
	        "FlightNumber":"101",
	        "EconomyPrice":2027.00,
	        "DepartureAirportIATA":"PEK"
	    }],
	    "flag":"success"
	}
	``

备注	"Date":"起飞日期"
	"Time":"起飞时间"
	"Gate":"登机口"
	"FlightTime":"飞行时间"
	"FlightNumber":"航班号"
	"Name":"机型"
	"EconomyPrice":"经济舱价格"
	"DepartureAirportIATA":"出发机场代码"
	"DepartCityName":"出发城市"
	"ArrivalAirportIATA":"到达机场代码"
	"ArriveCityName":"到达城市"
	"ScheduleId":"航班计划 id"
	"Status":"Confirmed"："航班计划状态：Confirmed 确认，Canceled 取消"

9. 航班计划状态修改接口

URL	http://localhost:8080/SunshineAirlines/updateSchedule?scheduleId=Param1&status=Param2
Sample URL	http://localhost:8080/SunshineAirlines/updateSchedule?scheduleId=1&status=Canceled
Method	POST
URL Params	Param1:scheduleId（航班计划 id） Param2:status（航班状态）：Confirmed，Canceled

Success Response	{
	    "flag":"success"
	}
	
	{
	"data":"航班计划不存在",
	    "flag":"fail"
	}

10. 机票售出详情（根据航班计划 id）接口

URL	http://localhost:8080/SunshineAirlines/getScheduleDetail?scheduleId=Param1
Sample URL	http://localhost:8080/SunshineAirlines/getScheduleDetail?scheduleId=23
Method	POST
URL Params	param1:scheduleId（航班计划 id）

Success Response	<pre>{
	    "flag":"success",
	    "data":{
	        "ListSchedule":{
	            "Status":"Confirmed",
	            "AircraftId":1,
	"FirstSeatsLayout":"2*4\r\n",
	"FirstSeatsAmount":8,
	            "BusinessSeatsLayout":"10*6\r\n",
	            "BusinessSeatsAmount":60,
	"EconomySeatsLayout":"20*6\r\n",
	"EconomySeatsAmount":120
	"Date":"2019-08-28 08:00:00",
	            "Time":"08:00:00",
	            "Gate":"G33",
	            "FlightTime":95,
	"Name":"Boeing 737-800",
	"FlightNumber":"101",
	            "RouteId":1,
	            "ScheduleId":23,
	"EconomyPrice":878.00,
	            "Distance":1900,
	          "ArrivalAirportIATA":"HKG",
	"DepartureAirportIATA":"PEK",
	        },
	        "ListTickets":[{
	            "CabinTypeId":1,
	            "Counts":28,
	            "CabinTypeName":"Economy",
	            "ScheduleId":23
	        }],
	        "ListSeat":[{
	"CabinTypeId":3,
	            "ColumnName":"A",
	            "RowNumber":1,
	            "AircraftId":1
	        }],
	        "ListSeatLayout":[{
	            "CabinTypeId":3,
	            "ColumnName":"A",
	            "RowNumber":1,
	            "AircraftId":1,
	            "Id":1
	        }]
	    }
	}
	
	{
	"data":"航班计划不存在",
	    "flag":"fail"
	}</pre>

备注	**ListSchedule 航班计划信息** "Status":"航班计划状态：Confirmed 确认，Canceled 取消" "AircraftId":机型：1--Boeing 737-800、2--Airbus 319 "FirstSeatsLayout":"头等舱布局" "FirstSeatsAmount":"头等舱座位数" "BusinessSeatsLayout":"商务舱布局" "BusinessSeatsAmount":"商务舱座位数" "EconomySeatsLayout":"经济舱布局" "EconomySeatsAmount":"经济舱座位数" "Date":"起飞日期" "Time":"起飞时间" "Gate":"登机口" "FlightTime":"飞机时间" "Name":"机型名" "FlightNumber":"航班号" "RouteId":"航线 id" "ScheduleId":"航班计划 id" "EconomyPrice":"经济舱价格" "Distance":"航线距离" "ArrivalAirportIATA":"到达机场代码" "DepartureAirportIATA":"出发机场代码" **ListTickets 航班票务信息** "Counts"：已售票数 "CabinTypeName"："舱位类型名" "ScheduleId"："航班计划 id" "CabinTypeId"："舱位类型：1-经济舱，2-商务舱，3-头等舱" **ListSeat 航班座位信息（该航班已经预订出去的座位信息）** "ColumnName"："座位列名" "RowNumber"："座位排" "AircraftId"："机型编号：1-Boeing 737-800，2-Airbus 319" "CabinTypeId"："舱位类型：1-经济舱，2-商务舱，3-头等舱" **ListSeatLayout 航班座位布局信息（该航班机型对应的座位信息）** **Boeing 737-800 座位编号从 1-188** **Airbus 319 座位编号从 189-350** "CabinTypeId"："舱位类型：1-经济舱，2-商务舱，3-头等舱" "ColumnName"："座位列名" "RowNumber"："座位排" "AircraftId"："机型编号：1-Boeing 737-800，2-Airbus 319" "Id"："座位编号"

11. 航班计划查询（员工）接口

URL	http://localhost:8080/SunshineAirlines/getSearchFlight?fromCity= Param1&toCity= Param2&departureDate=Param3&cabinType= Param4&flightType=Param5
Sample1 URL	无中转 http://localhost:8080/SunshineAirlines/getSearchFlight?fromCity= Beijing&toCity= Hong Kong&departureDate=2019-08-29&cabinType=3&flightType=Non-stop
Sample2 URL	有中转 http://localhost:8080/SunshineAirlines/getSearchFlight?fromCity=Rome&toCity= Shanghai&departureDate=2019-08-29&cabinType=3&flightType=1-stop
Method	POST
URL Params	Param1:fromCity（出发地） Param2:toCity（目的地） Param3:departureDate（出发日期） Param4:cabinType（舱位类型）：1-Economy，2-Business，3-First Param5:flightType（航班类型）：All-全部，Non-stop-直达，1-stop-中转 1 次

Success Response	无中转
	<pre>{
	    "flag":"success",
	    "data":[{
	"ArriveCityName":"Hong Kong",
	"DepartCityName":"Beijing",
	"ResidueTickets":6,
	"BusinessSeatsAmount":60,
	"Time":"08:00:00",
	"ScheduleId":24,
	"Date":"2019-08-29 08:00:00",
	"FlightTime":95,
	"AllCount":23,
	"PreArrivalTime":"2019-08-29 09:35:00",
	"FirstSeatsAmount":8,
	"ArrivalAirportIATA":"HKG",
	"DelayCount":4,
	"FlightNumber":"101",
	"EconomyPrice":2792.00,
	"FlightType":"Non-stop",
	"DepartureAirportIATA":"PEK",
	"EconomySeatsAmount":120,
	"NotDelay":19
	}]
	}</pre>
		有中转
		<pre>{
		    "flag":"success",
		    "data":[{
		"FlightType":"1-stop",
		"S1Date":"2019-08-29 07:00:00",
		"S1Time":"07:00:00",
		"S1FlightNumber":"161",
		"S1FlightTime":400,
		"S1ResidueTickets":8,
		"S1AllCount":"14",
		"S1DelayCount":"7",
		"S1NotDelay":"11",
		"S1FirstSeatsAmount":8,
		"S1BusinessSeatsAmount":60,
		"S1EconomySeatsAmount":120,
		"S1EconomyPrice":3055.00,
		"S1PreArrivalTime":"2019-08-29 13:40:00",
		"S1DepartureAirportIATA":"FCO",
		"S1DepartCityName":"Rome",
		"S1ArrivalAirportIATA":"HKG",
		"S1ArriveCityName":"Hong Kong",
		"S1ScheduleId":2265,
		
		"S2Date":"2019-08-29 16:00:00",
		"S2Time":"16:00:00",
		"S2FlightNumber":"162",
		"S2FlightTime":300,
		"S2ResidueTickets":12,
		"S2AllCount":"14",
		"S2DelayCount":"3",
		"S2NotDelay":"11"
		"S2FirstSeatsAmount":12,
		"S2BusinessSeatsAmount":60,
		"S2EconomySeatsAmount":90,
		"S2EconomyPrice":1081.00,
		"S2PreArrivalTime":"2019-08-29 21:00:00",
		"S2DepartureAirportIATA":"HKG",
		"S2DepartCityName":"Hong Kong",
		"S2ArrivalAirportIATA":"SHA",
		"S2ArriveCityName":"Shanghai",
		"S2ScheduleId":2330
		        }]
		}</pre>

备注	"FlightType":"飞行类型"--直达 Non-stop，中转 1-stop "Date":"起飞日期" "Time":"起飞时间" "FlightNumber":"航班号" "FlightTime":飞行时间 "ResidueTickets":余票 "Allcount":30 天内该航班实际执行的航班数量 "Delaycount":30 天内该航班延误的航班数量 "Notdelay":30 天内该航班没有延误的航班数量 "FirstSeatsAmount":头等舱座位数 "BusinessSeatsAmount":商务舱座位数 "EconomySeatsAmount":经济舱座位数 "EconomyPrice":经济舱价格 "PreArrivalTime":计划到达时间 "DepartureAirportIATA":出发机场码 "DepartCityName":"出发城市名" "ArrivalAirportIATA"：到达机场码 "ArriveCityName":"到达城市名" "ScheduleId":航班计划 Id	"FlightType":"飞行类型"：直达 Non-stop，中转 1-stop "S1Date":"行程 1 起飞日期 "S1Time":"行程 1 起飞时间" "S1FlightNumber":"行程 1 航班号" "S1FlightTime":行程 1 飞行时间 "S1ResidueTickets":行程 1 余票 "S1AllCount":"行程 1,30 天内该航班实际执行的航班数量" "S1DelayCount":"行程 1，30 天内该航班延误的航班数量" "S1NotDelay":"行程 1，30 天内该航班没有延误的航班数量" "S1FirstSeatsAmount":行程 1 头等舱座位数 "S1BusinessSeatsAmount":行程 1 商务座数量 "S1EconomySeatsAmount":行程 1 经济舱座位数 "S1EconomyPrice":行程 1 经济舱价格 "S1PreArrivalTime":行程 1 计划到达时间 "S1DepartureAirportIATA":行程 1 出发机场码 "S1DepartCityName":"行程 1 出发城市名" "S1ArrivalAirportIATA":行程 1 到达机场码 "S1ArriveCityName":"行程 1 到达城市名" "S1ScheduleId":行程 1 航班计划 id "S2Date":行程 2 起飞日期， "S2Time":"行程 2 起飞时间"， "S2FlightNumber":"行程 2 航班号， "S2FlightTime":行程 2 飞行时间， "S2ResidueTickets":行程 2 余票， "S2AllCount":"行程 2,30 天内该航班实际执行的航班数量"， "S2DelayCount":"行程 2，30 天内该航班延误的航班数量" "S2NotDelay":"行程 2，30 天内该航班没有延误的航班数量" "S2FirstSeatsAmount":行程 2 头等舱座位数 "S2BusinessSeatsAmount":行程 2 商务座数量 "S2EconomySeatsAmount":行程 2 经济舱座位数 "S2EconomyPrice":行程 2 经济舱价格 "S2PreArrivalTime":行程 2 计划到达时间 "S2DepartureAirportIATA":行程 2 出发机场码 "S2DepartCityName":"行程 2 出发城市名" "S2ArrivalAirportIATA":行程 2 到达机场码 "S2ArriveCityName":"行程 2 到达城市名" "S2ScheduleId":行程 2 航班计划 id

参考文献

[1] 李刚.轻量级 Java EE 企业应用实战：Struts 2+Spring 4+Hibernate 整合开发[M].北京：电子工业出版社，2014.

[2] 明日科技.Java Web 从入门到精通[M].北京：清华大学出版社，2012.

[3] Nicholas S. Williams.Java Web 高级编程：涵盖 WebSockets，Spring Framework，JPA Hibernate 和 Spring Security[M].北京：清华大学出版社，2015.

[4] 明日科技.Java Web 项目开发实战入门[M].长春：吉林大学出版社，2017.

[5] 史胜辉.Java Web 框架开发技术[M].北京：清华大学出版社，2020.

[6] 郭克华.Java Web 程序设计[M].2 版.北京：清华大学出版社，2016.